地下水与结构抗浮

沈小克　周宏磊
王军辉　韩　煊　著

中国建筑工业出版社

图书在版编目(CIP)数据

地下水与结构抗浮/沈小克等著. —北京：中国建
筑工业出版社，2013.9（2022.2重印）
ISBN 978-7-112-15020-5

Ⅰ.①地… Ⅱ.①沈… Ⅲ.①地下水位-影响-建
筑结构-研究-北京市 Ⅳ.①TU352.4②P641.2

中国版本图书馆 CIP 数据核字(2013)第 176247 号

本书以北京市勘察设计研究院对北京地区工程地质水文地质条件开展的一系列创新性
研究成果为基础，建立了建筑地下水抗浮的区域三维瞬态流模型分析法（区域法），可以
便捷地预测在未来各种自然和人为条件下的水位变化趋势，提出了结构安全设防水位取值
的方法体系和相应工程措施，为工程建设提供技术经济的设计参数和措施建议奠定了新的
科学基础。本书将理论研究、数值模拟、工程设计与实践有机结合，重点论述地下水位环
境变化及其对工程建设的影响与对策，全书分为 8 章，主要内容包括：概述、北京市地质
及水文地质条件、北京市水资源现状及未来发展趋势、北京市区域地下水三维瞬态流模型
及其应用、北京市地下水位预测管理信息系统、地下水位回升对地下结构影响、结构抗浮
设计技术、国内外城市地下水位回升典型案例。

本书可供工程地质、水文地质、岩土工程、结构工程方面的研究人员和工程技术人员
参考，也可作为高等院校师生的参考用书。

* * *

责任编辑：咸大庆 王 梅 杨 允
责任设计：张 虹
责任校对：王雪竹 赵 颖

地下水与结构抗浮

沈小克 周宏磊
著
王军辉 韩 煊

*

中国建筑工业出版社出版、发行（北京西郊百万庄）
各地新华书店、建筑书店经销
北京科地亚盟排版公司制版
北京中科印刷有限公司印刷

*

开本：787×1092 毫米 1/16 印张：14½ 字数：360 千字
2013 年 11 月第一版 2022 年 2 月第二次印刷
定价：**60.00** 元
ISBN 978-7-112-15020-5
(38353)

谨以此书纪念张在明院士

序　一

　　地下水对工程建设安全的影响是岩土工程中的重要课题，大多数的地下工程事故与地下水的作用密切相关，使得地下水与地下工程之间的相互影响受到工程界和学术界越来越高的重视。然而，地下水对工程安全性的影响既应考虑建设期，也应考虑使用期。由于地下水赋存状态及其变化规律的复杂性和监测数据的不足，已有的工程应用研究基本上围绕工程建设阶段，即集中在具备工程监测数据的近期问题上，对地下水远期变化及其影响的研究有着相当大的困难，有限的文章多集中在概念和方法的讨论上，系统介绍地下水对结构抗浮影响研究成果的论著更不多见。

　　北京市勘察设计研究院有限公司（简称"北勘院"）紧密结合城乡规划和工程建设发展的需要，长期开展地下水赋存状态、动态变化规律及其对建设工程影响的研究。近年来，北勘院的同仁们基于对北京地区工程地质条件和水文地质条件的研究和所获得的深入理解，采用地下水动力学的基本方法，继续进行研究和探索，取得了许多具有重要价值的新成果。《地下水与结构抗浮》一书内容丰富，全面总结了北京地区工程地质及水文地质条件，建立了北京地区地下水三维瞬态流模型，针对北京水资源的现状及未来发展趋势，分析了北京调水进京、进一步采取地下水限采等措施后地下水位回升对地下结构的影响，介绍了相关的结构抗浮设计技术措施，并总结了国内外城市地下水位回升的一些典型案例。读后感到本书有以下几个突出的特点：一是作者们的研究基于大量翔实的基础资料和专题研究成果，包括北勘院近 60 年在北京地区开展工程实践所积累的大量地质资料，以及他们所建立的"北京市浅层地下水位动态监测网"长期动态监测数据库和与水务系统相关研究的对比分析与验证，使得相关的研究工作基础扎实，成果可信；二是基于地下水动力学的基本原理，采用地下水三维瞬态流分析模型，充分研究了模型的边界条件和初始条件，展开水位动态预测分析工作，较之以往的经验性方法，他们提出的技术思路更加成熟，理论方法更加完善；三是理论紧密联系实际，针对北京地区地下水位回升及其对工程结构的影响问题深入开展专门研究，建立了北京中心城的水位预测模型和北京地下水位预测管理信息系统，形成了对地下水位的统一预测方法，具有重要的工程应用价值。

　　我非常欣喜地看到这本凝结着北勘院同仁们辛勤劳动成果的专著问世。作为一名岩土工程工作者，我相信这本书的出版将引起更多业界同仁对地下水引起相关工程问题，特别是地下水位动态变化条件下工程结构抗浮安全问题的关注，从而推动在这一领域更加深入和更加广泛地研究，促进行业的技术进步，为社会的可持续发展创造出更大的价值。我期待这本书的早日问世，并乐为之序。

龚晓南

中国工程院院士

2013 年 8 月

序　二

早在 20 世纪 50 年代，北京市勘察设计研究院有限公司（简称"北勘院"）就开始进行北京地下水的长期观测，积累系统数据，长期坚持不懈。近 20 年来，随着北京地下公共空间和地下轨道交通的不断开发，范围和深度越来越大，地下水环境特别是结构抗浮问题越来越突出。张在明院士敏锐地察觉到，这是一个必须解决的难题，乃率领团队开展研究，并身体力行，写了专著《地下水与建筑基础工程》，奠定了地下水与基础工程关系的科学基础。研究初期主要是基于宏观数据反分析与场地数值分析相结合的地下水位预测方法，并在北京大量重点工程中应用。但由于对经验的要求较高，推广难度较大。针对这个问题，张院士提出了"地下水位预测统一分析方法"的思路，可惜研究未果，不幸中道病逝。

北勘院对北京市的浅层地下水，掌握资料之丰富，认识规律之深刻，是无可伦比的。我每与该院专家讨论相关问题，他们总是一块一块地段是什么样的特征，一项一项研究成果能解决什么问题，了如指掌，如数家珍。张院士逝世后，北勘院的研究团队又继续将工作推向纵深，提出了"北京市区域地下水三维瞬态流模型"的新方法，建立了"北京市地下水位预测管理信息系统"，深入研究了"地下水位回升对地下结构的影响"和"结构抗浮设计技术"。本书集北勘院数十年珍贵资料和研究成果之大成，还汇集了国内外城市地下水回升的典型案例，内容非常丰富，不仅有助于勘察设计单位认识北京地下水的特征，学习结构抗浮设计的方法，也为相关学者提供了丰富数据和研究思路。

20 世纪 50 年代以来的 60 多年中，北京市地下水的情况发生了巨大变化。新中国成立后的大发展带来了盲目的资源开发，地下水的严重超采使水位大幅下降。为了解决北京的水资源问题和贯彻可持续发展的方针，从开源节流两方面入手，实施南水北调，严格节约用水。全市水资源已处于可调控状态，被破坏的生态环境，包括水面、泉水、湿地等，将有望逐渐得到一定程度的恢复，地下水位肯定也会上升。但回升多少，抗浮设防水位应如何取值，成了一时难以取得共识的大问题。

水位变动服从科学规律，只能通过研究解决。包括地下水的补给、径流和排泄，地下水渗流过程中的水头损失，水压力对结构的影响等等，更离不开北京市的具体水文地质条件及其演化，水资源利用的历史、现实和未来。问题非常复杂，不狠下功夫，积累数据，深入分析，长期坚持，难以取得令人信服的成果。这些年来，围绕北京结构抗浮问题的争议不少，有时还很激烈。争论当然可以，但争论必须服从科学，以科学原理和科学数据为准绳，与不讲科学的人争论没有任何意义，这大概也是北勘院数十年如一日致力于科学研究的原因之一。

　　本书是地下水与结构抗浮问题的首部专著，系统阐述了相关的科学原理，提供了大量科学数据和有益的科学方法，得出了相应的科学结论，是值得从事勘察、设计、科研人员参考的一部好书，我很乐于将其推荐给各位。

中国工程勘察设计大师

2013 年 8 月

前　言

　　半个多世纪以来，受首都建设和发展影响，北京市的地下水环境发生了重大变化，主要表现为地下水持续超采形成水位普遍较低的当前地下水环境格局。但自"十五"以来，在科学发展观的指引下，一系列开源节流的措施在北京得到贯彻执行，特别是正在建设的"南水北调（中线）工程"进京净水量每年将达 10 亿 m^3，约占目前每年北京市地下水开采量的一半，再加上规划中的后续其他水资源补给项目，将使北京市水资源格局发生重大改变，地下水的开采量会明显减少，从而引起区域性地下水位的回升，形成新的地下水环境形态。

　　近年来，随着地面空间日益局促，北京市正迎来了地下空间开发热潮，大规模的地下工程建设也会在一定程度上影响局部地下水环境，进而诱发一系列次生工程与环境问题，已经越来越受到行业专家的重视，国家环保部新颁布的《环境影响评价技术导则——地下水》也从政策上为该问题评价提出了要求，但由于地下水环境问题的复杂性，尚未提出确切的评价方法。

　　地下水环境的变化将对城市大量既有和新建的建（构）筑物的结构安全产生重要影响，且国际上很多城市已经遇到过这个问题。在北京城市工程规划与建设中，地下水位的变化趋势及结构抗浮水位直接关系到工程安全，但由于问题的复杂性，长期以来行业内没有形成统一的评价方法，争议很大。因此，开展地下水位动态规律及其与城市规划建设的关系研究是一项前瞻性和现实意义很强的工作，是未来地下空间开发中行业必须关注的焦点之一。同时，在工程措施上，北京地区目前以抗浮构件和结构配重等被动抗浮措施为主，这类方法虽然较为成熟，但难以应用于既有建（构）筑物和市政设施，以排水减压为主导的主动抗浮措施研究的意义也就凸显出来。

　　为了满足首都规划建设的需求，受北京市规划委员会、北京市勘察设计与测绘管理办公室的委托，北京市勘察设计研究院自 1955 年即开始"北京市浅层地下水位动态监测网"的建设、监测和应用工作。近年来，监测网不断扩建，覆盖范围包括北京市六环以内及顺义、亦庄、通州、大兴、房山、昌平六个新城，控制面积达 4300km^2 左右，约占北京市平原区总面积的 67%，在测监测网点 529 个，监测井 956 个，平均监测密度约为 20 个监测井/100km^2。分别对北京地区 50m 深度范围内的上层滞水、台地潜水、层间潜水、潜水以及承压水的动态水位进行监测，并利用 GIS 技术建立了北京市浅层地下水信息管理系统，实现了对监测结果的科学信息化管理。

基于监测网的建设和监测工作，北京市勘察设计研究院有限公司结合首都规划建设的需求，针对地下水环境（水位）变化和结构抗浮问题开展了一系列研究工作。特别是在20世纪90年代，在总工程师张在明院士的带领下，通过长期的研究和总结，提出了第一代抗浮分析方法——场域渗流模型综合分析法（简称"场域法"）。该方法是基于宏观数据反分析与场地数值分析相结合的一种工程分析方法。在充分利用区域工程地质、水文地质背景资料和地下水水位长期观测资料的基础上，分析工程场区及其附近区域的水文地质条件、场区地下水与区域地下水之间的关系、各层地下水的水位动态特征以及相邻含水层之间的水力联系，确定影响场区地下水水位变化的各种因素及其影响程度，预测场区地下水远期最高水位，并经渗流分析、计算，最终提出建筑抗浮水位建议值，其研究成果不仅在理论和评价方法上有若干创新，而且在奥运会国家体育场、国家大剧院、四环路中关村路堑等重大工程中得到运用。

场域法遗留的问题是，第一，限于当时的条件，研究成果的应用只能为单体工程分析提供支持，甚至可以成为单位的独有技术，但没有提出针对整个城市建设的解决方案。在2005年开始开展的对《北京地区建筑地基基础勘察设计规范》DBJ 01-501-92 的修订工作中，北京市广大的勘察、设计单位对此提出了强烈的要求。但限于已有的资料和研究深度，修订的2009版规范未能解决这个问题。第二，当时对北京地下水环境有重大影响的南水北调工程方案尚不具体，没有条件进行针对这个面上问题的研究。随着国家及北京市关于南水北调方案的逐渐具体和明朗，对场域法的改进也提到日程上。

基于上述原因和背景条件，在北京市规划委员会、北京市勘察设计与测绘管理办公室、张在明院士的倡导下，结合单位多年研究与工程实践的系统总结和提炼，经过长期的技术准备工作，北京市勘察设计研究院有限公司（北京市勘察设计研究院2007年改企为北京市勘察设计研究院有限公司，简称"北勘"）自2008年正式开始开展了"北京市地下水环境变化对结构抗浮影响研究"，随后又开始了工程应用示范和改进，逐渐形成了第二代抗浮分析方法——区域三维瞬态流模型分析法（简称"区域法"）。本方法是利用地下水三维渗流模型进行抗浮水位分析计算的方法，在充分利用北勘50多年以来积累的大量地质资料及地下水长期动态资料及其研究成果的基础上，根据地下水动力学基本原理，建立了北京市中心城区域（范围1040km²）地下水三维瞬态流分析模型和方法。该方法经过了大量实测数据（包括地下水位动态监测和水文气象数据）的识别和验证。方法的重要特点是能根据不断更新和完善的输入条件，如最新的地下水监测数据或水位观测结果，计算预测模型范围内任意位置各层地下水的远期最高水位及其变化过程，并结合场地的水文地质条件和拟建建筑基底位置综合确定抗浮水位设计参数。

本书主要介绍建筑地下水抗浮的区域三维瞬态流模型分析法（区域法）。全书共分为8章，分别介绍北京市地质及水文地质条件、北京市水资源现状及未来发展趋势、北京市区域地下水三维瞬态流模型及其应用、北京市地下水位预测管理信息系统、地下水位回升对地下结构影响研究、结构抗浮设计技术、国内外城市地下水位回升典型案例。

在本书成稿之际，我们深切怀念在最近一期课题研究尚未完成时不幸辞世的中国工程院院士、中国工程勘察设计大师张在明院士。张院士长期领导开展北京地下水及结构抗浮问题的系列性研究，在国内外业界产生了广泛的影响，本书介绍的研究成果凝聚了张院士的大量心血。

借此机会，我们特别感谢对本书的研究给予大力支持的北京市规划委员会和北京市勘察设计与测绘管理办公室。同时，要特别感谢在研究过程中给予过悉心指导的各位专家：顾宝和大师、袁炳麟大师、董德茂教授级高工、张钦喜教授、王建厅高工、叶超教授级高工和宋二祥教授。感谢中国工程院院士龚晓南教授、中国工程勘察设计大师顾宝和先生在百忙中审阅书稿，并撰写序言。

除了项目组成员的付出外，相关研究顺利推进和完成离不开北勘的有关领导和专家的大力支持，包括徐宏声总经理、郝春英副总经理、唐建华副总工程师、方继红高工、王峰副总工程师、王慧玲高工、田建宇高工、姚旭初高工、信息技术中心张志尧主任等，在此一并致谢。

本书由沈小克、周宏磊、王军辉、韩煊等人著，其他参加撰写和相关研究工作的还有罗文林、刘赪炜、王法、刘静、尹宏磊、张芳、张鹏、侯伟、王鑫、汪小丽等。

《地下水与结构抗浮》编写组

2013 年 8 月

目　　录

第1章 概　　述

1.1 问题的提出

50 多年来，在首都大规模的建设和发展中，造成了地下水资源的严重超采，地下水位普遍下降（图 1.1）。最近 10 多年来，由于中心区大规模的工程建设，特别是高层建筑、超高层建筑的地下部分和地铁等项目的施工降水，又造成了建筑集中地段地下水区域性的进一步下降。

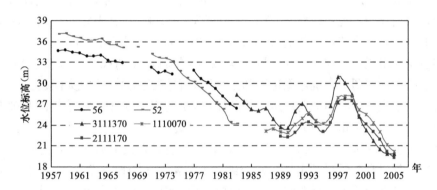

图 1.1　北京市区域性地下水水位多年动态曲线（图中数字为地下水位长期观测孔编号）

但是，近年来在科学发展观的指引下，国家与地方采取了一系列针对水资源的开源与节流的措施，这些措施必然会改变北京地下水的环境状态，概况来说包括：

（1）节流：在过去的"十五"和"十一五"期间，在北京市市委和市政府的领导下，加快建设节水型社会，贯彻了《北京市节约用水办法》、《21 世纪初期首都水资源可持续利用规划》、《北京市"十一五"时期水资源保护及利用规划》等政策措施。特别是加大污水处理力度，扩大再生水利用；加快水系治理，建设生态水环境；建设了一批重点水务工程；改革水务管理体制。到"十一五"结束时，全市总用水量已经下降到 35.2 亿 m^3。节流措施取得明显成效。

（2）开源：南水北调工程的实现将对北京市的水环境将造成重大影响。南水北调中线工程规划分两期建设。第一期工程 2014 年建成，进入海河流域的水量预计约为 60 亿 m^3，向北京市供水的总干渠设计流量 $60m^3/s$，年供水 12 亿 m^3，净供水为 10 亿 m^3；第二期工程 2030 年建成，进入海河流域的水量预计约为 90 亿 m^3，届时对北京的供水将进一步加大。除此以外，北京市也加大了对中水利用的措施。上述开源政策也会对北京市水资源的格局形成明显影响。

从上面的初步分析可以看出，在开源与节流措施涉及的水量占据了当前北京城市用水

1

量相当大的比例，因此北京水资源的供求平衡关系和水环境将产生重大影响。

从研究的必要性来看，地下水回升造成的城市水环境的变化，及其对规划建设的影响，在日本和欧洲都进行过一些研究，但在我国系统的研究和论证还很不够。为满足首都建设，特别是奥运及配套工程的要求，北京市勘察设计研究院有限公司曾经对有关方面进行过专门的研究，研究成果不仅在理论和评价方法上有若干创新，而且在奥运会国家体育场、国家大剧院、四环路中关村路堑等重大工程中得到运用。但遗留的问题是：第一，限于当时的条件，研究成果的应用只能为单体工程分析提供支持，甚至可以成为单位的独有技术，但没有提出针对整个城市建设的解决方案。在2005年开始的《北京地区建筑地基基础勘察设计规范》（已于2009年颁布实施）修订工作中，北京市广大的勘察、设计单位对此提出了强烈的要求。但限于已有的资料和研究深度，在规范修订中未能解决这个问题。第二，当时，对北京地下水环境有重大影响的南水北调方案尚不具体，没有条件进行针对这个层面上问题的研究。

从研究需求的角度来看，首都正在进行世界上空前的、大规模的地铁建设。按北京市区轨道交通规划线网，规划线路22条，总长度为701.4km，其中在四环路之内规划线路长度为338.6km，二环路之内规划线路长度为101.5km。市郊铁路网络由5条干线和1条市郊铁路主支线组成，总长度为400km。至2015年轨道交通线网全长将达到600km以上。地下铁路设计问题中，抗浮稳定性和土水压力取值显然是一个重大问题。

同时，由于建筑功能和结构稳定性的需要，高层建筑和大型公用建筑的基础埋深越来越大。粗略统计，北京市基础埋深超过20m的建筑至少已经有数百栋，且在不断增加。表1.1列举了位于北京CBD区的一些高层建筑和大型公建的基础尺度，这些建筑一般在主体高层周边都附有较低矮的裙楼、甚至纯地下结构（多为地下车库）。在地下水位较高的条件下，如果不能满足抗浮要求，一般就要采取结构措施，如设置抗浮桩或抗浮锚杆。

CBD区高层建筑和大型公建深基坑举例　　　　　　　　　　　　　　表1.1

工程名称	基础总面积（m²）	基坑埋深（m）
国贸三期	295×139	19.0～25.0
中央电视台新址	210×275	10.0～23.0
北京银泰中心	254×129	22.0
中环世贸中心	133×131	24.47
北京电视台新址	171×226	18.2
北京财富中心	244×119	15.80
光华世贸中心	143×191	25.26
京澳中心	210×106	10.5
万达广场	290×188	11.7
怡禾国际中心	165×133	15.50
世纪财富中心	约100×100	约23.0
建外SOHO	约200×114	12.5～16.1
Z15地块（中国尊）	约136×84	约38m

另外，市政工程中的地下管线和下穿式路堑同样会遇到上述问题，其中，下穿式路堑的例子有四环路中关村路堑、莲花东路、宛平城等数十处。

在上述城市基础设施的规划与建设中，抗浮设计水位的合理取值对工程有重要的意义，与工程投资直接相关。仅以单体建筑工程来说，抗浮水位取值上的 1m 差异，涉及的投资就可能达到数十万甚至上百万元。

由此可见，在目前的水资源发展趋势条件下，科学、合理地开展针对北京市区域性的地下水位长期变化趋势以及相应的工程措施研究，是目前北京城市建设中亟待解决的问题，具有重要的工程意义。

1.2　国内外城市地下水位区域性回升的典型案例

虽然由于历史上地下水位超采的影响，北京市目前地下水位较低，但在科学发展观指导下，采取一系列地下水资源的开源、节流措施后，地下水开采量将很大程度上得到控制。在这种形势下，区域地下水环境会产生何种影响在行业内仍存在很多不同的看法。但在国内外许多城市都出现了不同程度的水位回升现象（更多的案例介绍详见本书第 8 章），这里以典型的英国伦敦案例和北京案例为例介绍。

在 19 世纪和 20 世纪早期的英国，为了抽取高质量的水，对白垩系、二叠系和三叠系砂岩含水层的进行了大量地下水开采。当地下水开采量超过自然补给量时，地下水位开始下降。到 1940 年，英国几个工业城市的地下水位下降了十几米（图 1.2）[7]。在地下水位下降期间，一些带有深基础、地下室的高层建筑和轨道交通设施在城市的中心地区得到了发展。这些地下室、基础和隧道是根据现场勘察情况进行设计和建设的，现场勘察和监测记录都表明，地下水位处于较低的水平，而且这个水位已经保持了十几年，因此，对特殊结构的岩土设计时也未加考虑。

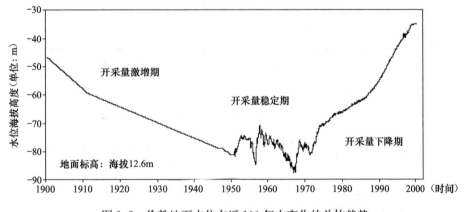

图 1.2　伦敦地下水位在近 100 年内变化的总体趋势

但是从 1968 年至 1983 年，在伦敦的某些地区出现 20m 幅度的水位上升（图 1.2），伦敦某些地段的地下水位，以每年高达 3m 多的幅度上升，由于前述的深基础设计时没有考虑到这一风险，一些相关的问题已经开始发生，一些距地面较深的地铁站已经开始渗水，众多地下建筑及那些基础埋置较深的高层建筑也面临险情，水压造成电梯井筒位移而不能运行[1][2][3][4]。

在北京市，虽然半个世纪以来地下水总体上以下降趋势为主，但历史上也发生过地下水位的区域性回升事件。图 1.1 为潜水-承压水水位的多年动态曲线，从图中可以看出，在 1988～1992 年和 1995～1997 年分别出现了两次明显回升情况。

分析主要原因为：从 1985 年起，北京市开展水资源管理及采取多种措施，如调用水源八厂、九厂等水源，实施《水资源管理条例》等政策法规等，地下水开采量逐年增加得到控制，地下水位下降趋势减缓，造成 1988～1992 年区域地下水位有所回升（图 1.1 和图 1.3）。1995 年 10 月 17 日至 1997 年 11 月 16 日，官厅水库放水也造成了京西地区地下水位普遍大幅抬升（图 1.1 和图 1.4）。

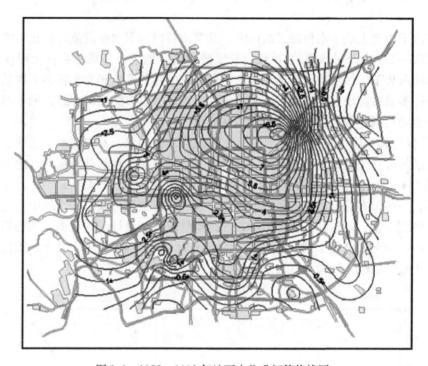

图 1.3　1988～1992 年地下水位升幅等值线图

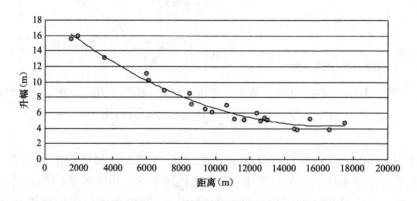

图 1.4　官厅水库放水引起地下水位升幅与离永定河距离关系图

北京市历史上的上述两次地下水回升事件都是人为因素引起的，在 1988～1992 年第一次回升时，幅度相对较小，对工程影响不明显；但在 1988～1992 年第 2 次水位回升时，由于西郊的水位回升幅度较大，距离永定河约 10km 北京西站附近的京门大厦地下水位升幅就达到 6m，造成正在修建的地下室出现局部的结构开裂现象。

通过上述两个典型的案例，在北京市未来开源节流的水资源措施下，城市地下水位出现区域性的回升可能性很大，并且会对城市规划和工程建设带来多方面的不利影响，需要进行深入的研究。

1.3　地下水位预测分析方法

地下水环境变化及其对规划建设的影响，关键是对地下水位变化的研究。如果能够比较准确地预测在将来的规划建设中需要考虑的地下水位条件，其他问题，如地下水赋存与渗流形态及其对环境影响的问题、工程结构的抗浮问题、垃圾填埋场的淹没及由此造成的污染问题，甚至土地盐碱化问题等都可迎刃而解。国内对相关的课题从不同角度、用不同方法进行了广泛的研究，在大量搜集和研究已有成果的基础上，可以将已有的方法分为 4 类（张在明，2007），即：（1）基于水资源平衡关系的宏观预测的方法；（2）基于供水模拟模型的方法；（3）数值模拟方法；（4）基于宏观数据反分析与渗流数值分析相结合的工程分析方法。

现将这几种方法分述如下。

1.3.1　基于水资源平衡关系的宏观预测的方法

以下两例可以归纳为这种方法。

（1）林文祺从较长期和较为宏观的角度分析南水北调工程长期向华北输水的作用：开始时，干渠沿岸与沿渠的引水区，地下水将会得到渗水的回补；长期回补能使原来被超采的地下含水层逐渐恢复（见表 1.2）。

海河平原各分区浅层地下水恢复时间及补给量（亿 m³，林文祺，2005）　　表 1.2

分　区	现状亏空储量	2010 年前均净补给量	2010 年亏空储量	2010～2030 年均净补给量	2030 年亏空储量	2030 年后均净补给量	恢复时间
北京	50	0	50	5	0	6	2020
天津	0	0	0	1	0	3.1	
河北山前平原	270	−13	413	−9.3	599	10	2090
黑龙港运东平原	75	0	75	1.6	43	5.5	2040

（2）孙颖等人[121]的实践与研究工作表明，水资源的开发与保护应实施统一管理，根据区域自然条件，进行水资源养蓄，以提高水资源再生能力，改善自然资源的更新与环境净化功能。在具体预测中，从水资源联合调度与联合调蓄的基础条件出发，提出了首都地区水资源养蓄的可能性，并由地下水人工回灌入手，对如何通过水资源联合调度和联合养蓄的实施进行论证。以此为指导思想，该研究在对研究区的调蓄水源、调蓄库容计算、联合调蓄工程以及模型模拟这四个方面的内容进行一定程度上的量化分析后，提出了南水北调 10 年后地下水位的变化情况（见图 1.5）。

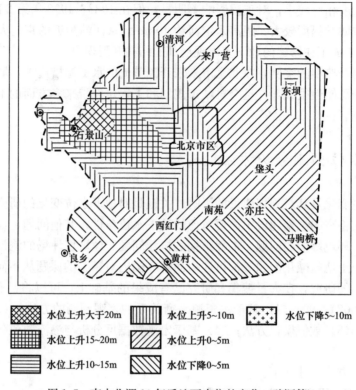

图 1.5　南水北调 10 年后地下水位的变化（孙颖等）

1.3.2　利用供水模拟模型方法的研究

这类研究可以以张超、陆凤城和周伟等人（1994 年）的研究成果为例，从水资源的合理利用和科学管理的角度出发，建立由来水、储水、用水、输水及调度控制等子系统构成的北京水资源系统。通过系统的运行，来考虑某些因素（如南水北调）对地区水环境的影响。

在该例中，针对补偿调节联合调度问题，建立了一个简化的模拟模型，模型设置的边界与结点组成如下：

（1）模型系统的边界

为了与已有的研究成果相衔接，该研究的模型为北京水资源系统中的官厅—密云供水系统与相应的地下水供水系统，包括京西区、京密区、混合区等三个平原用水区作为系统研究范围，面积 5108km²，约占北京平原区面积 6400km² 的 80%，它包括了北京城市中心区，近郊区的全部平原区及远郊县的全部或大部平原区，它是北京的主要用水地区。在行政区域上，京西区包括门头沟、石景山、海淀、丰台等近郊区和大兴、房山部分地区，京密区包括朝阳、丰台、通州及大兴部分地区。

（2）模型结点的组成

北京水资源系统是一个复杂系统，包括来水、储水、用水、输水、控制等子系统，本模型的特点是在北京的水资源系统中加入南水北调引水和张坊引水系统，因此，设置模型的结点为：①来水水源结点 7 个；②输水结点 11 个；③用水户结点有 19 个。系统模型分区及结点示意如图 1.6 所示。

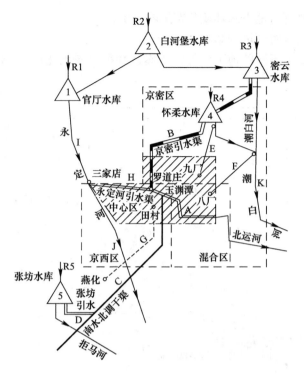

图 1.6 模拟模型的系统分区及结点示意图

虽然该研究的初衷和目的是为了合理地进行水资源的利用和管理，但结点数据、具体建模方法对本书的研究有可借鉴之处。

1.3.3 数值模拟方法

由于计算机技术和数值方法技术的高速发展，在近 10 年来的岩土工程和环境工程中，数值模拟方法起着越来越重要的作用。目前国外已开发有很多地下水模型软件，较常用者有 GMS (Groundwater Modeling System)、Visual Modflow、PMWIN (Proceeding Modflow for Windows)、FEFLOW (Finite Element subsurface FLOW system) 等。其中，GMS 是由美国 Brigham Young University 研制的综合地下水模型软件包，可用于各种情况下的地下水渗流、地下水污染运移模拟，并具有参数优化求解、GIS 等功能，是目前该领域最先进的模拟软件之一；其余的 Visual Modflow 和 PMWIN 都是基于 Modflow 开发的软件，易于使用；FEFLOW 采用有限元方法，是 20 世纪 70 年代德国 WASY 公司开发的，其最大的优势是具有良好的 GIS 接口，目前在国内应用逐渐增多。以上的分析说明，对于地下水分析，数值方法已经形成了强大的支撑，具备了良好的条件。

近年来采用数值模拟方法开展相关的研究成果较多，以下以于秀治（2004）相关成果[134]为例进行概要介绍。该例采用的研究路线具有代表性，包括：

（1）在系统搜集、分析研究区地质与水文地质条件的基础上，建立地下水系统的概念模型，进而建立数学模型—形成地下水运动的微分方程及边界条件，进行数值分析和模型识别与验证；

（2）以模型为工具，进行地下水均衡分析，对现状地下水资源进行评价；

（3）评价南水北调的影响，对调蓄方案和具体的停采方案提出建议；

（4）预测南水北调对地下水环境长期影响评价；

（5）评价南水北调对环境的影响。

根据分析结果提出不同的地下水停采方案，并得出南水北调 10 年后的研究区潜水水位的变幅图（图 1.7）。

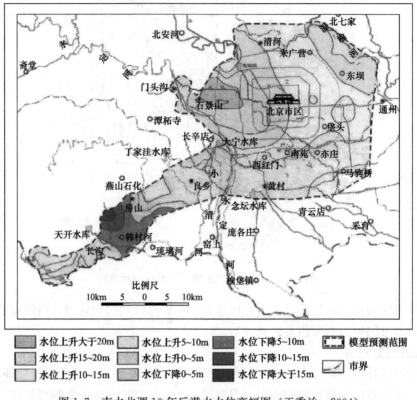

图 1.7　南水北调 10 年后潜水水位变幅图（于秀治，2004）

前述各类方法虽然从不同的角度对北京市地下水未来变化趋势进行预测，但都对本书的研究提供了一定的借鉴意义。

1.3.4　基于宏观数据反分析与数值分析相结合的工程分析方法

这个方法是北京市勘察设计研究院有限公司在北京市科学技术委员会、北京市规划委员会支持下的几个研究项目[136][144][145][147]支持下归纳得出的一种实用方法，是一种场域渗流模型综合分析法，简称为"场域法"。该方法的基本思路是：

（1）根据北京市中心区浅层地下水监测网获得地下水水位观测数据生成一个水文年中不同时期的基流面（西部潜水与其他区域的承压水）形成的统一水位面等值线图（图 1.8）；

（2）研究各层地下水在一个水文年中的变幅规律；

（3）建立北京市中心区不同区域内各水文年中地下水位与地下水采取量之间的关系（图 1.9）；

（4）以信息系统中查询得出的某特定时段（如 1988～1992 年）地下水开采量减少引起的水位升幅为依据（图 1.10），反算出南水北调和地下水开采量得到控制后，地下水开采量减少将引起的地下水的可能升幅；

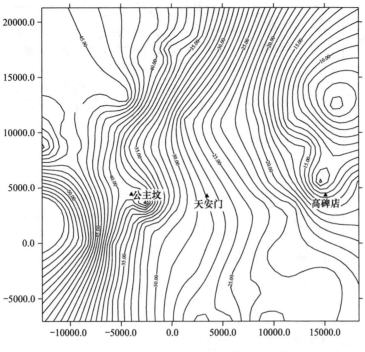

图 1.8 北京市区潜水-承压水水位等值线图

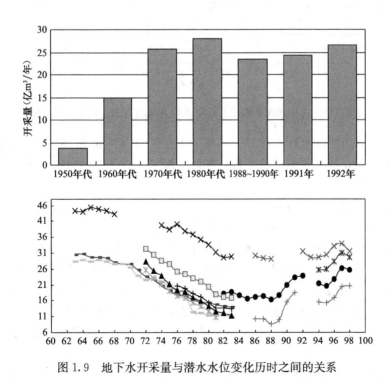

图 1.9 地下水开采量与潜水水位变化历时之间的关系

（5）研究由于官厅水库大量和集中放水对北京市中心区地下水位的影响（图 1.11）；

9

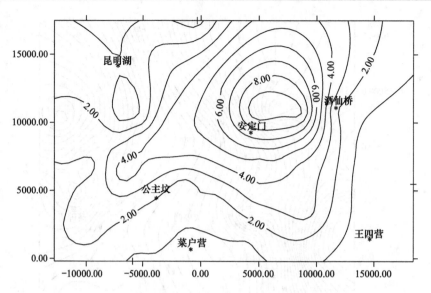

图 1.10　北京市区 1988～1992 年地下水位升幅图

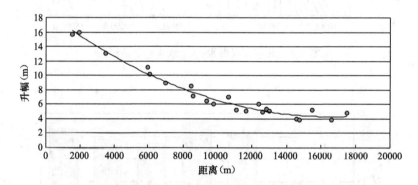

图 1.11　官厅水库放水引起地下水位升幅与离永定河距离关系图

（6）以上述分析的结果作为建筑场地地下水分析的边界条件，进行一维有限元饱和一维非饱和渗流分析，得到预测的地下水位和地下水水头沿场地纵向的分布条件，求得浮力（图 1.12）。

与上述以及其他的已有研究相比较，场域法具有以下 5 个突出的特点：

（1）揭示了北京地区地下水分布的复杂性

受北京市区地层分布条件的限制，地下水的分布特征十分复杂。在不同的工程场区，在对工程有影响的深度内，可能分布有 2 层、3 层，甚至 4、5 层地下水。从地下水的类型考虑，可以分为上层滞水、台地潜水、层间潜水和承压水；从基本分布形态，可以分为 3 个大区和 7 个亚区。这些成层分布的地下水对工程抗浮和对环境的影响各有不同，因此需要作为一个"系统"，从水文学、地下水动力学、环境岩土工程学和工程力学的角度进行分析。

其研究基本上仅考虑与西郊潜水相联系的"基流面"水位，不能反映复杂的地下水分布特征对环境的影响。在城区除丰台区和海淀区局部地区之外，绝大部分地段都存在多层水，而且基本上都有承压水（图 1.13），仅对基流的预测，显然不能反映这种复杂的情况。

10

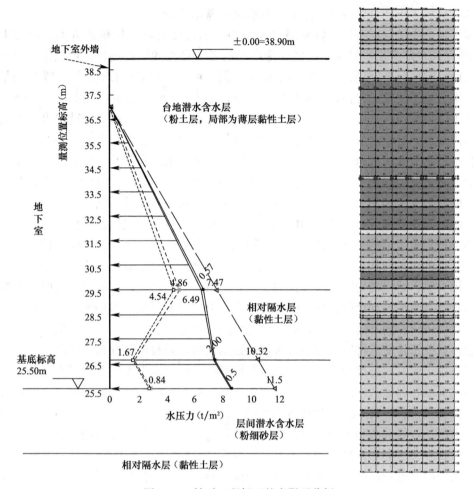

图 1.12 针对工程场区的有限元分析

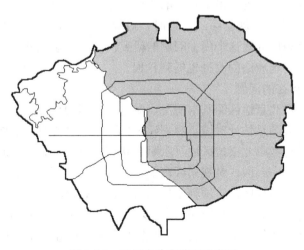

图 1.13 承压水分布范围示意图

（2）揭示了不同分区内地下水赋存和渗流的基本特征

基于地下水的分层特性，各分层对环境的影响可能有不同的侧重方面，比如上层水（上层滞水和台地潜水）对北京市区普遍存在的各类管线的抗浮设计、对垃圾填埋场的淹没及由此引起的污染问题、对土地的盐碱化问题，可能有较大的影响；下一层分布层间水则对大部分地下建筑，包括地铁结构的抗浮设计起到决定性的作用，也是各类地下工程和地铁施工隐患的所在；再下层分布的承压水，不仅对高层建筑、超高层建筑和大型公用建筑的抗浮分析具有较大影响，对埋置较深的地铁工程设计和施工也有重大影响。同时，根据近代地下水研究的成果，"基流面"是研究地区地下水形态的基础。北京市勘察设计研究院的已有研究，采用了近年来在世界上发展起来的"非饱和渗流理论"，考虑各层水之间存在的非饱和带和基质吸力对地下水流动的影响，第一次揭示了北京市中心区这些含水层的横向分布规律和各分区内它们的纵向分布规律和赋存与渗流的基本特征。

（3）用岩土力学的基本理论，证明工程抗浮问题取决于整个场地中结构的影响范围内地下水赋存的体系与状态，取决于由此确定的孔隙水压力分布场，而不像传统上认为的仅仅与水位有关。这是对传统抗浮理论的突破，同时也对南水北调影响的预测增加了难度。

（4）北京市勘察设计研究院有限公司具有可以覆盖整个研究域的地下水监测孔，长年对地下水位进行监测，已经延续了数十年的时间，并建立了以 GIS 为平台的浅层地下水信息系统。这些工作使这种方法有坚实可靠的数据支持，具有可靠性和实用性。

（5）由于研究具备比较扎实的理论与数据基础，研究成果不仅在数以百计的工程中得到应用，而且在国家大剧院、奥运会国家体育场、首都国际机场三期工程、CBD 区银泰中心等重大工程及若干奥运会配套道路工程中得到运用，取得了良好的经济和社会效益。

综上所述，场域法和上述其他方法相比，其研究成果不仅在理论和评价方法上有若干创新，而且在奥运会国家体育场、国家大剧院、四环路中关村路堑等重大工程中得到运用。但遗留的问题是，第一，限于当时的条件，研究成果的应用只能为单体工程分析提供支持，甚至可以成为单位的独有技术，但没有提出针对整个城市建设的解决方案。在 2005 年开始开展的对《北京地区建筑地基勘察设计规范》DBJ 01-501-92 的修订工作中，北京市广大的勘察、设计单位对此提出了强烈的要求，但限于已有的资料和研究深度，修订的 2009 版规范未能解决这个问题。第二，当时，对北京地下水环境有重大影响的南水北调方案尚不具体，没有条件针对这个面上问题的研究。随着国家及北京市关于南水北调方案的逐渐具体和明朗，对场域法的改进也提到日程。

1.3.5 已有方法中存在的问题

上述 4 种方法针对北京地区的基本情况，对有关的问题已经进行了比较多的研究，但这些已有研究尚不足以满足估计对城市规划建设的要求，主要有以下原因：

（1）多数研究没有考虑北京地区地下水赋存状态的复杂性，仅仅对地下水的基流面条件进行了预测，即便是中心区，对规划区东部含有多层水的情况没有研究，而这部分正是对规划和建设影响较大的地区，对这种条件的研究，也是难点的所在。

（2）研究的针对性不同，研究结果的量化不够，比如大多数的结果只给出地下水的变幅（实际上仅仅是基流面的变幅），仍然不能作为工程设计和其他方面下一步确切评估的基础。

（3）场域法虽然在上述方面具有一定的优势，也针对很多工程条件付诸应用，但还存在两方面的问题：第一、在基本数据方面，在研究时，影响水位变化的主要前提条件，如水资源的"十一五"规划尚未出台，南水北调的具体方案和数据尚不明确，影响了比较确切的预测。从本书的第3章搜集的资料看，特别是对正式颁布的《北京市"十二五"时期水资源保护及利用规划》中有关数据的分析研究表明，原来研究中的某些涉及北京市水资源的基础规划和数据已经发生了变化，需要重新进行研究；第二、从研究方法方面，由于上述原因和工程地质和水文地质条件的复杂性，虽然在反分析的过程中是针对整个研究域的，但在后面水位预测的步骤中，限于当时的条件，采取的针对单项工程场地的解决方案（project based solution）（张在明，2007）。全市各勘察设计单位希望给出适用于全市范围的定解。

由于上面几个方面的因素，使我们觉得有必要针对这一问题开展进一步研究，并且具有紧迫性。

1.4 本书的工作基础

（1）国家与地方相关政策的明朗化

在科学发展观指导下，一些国家及北京市地方政策已日趋明朗并逐渐落实，如北京市"十二五"水资源规划[124]和北京南水北调配套工程总体规划[143]的目标已经确定到2020年，因此可以认为在今后相当长一段时间内，这些政策都有很强的连续性，可以作为本次研究的重要基础之一。并且在这些基础上一系列的研究成果已逐渐具体化，如地下水涵养方案方面的研究[125][121][134]，并且在多处被引用或相互印证，甚至已经以报导的形式在一些刊物上发表[123]。这些政策及相关研究成果详细内容见第3章。

（2）已有的一系列研究成果

和前述各项研究相比，除了有大量可借鉴的区域性地下水模拟和预测的方法论基础外，针对浅层地下水分布及动态特征，北京市勘察设计研究院有限公司已经进行了大量研究工作，积累了大量成果，1995年完成的《北京市浅层地下水位动态规律研究》和1999年完成的《建筑场地孔隙水压力测试方法、分布规律及其对建筑场地影响的研究》，该2项科研成果在北京地区较早地提出了预测区域地下水位的方法，并积累丰富的地方经验，形成了本次研究的坚实基础。由北京市勘察设计研究院有限公司、北京工业大学和北京市轨道交通建设管理有限公司2009年联合完成的北京市科委项目《北京市地下水对地铁规划建设的影响与工程对策》中一系列的最新研究成果，为区域地下水预测方法研究提供了许多可借鉴之处。

（3）丰富的工程地质、水文地质资料

在技术资料方面，通过在北京地区50多年的工程实践，北京地区积累了大量的第一性资料工程地质和水文地质资料，并在此基础上建立了强大的、内容丰富的工程地质数据库和分析系统。数据和资料覆盖了整个北京地区，构成本研究的坚实基础。这是国内外其他城市难以比拟的，包括：北京市勘察设计研究院信息系统储存的20万个钻孔及数据、覆盖规划市区的900个地下水长期监测网与常年监测数据、数十年的各类建筑沉降监测资料、地下水分层监测资料。

由于在进行区域性地下水含水结构建模时，在对不同层位含水层概化过程中产生的误差是不同的，对于一些在区域上分布规律较为明显，主控因素在三维模型中较易掌握的地下水，其水位预测结果可以直接应用到具体的建筑场地，而对一些分布规律本身就十分复杂，在三维建模过程中很难较高精度地考虑其主控因素的地下水（如层间水），需要借助其他方法进行一定的修正，这些工作将在本书第 4.5 节详细阐述。

因此，基于以往的研究成果，进一步开展地下水环境变化及其对规划建设的影响的深入研究的条件已经成熟。本书对北京地区工程地质水文地质条件开展了一系列创新性研究工作，对北京中心区地形地貌条件、地层条件和地下水分布条件，地下水位动态及其主要影响因素进行系统研究，分析了北京市水资源现状及未来发展趋势；建立了"自学习、自完善"的北京市平原区 1100km² 范围内高精度的浅层地下水水位预测模型，形成了区域三维瞬态流模型分析法（简称"区域法"），该方法可以便捷地预测在未来各种自然和人为条件下的水位变化趋势；提出了结构安全设防水位取值的方法体系和相应工程措施，为工程建设提供技术经济的设计参数和措施建议奠定了新的科学基础。

第 2 章　北京市地质及水文地质条件

2.1　自然地理条件

北京地区位于东经 115°25′～117°30′，北纬 39°28′～41°05′之间，地处华北平原西北缘，西侧以西山与山西高原相连，北侧以燕山与内蒙古高原相连，东南面向开阔的华北平原区，距离渤海西岸约 150km，见图 2.1。自喜马拉雅运动以来，北京西部、北部山地不断抬升，东南部平原不断下沉，在山地与平原分界的地段，多呈断层接触。总体上可以划分为以下几个地貌带：山区、丘陵、盆地和平原区（图 2.1）。

图 2.1　北京地形概略图

山地、丘陵区约占北京地区总面积的 61%，山地主要由西山、军都山及大海坨山等组成，属隆起断块山地，山地高度有由西向东逐渐降低的趋势。山区分为中山（绝对高度大于 800m）和低山（绝对高度在 200～800m 之间）。

断陷盆地包括延庆盆地、怀来盆地、矾山盆地及平谷盆地等。其中延庆-怀柔盆地是由延庆盆地与涿鹿盆地组成，其间以矾山-老君山隆起相隔，盆地呈现北东走向，主要受北东向断裂控制。平谷盆地位于平谷北山、南山和西部二十里长山丘陵带的中间部位，呈近三角形半封闭盆地。北京平原区地貌包括：山前台地、冲洪积平原、岛山与基岩丘、河床与河漫滩、洼地、新期泛滥砂地堆积。

2.1.1　气候条件

北京地区属于暖温带半湿润半干旱大陆季风气候区。春季干旱多风，夏季炎热多雨，秋季天高气爽，冬季寒冷干燥，四季分明，热量丰富，日照充足。全年无霜期 186 天左右。全年光照时数为 2700 小时。

本区年平均气温为 11～12℃。年极端最高气温一般在 35～40℃之间；年极端最低气温一般在 −14～−20℃之间。7 月最热，月平均气温为 26℃左右。1 月最冷，月平均气温为 −4～−5℃。

本区近 60 年来的多年年平均降水量一般在 590mm 左右（1951～2011 年系列），如图 2.2 所示，降水季节性变化很大，年降水量 80% 以上集中在汛期（6～9 月），7～8 两月尤为集中。由于年降水量高度集中，即使旱年，局部地势低洼地区也可能积水成涝。降水量年变化十分悬殊，北京地区历史上年最大降水量高达 1406mm（1959 年），最小降水量为168.5mm（1891 年），相差 8 倍多。根据 1724～1997 年 270 余年的观测资料，降水量有明显的周期变化规律，短周期以 2～3 年为主，中周期约 11 年，中长周期为 80～86 年。多年平均水面蒸发量为 1843.8mm。冬季地面下有 60～80cm 的冻土层。

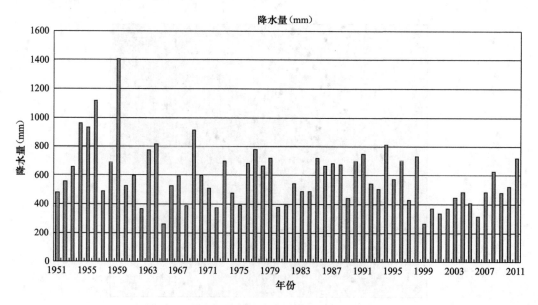

图 2.2　北京区域年均降水量分布（1951～2011）

2.1.2　水文条件

北京地区有五大水系（图 2.3）。由西向东依次为大清河水系、永定河水系、北运河水系、潮白河水系和蓟运河水系。河流总体流向是自西北流向东南，最后汇入渤海。

（1）永定河水系

自山西朔县发源，经山西、内蒙古、河北入官厅水库，出水库入北京市境内，自三家店流出山区入平原，又经石景山、房山、大兴等区县入天津市，注入渤海，全长 650km，流域面积 50830km²。北京境内约 170km²，流域面积约 3170km²。永定河历史上在不同时期由于改道、切割和沉积形成了北京市平原区第四系地层的格局，北京市地下水长期动态观测资料表明，永定河对北京市区域性地下水有着重要影响。

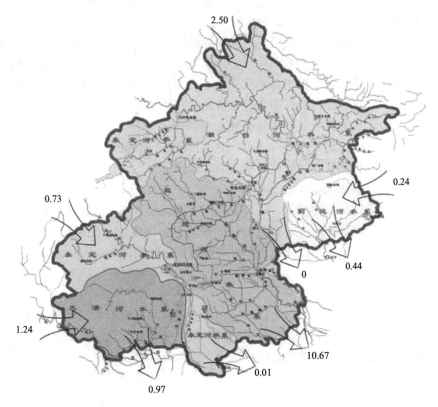

图 2.3　北京市五大水系分布图（北京水务局，2011）
（图中数字为各水系流入或流出北京境内的水量，单位：亿 m³）

（2）大清河水系

大清河水系位于海河流域的中部，北界为永定河，南界为子牙河。总流域面积 43060km²，其中山区占 42％，丘陵 10％，平原占 48％。大清河支流众多，因地形自然分为南北两支。概括言之，河水流入西淀者为南支，流入东淀者为北支。西淀与东淀以张青口为分界线，即张青口以西为西淀，以东为东淀。

大清河北支包括小清河、琉璃河、胡良河、拒马河、沫水、易水等水系，源出太行山最北部；大清河南支包括瀑河、漕河、府河、唐河、潴龙河等，各河均汇入白洋淀。南支洪水经白洋淀调蓄后，由赵王新渠入东淀。

大清河的主要支流为拒马河。拒马河发源于河北省涞源县，是大清河的上游，流经北京市房山区，形成了"十渡风景区"。在张坊镇出山后，分为南、北拒马河。北拒马河在涿州二龙坑纳小清河、琉璃河后以下始称白沟河。南拒马河纳北易水、中易水后东流，在高碑店市白沟镇与白沟河汇流，最后入天津海河注入渤海，其在北京市的流域面积为 2180km²。

（3）北运河水系

北运河水系包括温榆河、沙河、通惠河、凉水河及龙凤河，发源于京北军都山，流经昌平区，沿顺义区西界，经朝阳区至通州区，最后汇于北运河，流域面积总计达 4300km²。

（4）潮白河水系

该水系由潮河和白河两条河流组成。潮河发源于河北丰宁县上黄旗北，经滦平县、古北口入北京密云县，至高岭乡漕城子注入密云水库东北端，出密云水库东南端穆家峪乡大坝，向西南流至密云县城南十里堡，汇交于白河。白河发源于河北省沽源县南大马群山，经赤城县流入北京延庆县，再经怀柔区进入密云县四合堂乡，至石城乡注入密云水库西北端，出水库西南端调节池大坝后，南流到密云县城南十里堡，汇交于潮河。二河交汇后，始称潮白河，向西南经怀柔区入顺义区境，沿通州区东界南流入河北省潮白新河，至天津注入渤海。该水系在北京境内的流域面积 5400km²。

（5）蓟运河水系

蓟运河上源有两支，一为川河、一为沟河。沟河发源于河北兴隆县青灰岭，向南流经天津蓟县北部罗庄子，急转西流，在泥河村附近入平谷区境内，先后纳入错河和金鸡河，折向南，流出北京市，在河北省九江口附近与州河汇合，始称蓟运河。该水系在北京市的流域面积非常小。

2.1.3　地形地貌条件

北京地区地貌是由西、西北、北部山地和东南平原两大地貌单元组成。地势西北高东南低。在地壳运动、新构造活动和外营力长期作用和影响下，形成了山区以侵蚀、剥蚀构造地貌为主，平原以冲积、洪积等堆积地貌为主的地貌轮廓。

从山前地带到平原腹地，北京地区可以分为以下几种地貌类型：中山、低山、丘陵、山前台地、冲洪积平原、岛山与基岩丘、河床与河漫滩、洼地、新期泛滥砂地堆积等。其中，以冲洪积平原分布最为广泛（见图 2.4）。在冲洪积平原地貌类型中以永定河、潮白河冲积扇最为发育，扇扇相邻，互相交汇，几乎控制了整个平原区。其特征如下：

永定河冲洪积扇：北京境内的永定河冲洪积扇地包括永定河老冲洪积扇，永定河新期冲洪积扇及现代永定河冲积扇。永定河老冲积扇在中更新世到晚更新世时即已形成。当永定河流出三家店后，河水受八宝山凸起的阻挡，河流绕石景山沿老山、八宝山北的宽阔谷地沉积了厚层的砂砾石，沉积物质越向东及东北逐渐变细，并形成多条分支状古河道。扇地的前缘可达北京东郊一带。永定河新期冲洪积扇是由永定河沉积物不断堆积形成的。八宝山凸起使其逐渐降低，受永定河断裂的影响较大。永定河由八宝山凸起南侧直泻南下，沿现在的小清河、白河沟河、大清河延伸至白洋淀。扇地的前缘是白洋淀及霸州附近的一系列洼地。现代永定河冲洪积扇是在新、老永定河冲积扇之间发育形成的。形成原因一方面可能是因新、老冲洪积扇形成后，导致这一地带地势相对降低；另一方面是西部地块的抬升，使得永定河改道向东南方向流动。现代永定河冲洪积扇地的前缘是武清洼地。

潮白河冲洪积扇：潮白河主要由潮河、白河、怀河等支流组成。潮白河出山口后形成广阔的冲洪积扇。洪积扇以密云县城北为顶点，向南呈扇形展开，其西缘在通州区马驹桥附近与永定河冲洪积扇相连接，后由于新构造的抬升，河流下切，使冲洪积扇面切成条状台地。潮河和白河的汇流点随时间逐渐由南向北迁移。新生代以来，潮白河地区以沉降为主。由于地层沉降幅度较大，堆积了较厚的砂卵石层。到更新世，以细颗粒沉积物为主，受各地沉积形式和沉降幅度不同的影响，细颗粒物质的厚度和位置也有所差异。由于现代

图 2.4　北京平原区的洪冲积扇

构造活动的控制，有的地方相对上升，有的地方继续沉陷。上升地区形成现在的高地和垄岗，出露于潮白河谷地的两侧，前缘陡坎高度 5～10m，形成相邻水系的分水岭，成为现在的二级阶地；沉降地区成为现在的河流谷地和一级阶地。

北京平原区的总体地势是西北高、东南低。各个冲积、洪积扇顶部高程在 60～100m 左右；扇形地边缘地带高程降低到 25～30m 左右，平均坡度在 1‰ 左右；扇形地以下冲积平原坡度较缓，一般在 1‰ 以下。

根据前述北京市平原区地貌条件的划分（图 2.4），即使在平原区，由于受不同地表水系历史上侵蚀、搬运和沉积影响，各地貌单元的地层沉积环境相差很大，从水文地质学的角度来看，平原区的地下水分布条件以及水位动态规律的影响因素差异也很大。考虑到北京市区域浅层地下水分布规律的复杂性及其目前研究成熟程度，同时考虑到数学物理模型的建立和数值模拟的方便，研究以永定河冲洪积扇作为研究域范围。西南部以永定河为边界，西北部以西山为边界，其他部位边界根据浅层地下水观测孔覆盖程度及浅层地下水动态规律研究成熟程度，设置人工边界，研究域总面积约 1100km² （见图 2.5），涵盖北京市中心城（不包括海淀山后和丰台河西，包括部分大兴地区）。本书以下关于地质条件、水文地质条件的分析范围限于上述研究域。

图 2.5　研究域范围示意图

2.2　地层条件

2.2.1　第四纪地质条件概述

第四系在北京市平原区广泛分布，其沉积规律主要受古地形和新构造运动及上述河流堆积作用控制。永定河在北京平原从晚更新世到全新世先后发育 6 条古河道，永定河出山后向东北方向流去的古河道称古清河故道，向东经过城区的则成为古金沟河，向东南方向流去的古河道称漯水河故道。向南偏东方向流去的古河道称无定河故道，向南再向东南方向流去的古河道称浑河故道。现今的永定河河道则是出山后大致向南流去的河道，如图2.6所示。

根据永定河新期古河道的分布及其形成特点来看其与八宝山断裂、南口－马驹桥断裂的活动有关。河道流过各断裂后，多形成散流状河道并具有小扇地的特征，有的还具有迁移现象。

研究域就坐落在永定河冲积扇上，就第四系沉积时代而言，永定河老冲积扇时代是 Q_3，古金沟河在晚更新世末期到早全新世早期发育于本地区，形成了冲积相沉积物，埋藏较深，除砂砾石以外，有大量的黏性土堆积。永定河新冲洪积扇和现代永定河冲洪积扇基本上皆为全新世沉积即 Q_4^{pal}，分布于西郊和南郊等地区（见图2.7）。

另外，由于北京是一历史古都，建筑物兴废变迁甚多，因此地表人工堆积土层分布很广，尤以主城区及关厢地区最为严重，厚度达 3～7m，主要为砖瓦、炉灰及黏性土等。

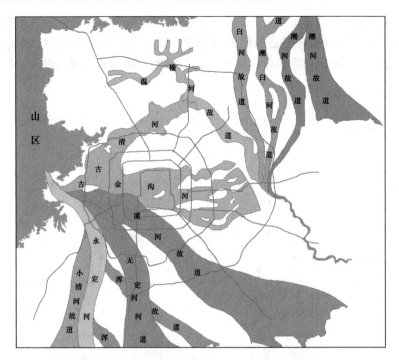

图 2.6　北京平原区全新世古河道分布图

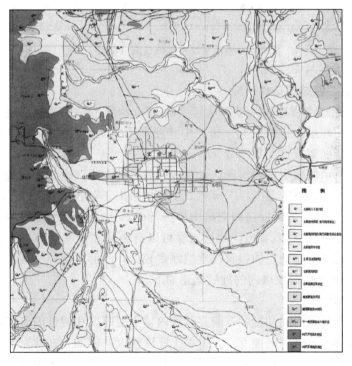

图 2.7　北京平原区第四系地层分布图

从研究域第四系地层覆盖厚度看，第四纪古地形大致以复兴门-长安街-高碑店一线为界分为南北两大部分，北部主要由一系列的凸起和凹地构成起伏的丘陵古地形，第四系厚度 80～400m。南部为由西向东逐渐倾斜的平原，西至丰台东至焦化厂以东地形较缓，西部第四系厚度 30～40m，向东随着古地形坡度的增大，第四系厚度可增至 500m 以上（见图 2.8）。

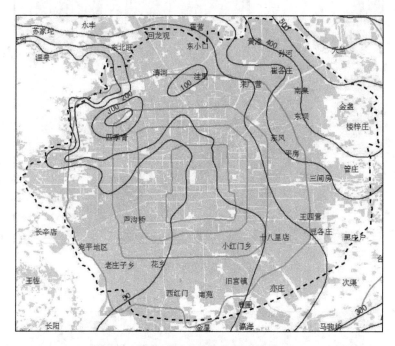

图 2.8　第四系厚度等值线图（单位：m）

2.2.2　北京市中心城地层条件研究

本书着重讨论对工程建设活动影响较大的 50m 深度范围内的浅层地下水，因此需要对该深度范围内的地层作详细研究。研究中共搜集了 255 个钻孔资料，生成 18 条地层剖面（钻孔及地层剖面布置情况见图 2.9）。

根据图 2.9 所示的地层资料情况，以及地层渗透性大小，进行详细地层分析，获得一系列地层剖面图[72]。其中，图 2.10、图 2.11 分别给出了东西向与南北向的典型剖面。

从图 2.10 可以看出，地层自西向东由单一的碎石土层逐渐过渡到黏性土和碎石土的交互沉积层；从图 2.11 可以看出，地层岩性可以自南向北由粗变细，主要原因是北部台地区（图 2.6 中北部空白处）的粗颗粒地层埋藏较深，浅部主要以细颗粒的粉土和黏性土为主。整个中心城 50m 深度以内的地层概述如下：

（1）人工堆积层

受不同历史时期人为活动影响，研究范围内填土层厚度和岩性的分布很不均匀。一般在旧城区和近郊区人口密集的地方，人工填土厚度较大。例如，在北京旧城区域，人工填土厚度一般在 3～6m，宣武区、崇文区以及西单、王府井及一些湮没河湖沟坑地区，人工填土层厚度可达 4～8m。在近郊区厚度较小，一般为 2～3m。但在取土坑、采石坑区域，填土厚度会到达 10m 以上，分布规律极其复杂。

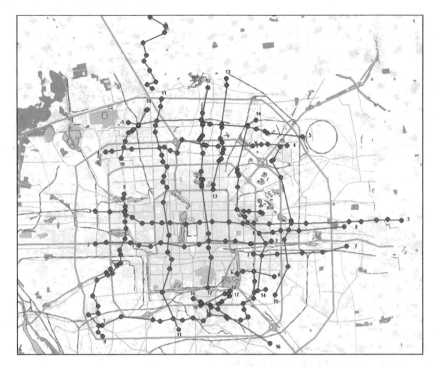

图 2.9　本次研究所选用的钻孔地层资料点及生成剖面线的位置分布图

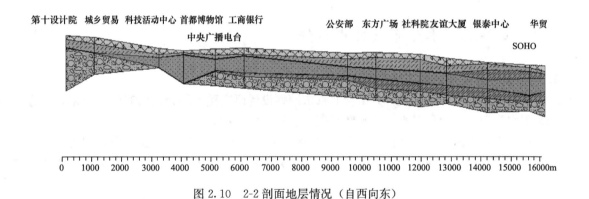

图 2.10　2-2 剖面地层情况（自西向东）

（2）新近沉积层

北京地区的新近代土层包括流水沉积、沼泽沉积和风积，多分布在最新河流附近（包括洪水泛滥地区），例如西北郊的清河河漫滩部分，南郊凉水河以西等地区。在永定河洪积扇顶部地区（石景山～八宝山一带）的地表土层也属于这一类型。此外，在许多已经填塞的河湖沟坑范围内也常有新近沉积土。新近沼泽沉积主要分布在永定河洪冲积扇的地下水溢出带，例如西北郊的圆明园、昆明湖一带和西郊莲花池附近等。另外，在大兴附近一带出现新近风积土。

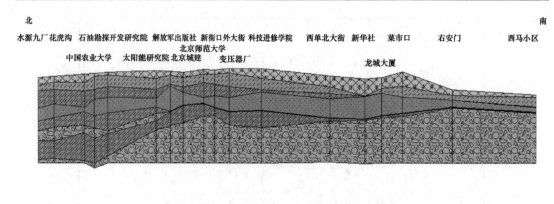

图 2.11　11-11 剖面地层情况（自北向南）

（3）第四纪沉积层

第四纪沉积层分布在人工填土层和新近沉积土层以下，岩性主要以砂土、碎石土与黏性土、粉土为主。其岩性以及厚度分布情况因地貌单元及其所处位置的不同而各异，但总体趋势是自西由单一碎石土层逐渐向东过渡到碎石土与黏性土的交互沉积层。自上至下从细粒土渐变为粗粒土，并呈现多组沉积旋回。

上述地层条件为浅层地下水的赋存提供了空间，同时也正是由于地层的复杂性，使浅层地下水的分布、补给和排泄规律十分复杂。

2.3　浅层地下水分布及补排条件

2.3.1　北京市平原区地下水条件概述

根据前述地层分析结果，并结合北京市勘察设计研究院有限公司已有研究成果，研究域地下水类型涉及上层滞水、潜水和承压水三种大的类型。

（1）上层滞水：该类型的地下水主要分布在北京市城区 10m 深度范围内的粉土、砂土和人工填土层中。该类型地下水和大气降水关系密切，且主要以蒸发和越流为主要的排泄方式。

（2）潜水：该类型地下水在北京市普遍分布，根据地貌特征和埋藏条件又可分为台地潜水、一级阶地潜水、层间潜水和西郊潜水。该类型地下水总的特征是具有自由水面。

（3）承压水：该层地下水主要分布在北京市东郊和北郊。该类型地下水水面上具有相对含水层渗透性较低的覆盖层，静止水位在含水层顶板以上。

在北京市勘察设计研究院有限公司已有科研成果《北京市浅层地下水位动态研究》的基础上，根据上述对地层的分析，结合地下水位长期动态观测资料，可将北京市区对工程有影响的浅层地下水（对工程建设活动影响较大的 50m 深度范围内的地下水）划分为三个大区（Ⅰ、Ⅱ、Ⅲ），再细分为七个亚区（Ⅰa、Ⅰb、Ⅰc、Ⅱa、Ⅱb、Ⅲa、Ⅲb），各区、亚区的平面位置见图 2.12，各区地下水条件见表 2.1。

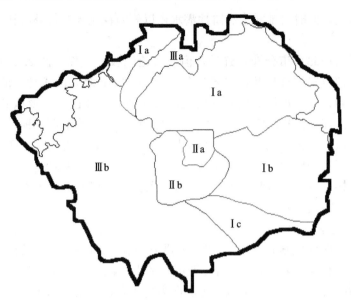

图 2.12 研究域内地下水条件分区

北京市区工程水文地质分区   表 2.1

大区	I 区			II 区		III 区	
亚区	I a 区	I b 区	I c 区	II a 区	II b 区	III a 区	III b 区
位置	东北郊	东郊	东南郊	老城区东北部	老城区大部	清河流域	西郊和西南郊
地下水分布特征	30m 之内有 2~4 个含水层：上部，台地潜水含水层；中部，1~2 个层间水水含水层；下部，潜水或承压水含水层。	基本同 I a 区。由于地处古金沟河下游的网状河流区域，台地潜水分布不连续。又因古河道岩性颗粒较粗，成为本区地下水汇水廊道。	基本同 I a 区。受 I b 区古河道影响，本区地下水流向由 EW 向 NE，区别于其他区域。	围绕王府井一带上层分布有丰富的上层滞水；中部为层间水；下部是潜水-承压水。	基本和 II a 区相同，主要区别是上层滞水较少。	潜水类型，分布特征受现代河流控制，河流一级阶地有承压水。	潜水，一般埋藏较深，受人为因素影响，水位变幅较大。

从表 2.1 中可以归纳出，研究域内主要涉及的浅层地下水类型有台地潜水（局部为上层滞水、阶地潜水）、层间水和潜水-承压水，这些类型的地下水分布条件、动态类型和补排关系差异较大，需要进行单独分析。

2.3.2 各类型地下水分布和补排关系

1. 地下水的分布

（1）台地潜水、阶地潜水和上层滞水

该三种类型的地下水共同点是埋深较浅，主要分布在 10m 以内深度范围内。台地潜水主要分布在北京市平原区的东部和北部的台地上，相应于图 2.12 中 I 区，含水层岩性主要为砂土和粉土层；上层滞水主要分布在二环以内的老城区范围内，相应于图 2.12 的 II 区，含水层岩性以人工填土层为主，局部为第四纪沉积的粉土、砂土层；阶地潜水主要分布在清河故道和温榆河故道内，含水层岩性以新近沉积的砂、卵砾石层为主，相应于图 2.12 中的 III a 亚区。

该三种类型的地下水主要受大气降水入渗、地表水体渗漏和灌溉补给，并以蒸发和越

25

流为主要排泄方式，同时台地潜水和阶地潜水还以侧向径流来获得补给和排泄。

（2）层间水

该类型地下水在北京市分布不连续，但涉及范围较广，除了图 2.12 所示的Ⅲb亚区外，研究域内其他位置均有涉及，主要分布在 10m～30m 之间的各种可能赋水的地层中。由于分布位置不同，其含水层岩性差异较大，市区中部（Ⅱ区）主要以砂、卵砾石为主，北部和东部（Ⅰ区和部分Ⅲa亚区）以砂土、粉土和黏性土等细颗粒地层为主。受地层变化影响，在研究域的北部经常分布多层层间水。总体上规律性较差，且从整个研究域上看，低水位情况下不同位置之间的层间水含水层之间的水力联系较差。

该类型主要接受侧向径流和上覆含水层越流补给，并以侧向径流补给和越流补给下伏含水层为主要排泄方式。

（3）潜水-承压水

该类型地下水在研究域内普遍分布，主要分布在 30m 左右以下的砂、卵砾石层中。地下水类型由西郊和西南郊（相应于Ⅲb亚区）的潜水向东和北逐步过渡到承压水，含水层岩性以砂、卵砾石层为主，地下水总体流向为自西向东（图 2.13）。

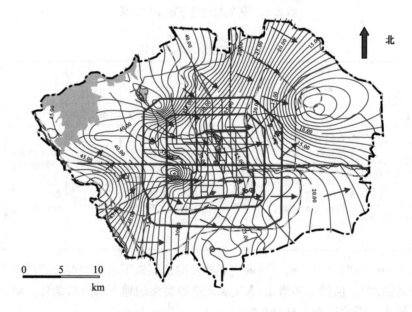

图 2.13　研究域内潜水-承压水水位分布情况（1997 年）

该类型地下水主要以侧向径流接受补给，并以地下水开采和地下水侧向径流为主要排泄方式，受人为因素影响较大，多年来该层地下水水位变化较大。

2. 地下水的补给

第四系松散层中孔隙水的补给来源主要是大气降水入渗、地表水体渗漏和山前侧向径流补给，东郊和西郊部分地区有灌溉入渗补给和人工地下水补给。不同区域和类型的地下水不同：台地潜水、上层滞水和一级阶地潜水的补给来源为大气降水和径流；西郊潜水主要接受侧向径流、大气降水和地表水补给；层间水一般以越流、地下水侧向径流和"天窗"渗漏补给为主，但东郊的该层水无侧向径流补给；潜水-承压水和深层承压水的补给方式均为侧向径流和越流。

根据近 50 年的地下水监测资料和地下水均衡计算结果，北京城区及近郊区约 1000km² 范围内的地下水补给量多年来较为稳定，如图 2.14 所示，平均在 5.5 亿 m³/a 左右。地下水补给量中，大气降水入渗补给量约占 43.9%，地表水入渗补给量约占 22.7%，山前侧向径流补给量约占 24.0%，灌溉等其他水的入渗补给量约占 9.4%。

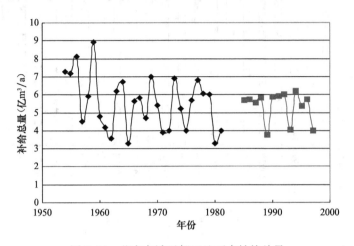

图 2.14　北京市城近郊区地下水补给总量

3. 地下水的径流

受北京市区西高东低的地形控制，地下水径流方向总体上为自西向东，局部地段受各种因素影响，地下水流向发生偏移：西郊受八宝山-公主坟-长安街沿线第三纪基岩隆起影响，北段地下水流向偏北东，南段则偏南东；东郊地下水长期过量开采形成的降落漏斗（中心地带在酒仙桥和大郊亭、垡头一带-东四环路段范围内），地下水的集中开采，也改变了局部地下水的天然径流流向，致使地下水向漏斗中心汇集；长期受湖水补给的玉渊潭附近，地下水位偏高，因此形成向周围扩散的水丘。

4. 地下水的排泄

地下水排泄在 1960 年以前主要通过蒸发、地下径流和人工地下水开采等方式进行，地下水补给和开采量基本持平；之后，地下水开采量加大甚至超采，地下水位下降，其他方式的排泄量减少，地下水以人工开采为主要排泄方式（图 2.15）。地下水人工开采主要通过水源厂和自备井进行。目前市区主要有水源一~九厂和田村山水厂共 10 处（水源厂位置见图 2.16），其中水源一、四厂和水源七、八厂的水源主要来自对地下水的开采。

对不同区域和类型的地下水而言，排泄方式也不尽相同：目前台地潜水通过蒸发和径流方式排泄；西郊潜水和深层承压水均以人工开采和侧向径流为主要排泄方式；层间水排泄方式主要为侧向径流和越流，补给量及排泄量都相对较少。1960 年前，地下水位普遍较高，人工地下水开采层位以潜水和浅层承压水为主；1960 年以后，随着地下水开采量增加，潜水水位迅速下降，甚至部分地区潜水含水层出现疏干现象，除西郊仍继续开采潜水外，东郊的地下水开采层位逐渐加深至直接对深层承压水的开采，承压水水位迅速下降，不再直接开采的潜水和直接开采层之下的承压水由于越流补给开采层，水位也相应下降。

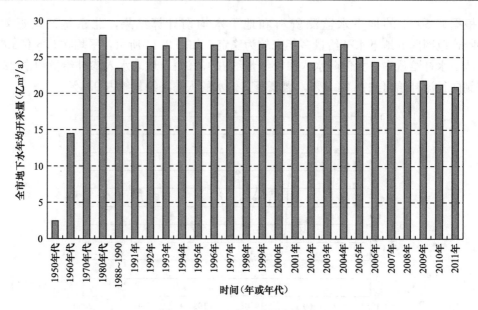

图 2.15　地下水开采量变化图

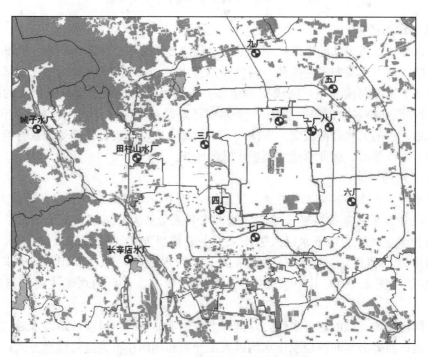

图 2.16　北京市区水源厂位置示意图

　　根据多年降水量时序分析，大致每 11 年中，平均出现平水年 6 年，枯水年 3 年，丰水年 2 年，北京市区多年平均可开采地下水资源量为 5.0～6.0 亿 m^3 左右。多年以来，由于地下水开采量已经大大超过地下水天然补给量，含水层中的地下水净贮量逐年减少，20世纪 90 年代初，北京市地下水累计亏损达 40 亿 m^3 之多。

2.4 地下水位动态规律研究

北京地区地下水类型和层位较多,地下水位动态规律复杂。另外,即使是同一类型的地下水(如层间水),在不同地貌单元上,其水位动态规律也存在一定差异。根据研究域内观测孔的长期地下水监测资料,对主要类型地下水水位动态规律作如下分析。

2.4.1 台地潜水、阶地潜水和上层滞水

由于该三种类型地下水动态类型主要为渗入-蒸发型,它与大气降水和蒸发等气象因素关系密切,其地下水位动态规律主要表现在多年动态变化不大,主要在平均水位上下波动(见图 2.17 和图 2.18,其中图 2.17 中阶地潜水自 2000 年以后降低主要是因为观测孔所在的万柳地区大规模的施工降水的干扰),年动态规律很明显,和季节性降水关系密切,一般为每年 7~9 月份水位较高,其他月份水位较低。

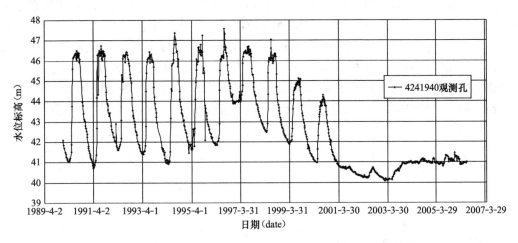

图 2.17 阶地潜水水位动态曲线图(图中数字为地下水位长期观测孔编号)

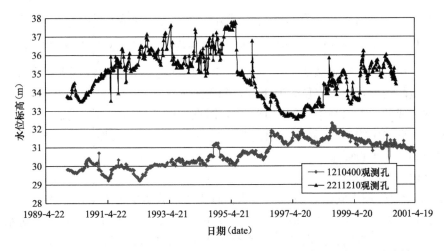

图 2.18 台地潜水水位动态曲线图(图中数字为地下水位长期观测孔编号)

2.4.2　潜水-承压水

由于潜水-承压水在北京市中心城范围内普遍分布，受自然和人为因素影响，水位动态规律十分复杂，为对该问题作较为全面的分析和探讨，本书主要从多年动态规律和年动态规律两个时间尺度来进行分析，以获得其主要影响因素，后续的建模和计算工作奠定基础。

（1）多年水位动态规律

图 2.19 为潜水-承压水水位的多年动态曲线，从图中可以看出，该层地下水均表现出地下水位下降-上升-再下降的总体变化规律。图 2.15 为北京市地下水多年开采量变化直方图，比较图 2.19 中对应年份的数据，可以看出地下水开采量和地下水水位变化之间的密切联系和因果关系，即：1960 年以前市区地下水人工开采量很小，地下水位动态主要受自然因素影响，地下水水位较高。之后，随着经济和社会的发展，人民生活水平的提高，地下水开采量日渐增加，地下水水位开始下降。1962 年起，东郊形成水位降落漏斗，从1980 年开始，地下水位下降速度加快，降落漏斗范围不断扩大。从 1985 年起，北京市开展水资源管理及采取多种措施，如调用水源八厂、九厂等水源，实施《水资源管理条例》等政策法规等，地下水开采量逐年增加得到控制，地下水位下降趋势减缓，1988～1992年地下水位在不同区域表现出不同程度的回升状态。之后，地下水开采量又相对增多，地下水位又开始出现不同程度的下降。1995 年 10 月起，官厅水库放水造成京西地区地下水位普遍大幅抬升，相应引起图中 1995 年之后的地下水位不同程度的显著回升。但是受近几年连续偏干旱年份的影响，再加之地下水超采严重，地下水水位再次明显下降。

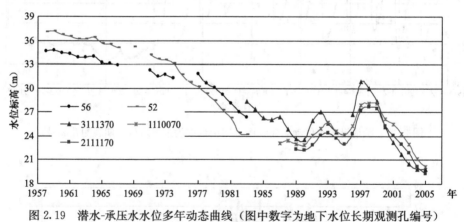

图 2.19　潜水-承压水水位多年动态曲线（图中数字为地下水位长期观测孔编号）

以上分析说明：北京市区潜水-承压水多年水位动态主要受人为因素的影响，即随着地下水开采量的增加，地下水位普遍下降，随着地下水开采量的减少，地下水位回升；官厅水库放水造成的地下水补给量的增加，在短时期内可控制地下水位动态；同样，即将实现的"南水北调（中线）"工程也将通过减少地下水开采量或增加地下水补给量而对区域地下水水位动态产生重要影响。

（2）水位年动态规律

图 2.20 为研究域不同位置的水位年动态曲线图。从图中可以看出，潜水-承压水年动态变化一般具有如下规律：即一般每年 5～7 月份水位较低，11 月～来年 3 月份水位较高，与季节性降水相比具有明显的滞后性（见图 2.20）。分析其原因，主要有：①当前条件下区域性地下水普遍较低，各层地下水之间水力联系较差，因而各层地下水位动态都难以和

台地潜水、上层滞水和阶地潜水那样与季节性降水规律具有明显的一致性；②区域性地下水受地下水开采干扰较大。

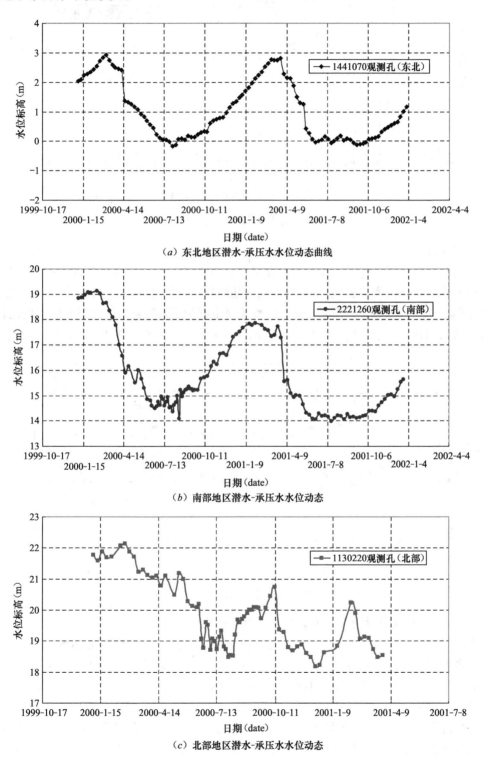

（a）东北地区潜水-承压水水位动态曲线

（b）南部地区潜水-承压水水位动态

（c）北部地区潜水-承压水水位动态

图 2.20　潜水-承压水年动态曲线（一）

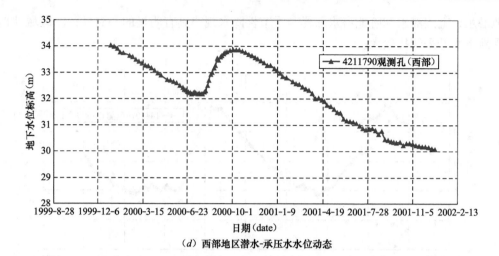

（d）西部地区潜水-承压水水位动态

图 2.20　潜水-承压水年动态曲线（二）

2.4.3　层间水

根据相关观测资料分析，层间水分布的规律性较差，在不同区域其动态类型差异也较大。对于位于古金沟河故道区（图 2.6）上的层间水，其水位动态规律和潜水-承压水相近（对比图 2.19 和图 2.21）；而对于位于台地区（主要为Ⅰa 亚区）15m 深度以内的层间水，其水位动态和台地潜水相近，即与大气降水规律基本一致（对比图 2.18 和图 2.22）。

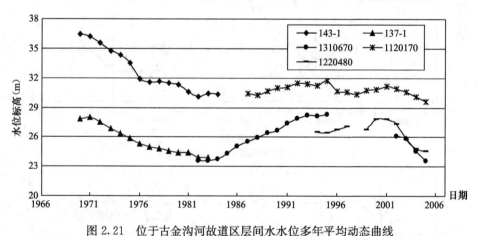

图 2.21　位于古金沟河故道区层间水水位多年平均动态曲线

（图中数字为地下水位长期观测孔编号）

2.4.4　地下水开采量对地下水位动态统计规律研究

根据前述地下水位动态主要影响因素的分析可以发现，影响研究域内区域性地下水位动态的主要因素为地下水开采量，为进一步从宏观上研究地下水开采量对区域性地下水位的影响程度，本次研究通过充分地搜集资料，进行了大量的数据统计工作[72]，根据观测孔（井）的潜水-承压水年平均水位标高和相应年份的北京市地下水总开采量进行统计分析，并排除了 1995～1997 年官厅水库 5 次放水期间的干扰，发现位于研究域大多位置的统计曲线相关性很好，多呈线性关系，且在不同位置直线的斜率差异较大，反映不同位置受北京市地下水开采总量影响程度不同（见图 2.23）。

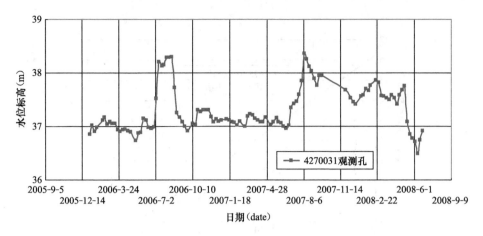

图 2.22 位于台地区层间水水位多年动态曲线

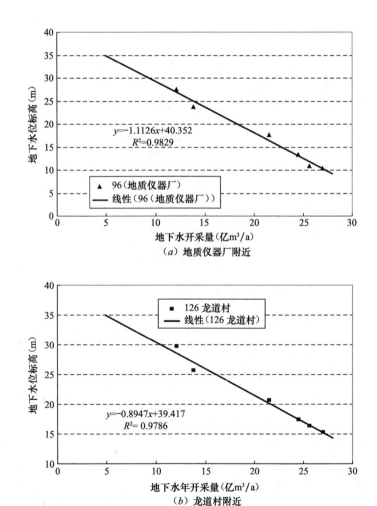

（a）地质仪器厂附近

（b）龙道村附近

图 2.23 北京市地下水开采量与水位的统计关系（一）

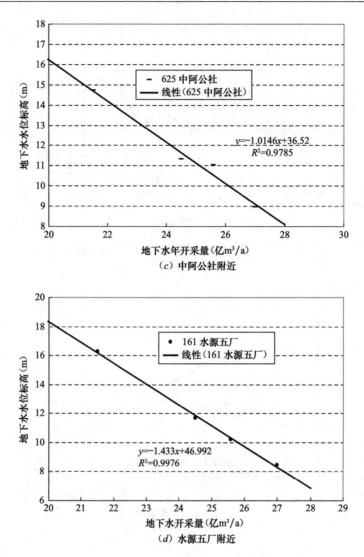

（c）中阿公社附近

（d）水源五厂附近

图 2.23　北京市地下水开采量与水位的统计关系（二）

通过以上的分析工作，可以发现，反映北京市的区域性地下水环境的潜水-承压水的主要影响因素为地下水开采量，这一点将在本书第 4 章中作进一步深入探讨。

2.4.5　1959 年最高水位若干问题研究

从一定意义上说，1959 年最高水位是北京市历史最高水位，和 2000 年或更一般情况下地下水水位相比，除了水位高的特点外，在水位年动态、各层地下水水位之间的关系上也存在较大差异，本节主要对 1959 年最高水位的形成机理进行探讨。

1. 1959 年最高水位形成条件探讨

根据相关资料，1959 年水位代表着 50 多年以来最高水位（见图 2.24，限于当时观测孔数量，等值线范围未能覆盖整个北京市），已被一些勘察设计单位用来作为最不利条件下的设计水位。对比 1959 年和 2000 年的各种条件变化，分析 1959 年水位形成机理，可以认为 1959 年最高水位形成的主要因素有以下几点：（1）降水量大，1959 年降水量达到1406.0mm，为有史以来降水量最高年份（图 2.2）；（2）永定河等地表水系在 1959 年为常年性河流，尤其是永定河地表水体和地下水存在密切的水力联系；（3）北京地区总的地下水开采量很小（＜5亿 m^3/a，不到目前的五分之一），由此不难推测市区的地下水开采量更小，对北京市地下水的影响很小。

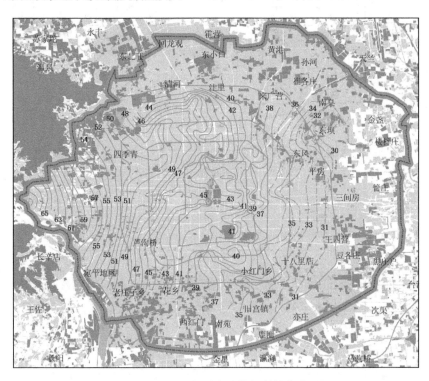

图 2.24　1959 年最高水位标高等值线图

2. 1959 年和 2000 年的潜水-承压水年动态规律的解释

图 2.25 为 1959 年地下水水位年动态曲线图，从图中可以看出，水位动态规律和大气降水规律一致（7～9 月份高），而当前潜水-承压水存在滞后性（图 2.20），可以用以下的两点来说明：

（1）高水位期间各层地下水水力联系紧密，各层地下水的水位动态规律均与第 1 层地下水动态规律一致，和大气降水规律相近；

（2）2000 年地下水开采量较大，约为 27 亿 m^3/a，是引起地下水年动态主要因素，而 1959 年北京市总的地下水开采量很小，小于 5 亿 m^3/a，不难推测该时期研究域内地下水开采量更小，不是引起地下水年动态的主要因素，地下水水位动态规律基本和大气降水规律一致。

3. 各层地下水水位之间关系

根据前述分析，1959 年各层地下水之间水力联系密切，水位差别不大。同时，有些地方下伏含水层的水位甚至高于其上覆含水层中地下水的水位（图 2.25），这是因为，含水层埋深越大，一般地层颗粒越粗，渗透系数越大，可能与当时的永定河地表水之间水力联系越密切，受永定河侧向补给作用越大，因而水位更高，而在目前由于永定河已经断流，区域地下水位普遍较低的情况下，第四系地层中一般不会出现下伏含水层中的地下水水位高于上覆含水层中地下水水位的现象。

35

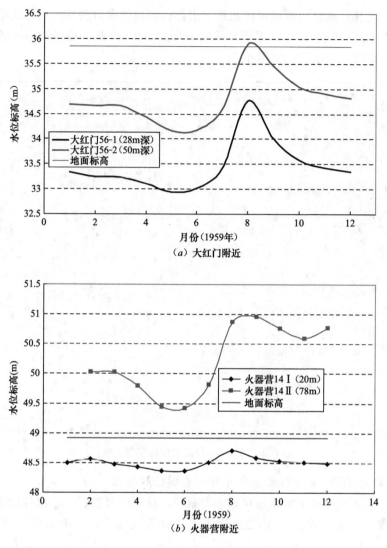

（a）大红门附近

（b）火器营附近

图 2.25 1959 年水位年动态关系曲线

2.5 本章小结

本章通过对北京市区域自然地理环境资料、区域地质及水文地质资料以及补充搜集的大量原始地层资料的综合分析，结合已有研究成果，主要获得以下几点结论，作为后续进一步研究工作的重要基础和背景之一。

（1）北京地区地貌是由西、西北、北部山地和东南平原两大地貌单元组成。地势西北高东南低。在地壳运动、新构造活动和外营力长期作用和影响下，形成了山区以侵蚀、剥蚀构造地貌为主，平原以冲积、洪积等堆积地貌为主的地貌轮廓。

（2）北京市中心城基岩深度范围内的地层条件按照自上至下的沉积顺序可分为人工填土层，新近沉积层和第四纪沉积层。人工填土层分布不均，在中心城区较厚，在近郊区厚度较小；新近沉积土多分布在最新河流附近（包括洪水泛滥地区），永定河洪积扇顶部地区以及填塞的河湖沟坑内等地区；第四纪地层在研究区内广泛分布，总体上自西向东由单一的砂、卵砾石层过渡到砂、卵砾石层与黏性土层交互沉积层。

（3）北京市中心城主要涉及的浅层地下水类型有台地潜水（局部为上层滞水、阶地潜水）、层间水和潜水-承压水3大类型。其中潜水-承压水在整个研究域普遍分布，成为控制浅层地下水的重要下边界；台地潜水、阶地潜水和上层滞水分布在近地表（一般在10m深度以内），为控制浅层地下水的重要上边界；层间水分布规律复杂，且不同地貌单元的层间水差异很大，在北部台地区甚至分布多层地下水。

（4）由于不同层位地下水分布及补排规律不同，其水位动态规律也差异很大：台地潜水、阶地潜水和上层滞水主要受大气降水影响，多年来该层地下水水位均在平均水位上下波动；潜水-承压水多年来该层地下水的水位动态规律复杂，主要受人工开采影响，另外诸如官厅水库放水等一些偶然事件也会造成该层地下水位短期的上升；层间水的水位动态与其所在的地貌单元关系密切，如：台地区的层间水水位动态规律与台地潜水相近，而古金沟河故道区的层间水水位动态和潜水-承压水较为接近。

（5）大量资料统计分析，说明了潜水-承压水与北京市地下水开采量关系密切，在后续建模过程中需要重点考虑地下水开采量这个因素。

（6）通过对1959年最高水位若干问题的分析，也可以为未来高水位预测提供一定指导。

第3章 北京市水资源现状及未来发展趋势

3.1 北京市水资源现状

关于地下水位动态变化的研究，必须以北京市水资源平衡条件，特别是水资源的供求关系对地下水位的影响为背景。为此，本章基于北京市近年水资源公报、《北京市"十一五"时期水资源保护及利用规划》和《北京市"十二五"时期水资源保护及利用规划》以及其他相关研究成果，对北京市水资源现状进行概要分析。

3.1.1 概述

北京市的水资源主要由三部分构成[82]：（1）大气降水直接形成的地表水资源；（2）地下水资源；（3）外埠区域入境的水量（包括地下水部分）。其中，最主要的水资源是依靠天然降水形成。

北京作为首都，属资源型缺水地区。北京境内水资源的多年人均占有量约300m³（近12年人均占有量仅107m³），是全国人均水资源量的1/8、世界人均的1/30，远远低于国际公认的人均1000m³的下限，属重度缺水地区，水资源短缺已成为影响和制约首都社会和经济发展的主要因素[83],[84]。

北京市近年来水资源分布趋势和水资源数据总量见图3.1和表3.1。

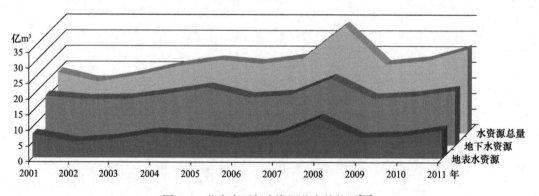

图3.1 北京市近年水资源分布趋势图[85]

北京市近年水资源数据（亿 m³）[85] 表3.1

年 份	地表水资源	地下水资源	水资源总量
2001	7.78	15.7	19.2
2002	5.25	14.69	16.11
2003	6.06	14.79	18.4
2004	8.16	16.54	21.35
2005	7.58	18.46	23.18

续表

年 份	地表水资源	地下水资源	水资源总量
2006	6.67	15.4	22.07
2007	7.6	16.21	23.81
2008	12.79	21.42	34.21
2009	6.76	15.08	21.84
2010	7.22	15.86	23.08
2011	9.17	17.64	26.81

从图 3.1 中可以看出，自 2001 年以来，北京市的水资源总量呈逐年上升趋势，尤其是 2008 年出现短期的小高峰，但水资源总量仍不能满足北京市的经济社会发展需要。

以 2011 年为例，北京市分流域的水资源总量详见表 3.2 和图 3.2。

2011 年全市流域分区水资源总量表（亿 m³）[85] 表 3.2

流域分区	面积（km²）	年降水量	地表水资源量	地下水资源量	水资源总量
蓟运河	1300	8.61	1.15	2.99	4.14
潮白河	5510	30.00	3.59	2.96	6.55
北运河	4250	24.76	3.50	5.56	9.06
永定河	3210	14.31	0.76	2.78	3.54
大清河	2140	12.90	0.17	3.35	3.52
全 市	16410	90.58	9.17	17.64	26.81

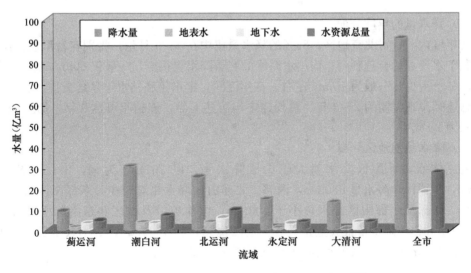

图 3.2 2011 年全市流域分区水资源总量分布图[85]

下面分别从大气降水、地表水资源、地下水资源和水资源供需情况分析北京市的水资源现状。

3.1.2 大气降水及地表水资源现状分析

北京市的地表水资源主要来源于两个方面[82]：其一为大气降水，它是地表水资源补给主要途径，其二是过境水，通过潮白河、永定河等流入境内。

根据统计[82],[86]，北京地区年均降水总量 98 亿 m³，约有 60 亿 m³ 蒸发，其余形成境内水资源。其中，形成地表径流 17.7 亿 m³，形成地下水 25.6 亿 m³，扣除地表水、地下水重复计算量 5.9 亿 m³，境内天然降雨形成水资源量为 37.4 亿 m³。

1. 大气降水

根据北京市统计年鉴及历年水资源公报，北京市多年平均降水量为 590mm（1951～2011 年系列）（图 2.2），降水量分布极不均衡的，图 3.3 是 1980～2008 年的降水量分布图。水资源时空分布不均和连枯连丰是北京大气降水的特点。比如，1999～2007 连续几年干旱就使水资源原本就紧缺的北京雪上加霜。

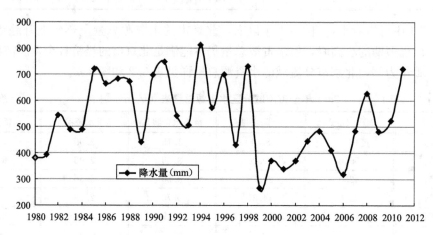

图 3.3　1980～2008 历年北京市降水量分布图

（1）降水量的年度分配

在年度内，针对北京地区，85％的降水量集中在 6～9 月份，特别容易形成内涝灾害，也不利于水资源的合理利用；而用水高峰的春季降水量很少，一般仅 60mm 左右，常发生干旱；冬季更少，一般为 10mm 左右。在年度间，丰水年和枯水年频繁交替。北京市降水量丰枯连续出现时间为 2～3 年，最长连丰年可达 6 年，连枯年可达 9 年，历史记载最长枯水期为 20 年[87]。

（2）降水量的地区分布

从总体看，平原区降水量大于山区降水量。以 2011 年为例，山区年降水量为 506mm，平原区年降水量 630mm，西部、北部山区降水相对较少，东部山区成为降水的高值区。西部及北部山区降水量小于 500mm，山前地带及城区和东南部平原降水量为 500～700mm，年降水量最大点是平谷区的刁窝站，为 1009mm，最小点是延庆县的千家店站，为 295mm。详见 2011 年降水量等值线图（图 3.4）。

2. 地表水

北京地处海河流域，从东到西分布有蓟运河、潮白河、北运河、永定河和大清河五大水系，天然河道自西向东分布大小河流 100 余条，全长 2700 多公里。除北运河发源于北京市外，其他四条水系均发源于境外的河北、山西和内蒙古。北京没有天然湖泊。全市有水库 85 座，其中大中型水库有密云水库、官厅水库等[86]。

（1）地表水资源量

地表水资源量指地表水体的动态水量，用天然河川径流量表示。近年来全市地表水资源变化如表 3.3 所示。

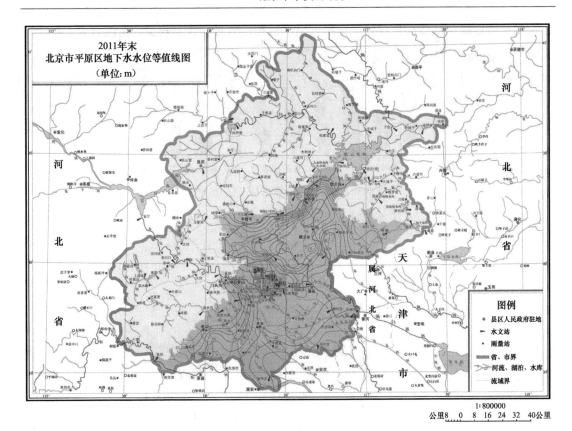

图 3.4 2011 年北京市降水量等值线图[85]

北京市地表水资源量（亿 m³）[85] 表 3.3

年 份	2001	2002	2003	2004	2005	2006	2007	2008	2009	2010	2011
地表水资源量	7.78	5.25	6.06	8.16	7.58	6.67	7.6	12.79	6.76	7.22	9.17

从流域分区看，2011 年，潮白河水系径流量 3.59 亿 m³ 为最大，大清河水系径流量 0.17 亿 m³ 为最小。详见图 3.5。

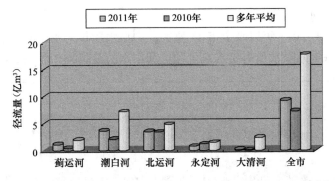

图 3.5 2011 年与 2010 年及多年平均流域分区径流量比较图[85]

（2）出入境水量

北京多年平均入境水量 16.1 亿 m³，多年平均出境水量 14.5 亿 m³[86],[108]。近年来，由于北京市连续 9 年枯水，导致了全市入境水量和出境水量普遍较少，见图 3.6。

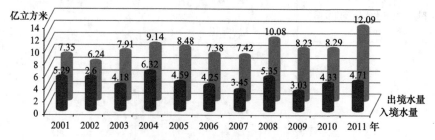

图 3.6　北京市出入境水量（亿 m³）[85]

2011 年各河系出、入境水量详见图 3.7。

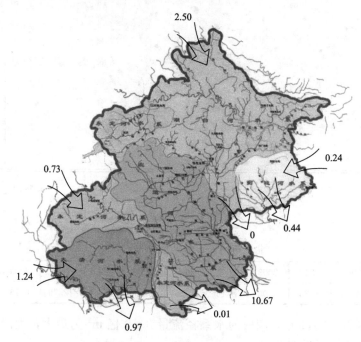

图 3.7　2011 年各河系出、入境水量示意图[85]（单位：亿 m³）

（3）水库蓄水动态

图 3.8 为 2001～2011 年以来全市 18 座大、中型水库年末蓄水总量和可利用来水总量图，由图可见，每年的降水量对蓄水总量和可利用水的总量均产生较大的影响。

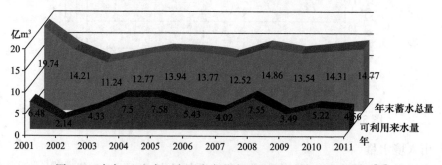

图 3.8　全市 18 座大、中型水库蓄水总量和可利用来水量统计[85]

由于下游工农业的发展，官厅水库、密云水库年均入库水量从 20 世纪 60 年代的 25 亿 m³，锐减到 80 年代的 10 亿 m³，1999～2001 年两水库年均入库水量仅为 4.8 亿 m³，2000～2011 年的蓄水总量和可利用来水量见图 3.9，可利用来水量仍较少。

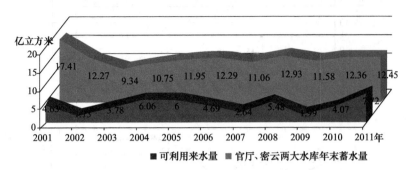

图 3.9 官厅、密云水库蓄水总量和可利用来水量统计[85]

3.1.3 地下水资源及其开采现状分析

地下水资源量指地下水中参与水循环且可以更新的动态水量。按照地下水资源存在部位划分，地下水可分为第四系水和基岩地下水。基岩地下水中，包括一部分有特殊价值的地热水[86]。北京基岩水储量丰富的地区有 7 块，总面积 5149km²。基岩水中含地热水，北京有 4 条地下热水带，它们分别为顺义-丰台-良乡、西集-采育-凤河营、延庆和北温泉-沙河-水沟山。已探明地下热水分布面积 1000km²[86]。

第四系水是从地表以下至基岩之间积存的地下水。北京第四系水分布不均匀，具体见表 3.4。

北京市第四系水分区表[86]   表 3.4

分 区	单井出水量（m³/d）	分 布
富水区	大于 3000	分布在密云、怀柔、顺义交界处、平谷王都庄、房山窦店一带，面积 1700km²
中富水区	1500～3000	分布在朝阳来广营、昌平沙河一带，面积 3000km²
弱富水区	500～1500	分布在大兴南部等地区，面积 1500km²
贫水区	小于 500	分布在山区和海淀苏家坨、昌平小汤山等地区

需要说明的是，我们的数据来源于北京市历年水资源公报，根据该公报中的说明，以下统计数据仅包括第四系水，并没有包括基岩水。

1. 平原区地下水动态

北京市平原区地下水位近年来逐渐下降（图 3.10、图 3.11），2008 年全市平原区年末地下水平均埋深为 22.92m，地下水位比 2007 年末下降 0.13m。2008 年全市地下水资源量 21.42 亿 m³。比 2007 年的 16.21 亿 m³ 多 5.21 亿 m³，比 1980 年末累计减少 80.3 亿 m³，比 1960 年减少累计 101.0 亿 m³。

根据北京市水资源公报，2011 年末，全市平原区地下水位与 2010 年相比，下降区（水位下降幅度大于 0.5m）占 30%，相对稳定区（水位变幅在－0.5m 至 0.5m）占 36%，上升区（水位上升幅度大于 0.5m）占 34%。2011 年各行政区平原区地下水埋深详见图 4。

近 10 余年，由于中心区大规模的工程建设，特别是高层建筑、超高层建筑的地下部分和地铁等项目的施工降水，造成了建筑集中地段地下水区域性的进一步下降。2011 年

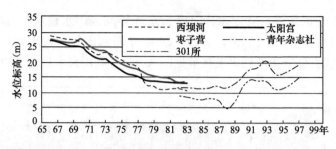

图 3.10　北京部分代表性地区地下水位变化情况

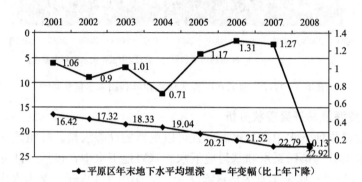

图 3.11　北京地区近年来地下水位变化情况[85]

地下水埋深大于 10m 的面积为 5470km²，较 2010 年增加 4km²；地下水降落漏斗（最高闭合等水位线）面积 1058km²，比 2010 年增加 1km²，漏斗中心主要分布在朝阳区的黄港、长店至顺义的米各庄一带。

2. 地下水开采现状

根据《首都地区地下水资源和环境调查评价报告》（北京市地质调查院，2004 年）相关研究成果，北京市 2000 年共有各类水井 $5.17×10^4$ 眼，其中地下水源厂开采井 472 眼，城镇工业生活自备井 7320 眼，农业井 $4.39×10^4$ 眼。地下水总开采量为 $27.08×10^8m^3$，其中工业用水 $4.11×10^8m^3$，生活用水 $6.01×10^8m^3$，农村用水 $16.41×10^8m^3$，损耗量 $0.56×10^8m^3$。

2000 年北京市水厂位置分布情况见图 2.16，其中本次研究域内主要分布 8 个地下水厂（其中水源八厂水源地在顺义潮白河畔，对研究域地下水无直接影响），共有机井 232 眼，2000 年研究域内地下水开采量总计为 1.32 亿 m³（见表 3.5）。

2000 年研究域内（城近郊区）自来水厂基本情况　　　　　　　　表 3.5

水　厂	水厂位置	机井数（眼）	取水水源	2000 年供水量（$×10^4m^3$）
第一自来水厂	东直门	25	市区地下水	238.6
第二自来水厂	安定门	49	市区地下水	1378.7
第三自来水厂	西郊花园村	79	市区地下水	8878.9
第四自来水厂	西南郊万泉寺	25	市区地下水	1605.5
第五自来水厂	东北郊酒仙桥	23	市区地下水	263.1
第七自来水厂	南郊马家堡	8	市区地下水	332.6
丰台水厂	丰台镇、南苑镇	14	市区地下水	565.7
水源厂对研究域内地下水消耗量合计（亿 m³）				1.3263

另据北京市地质矿产勘查开发局相关研究成果[109]，研究域内自备井分布较为集中，共有自备井 2654 眼，地下水开采量约 2.65 亿 m^3，其中日开采量在 5000m^3 以上的用水大户分布情况参见表 3.6。综上所述，2000 年研究域平面范围内地下水开采量总计约 3.98 亿 m^3，根据相关调查资料，其中第四系孔隙水占总开采量 94% 以上，即 3.74 亿 m^3 以上。

2000 年城近郊区自备井主要用水大户一览表（日开采量在 5000m^3 以上）　　表 3.6

序　号	单位名称	地　址	日开采量 $10^4 m^3$	井　数 眼
1	北京正东电子动力集团有限公司	朝阳区酒仙桥路 4 号	207.58	7
2	北京京棉纺织集团有限责任公司	朝阳区外八里庄西里 1 号	230.99	50
3	国营 211 厂	北京 34 号信箱 44 分信箱	376.26	16
4	七一九单位	北京 9200 信箱 7 分信箱	247.73	9
5	北京铁路分局丰台给水电力段	丰台区新开路 20 号	502.77	32
6	中国航天机电集团第三研究院动力站	丰台区岗动力站	317.10	11
7	北京炼焦化学厂	朝阳区化工路东口	378.88	18
8	北京染料厂	朝阳区堡头	217.08	8
9	北京军区司令部 16 分队	石景山八大处甲 1 号 26 号楼	204.03	7
10	北京京能热电公司石景山热电厂	北京市石景山广宁路 10 号	271.06	6
11	首钢特殊钢公司	石景山古城大街北	843.35	6
12	首钢重型机械厂	丰台区吴家村	318.48	9
13	北京长峰机械动力厂	海淀区永定路 52 号	234.15	11
14	中国人民大学后勤	海淀区海淀路 39 号	252.22	4
15	北京友谊宾馆	海淀区中关村南大街 1 号	211.53	10
16	北京大学	海淀区中关村娄桥 1 号	463.76	14
17	清华大学	海淀清华园	680.45	11
18	北京科技大学	海淀区学院路 30 号	221.61	5
19	北京化二股份有限公司	朝阳大郊亭	219.05	5
20	北京化工集团有机化工厂	朝阳大郊亭	197.45	9
21	首钢总公司	石景山古城机动处	3347.70	48
合　计			9943.22	296

3. 地下水开采引起的问题

在 20 世纪五六十年代，地下水资源开采是少量的，自 70 年代以后，地下水资源开采量逐年剧增，成为北京市主要水源之一。多年来国土资源部门向北京市提交的权威数字是 26.33 亿 m^3/a（平原区为 24.55 亿 m^3/a，山区为 1.78 亿 m^3/a），据计算，1961～1989 年全市平原区地下水累积亏损量已达 42.78 亿 m^3，平均每年亏损 1.48 亿 m^3，其中 80 年代亏损最大，达到 21.78 亿 m^3，年均亏损 2.2 亿 m^3。尽管目前亏损量有所减少，但仍处于超采状态[82]。由于连续超采出现了大范围地下水降落漏斗，并诱发了地面沉降、地下水溢出带消失、土地沙化、水质逐步恶化等水环境问题。

北京市地下水严重超采引起的主要问题有：

（1）地面沉降。主要分布在城区的东部和东北部，八里庄-大郊亭一带，沉降幅度最大，沉降点最大累积幅度达 502mm。近十余年来，由于中心区大规模的工程建设，特别是高层建筑、超高层建筑的地下部分和地铁等项目的施工降水，又造成了建筑集中地段地下水区域性的进一步下降。

（2）水井供水衰减或报废。由于水位不断下降，致使有些水井枯竭报废，井越打越深，泵越换越大，形成恶性循环，造成的经济损失越来越大。以水源四厂为例，1978 年供水能力为 24 万 m^3/d，1984 年降低为 8.5 万 m^3/d，平均每年递减 16%[82]。

（3）水质发生变化。由于地下水资源超采。加上近年来污水、垃圾处理不能同步于增加量，致使地下水污染呈现逐年加重的趋势。如密云、怀柔地区，24 眼井中有 20 眼检出亚硝酸盐，含量最高达 11.3mg/L。

3.1.4　水资源供需情况

1. 供水量

供水量指各种水源工程为用户提供的包括输水损失在内的毛供水量。北京市现状供水系统主要由地表水和地下水两部分组成，近几十年供水量逐年递减（图 3.12），北京市近年来供水量分布见图 3.13 和表 3.7。

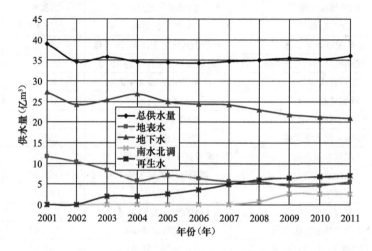

图 3.12　北京市供水水源情况

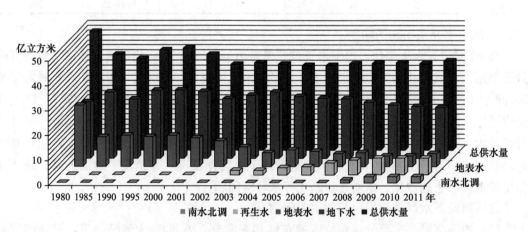

图 3.13　近年来北京市供水量分布[85]

近年来北京市供水量分布表（亿 m³）[85]　　　　　　　　　　表 3.7

年　份	总供水量	地表水	地下水	南水北调	再生水
2001	38.93	11.7	27.23	—	—
2002	34.62	10.38	24.24	—	—
2003	35.8	8.33	25.42	—	2.05
2004	34.55	5.71	26.8	—	2.04
2005	34.5	7	24.9	—	2.6
2006	34.3	6.36	24.34	—	3.6
2007	34.8	5.67	24.18	—	4.95
2008	35.1	5.5	22.9	0.7	6
2009	35.5	4.6	21.8	2.6	6.5
2010	35.2	4.6	21.2	2.6	6.8
2011	36.0	5.5	20.9	2.6	7.0

从图 3.13 中我们可以看到，按照供水构成，地表水、地下水供水量呈降低趋势，再生水供水有大幅提高，从 2001 年的零上升为 2011 年总供水量的 19%。2011 年全市总供水量为 36.0 亿 m³，不同供水水源所占的比例见图 3.14。

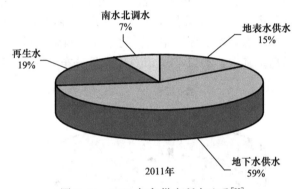

图 3.14　2011 年各供水所占比重[85]

2. 用水量

用水量指分配给用户的包括输水损失在内的毛用水量。北京城市用水主要以地下水、官厅水库和密云水库两大水库为主，张坊、怀柔、平谷和昌平 4 大应急水源以及再生水为辅供应；郊区主要依靠当地地下水[88]。北京近几十年用水量激增，2001 年比 1949 年增加40 倍；北京市 2001～2011 年用水量分布见图 3.15 和表 3.8。

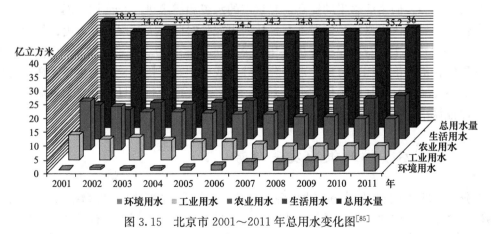

图 3.15　北京市 2001～2011 年总用水变化图[85]

北京市 2001～2011 年来用水量情况（亿 m³）[85]　　　　表 3.8

年　份	总用水量	生活用水	环境用水	工业用水	农业用水
2001	38.93	12.05	0.3	9.18	17.4
2002	34.62	10.83	0.8	7.54	15.45
2003	35.8	13	0.6	8.4	13.8
2004	34.55	12.78	0.61	7.66	13.5
2005	34.5	13.38	1.1	6.8	13.22
2006	34.3	13.7	1.62	6.2	12.78
2007	34.8	13.89	2.72	5.75	12.44
2008	35.1	14.7	3.2	5.2	12
2009	35.5	14.7	3.6	5.2	12.0
2010	35.2	14.7	4.0	5.1	11.4
2011	36.0	15.6	4.5	5.0	10.9

从图 3.15 中可以看出，用水结构也发生较大变化，全市用水总量中工业、农业用水量呈现下降趋势，生活和环境用水呈现上升态势。北京已经逐步实现了"压缩农业用水，控制工业用水，保障生活用水，增加环境用水"的用水结构调整目标，逐步淘汰高耗水产业，用水效率大幅度提高。其中，2011 年全市总用水量分布见图 3.16。

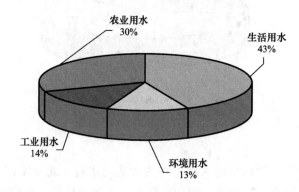

图 3.16　2011 年各供水所占比重[85]

水资源开发利用，是水资源使用价值得以实现的前提，也是水资源价值增值过程。随着经济的发展和人们生活水平的提高，北京市的水资源需求进一步增加，而资源型缺水的自然条件，又导致供水量增长停滞不前，从而出现长时间、大范围、深程度的缺水，并加剧了城市与农村、工业与农业、经济与生态之间的用水竞争，水资源供需矛盾更加尖锐。快速发展的首都经济和相对薄弱的水资源条件形成了北京可持续发展的主要矛盾，北京地区的水资源衰减进一步加剧了供需失衡矛盾，未来北京市的政策只有重视水资源的合理利用才能保证城市可持续发展。

3.2　北京市水资源政策及发展趋势

在分析处理水资源问题、制定水资源政策时，不仅要考虑它的自然属性，还必然要考虑它的社会属性。"开源节流"就是综合考虑自然属性和社会属性后的最佳选择，也历来是解决北京水资源短缺问题的一个首要原则。1999 年 3 月 26 日，时任国务院副总理的温家宝对解决北京市水资源问题作了重要批示，他指出："北京市水资源匮乏的现状令人担忧，应该引起重视。解决北京市缺水的问题，必须开源与节流并重，以节流为主。"从上述批示可以看出，节流与开源是解决目前北京市水资源短缺的主要方式，而且开源节流的水量占据了北京当前水量的相当大的比例，对水资源的供求平衡关系和水环境将会产生重大影响。

3.2.1 水资源政策

1. 国家水资源政策

党中央、国务院高度重视水资源管理工作。2007 年，胡锦涛总书记在十七大报告中强调，要保护土地和水资源，建设科学合理的能源资源利用体系。2009 年 3 月，温家宝总理在第十一届全国人民代表大会第二次会议上的政府工作报告中多处提到与水资源有关的内容。报告提出，要积极推进水价改革，逐步提高水利工程供非农业用水价格，完善水资源费征收管理体制。

在 2009 年 1 月召开的全国水利工作会议上，回良玉副总理发表了重要讲话，对做好新形势下水利工作提出了明确要求，强调要从我国的基本水情出发，实行最严格的水资源管理制度，对水资源进行合理开发、综合治理、优化配置、全面节约、有效保护，建立健全开发利用与节约保护相协调的水资源综合管理体制。

为了合理开发、利用、节约和保护水资源，防治水害，实现水资源的可持续利用，我国于 1978 年 4 月开始准备起草新中国第一部《中华人民共和国水法》，1988 年 1 月正式颁布，2002 年 8 月 29 日第九届全国人民代表大会常务委员会第二十九次会议对《中华人民共和国水法》修订通过，自 2002 年 10 月 1 日起施行。该法从水资源保护、水资源开发利用、水资源配置和节约使用、法律责任等几个方面全面规范了国家的水资源政策。

近年来，国家水利主管部门从注重水资源开发利用向水资源节约、保护和优化配置转变，先后颁布实施了《水功能区管理办法》（2003 年 7 月施行）、《入河排污口监督管理办法》（2005 年 1 月施行）、《关于水生态系统保护与修复的若干意见》（水资源［2004］316 号），出台了《重大水污染事件报告办法》（2008 年 4 月施行）等规范性文件，初步建成了较为完整的水资源保护政策法规体系，为水资源保护活动提供了行为准则。

2007 年 1 月，水利部和国家发展改革委员会等有关部门联合发布了《节水型社会建设"十一五"规划》，为节水型社会建设制定了行动纲领。此后，水利部于 2007 年 6 月下发了《关于贯彻落实节水型社会建设"十一五"规划的意见》（水资源［2007］212 号），明确了节水型社会建设目标，指出了节水型社会建设重点，并采取了多项措施积极推进节水型社会建设进程。

总之，党中央、国务院从国家战略全局和长远发展出发作出了节约保护水资源的重大决策。

2. 北京市水资源政策

截至目前，由北京市人大常委会市政府审议通过并有效的地方性水法规、规则有《北京市水利工程保护管理条例》、《北京市城市河湖保护管理条例》、《北京市实施《中华人民共和国水法》办法》、《北京市节约用水办法》、《北京市自建设施供水管理办法》等 27 部；市水行政主管部门会同市政府有关部门或者以水行政主管部门名义先后出台了《北京市建设工程施工降水管理办法》、《北京市实施《占用农用灌溉水源、灌排工程设施补偿办法》

细则》、《关于严格取水管理工作的通知》、《关于再生水管理有关问题的通知》等一批规范性文件，规划部门专门制定了《21 世纪初期首都水资源可持续利用规划》等水资源利用规划。这些水法规、规章、规范性文件的制定，对进一步推进首都依法治水、依法管水工作，保证首都经济社会可持续发展提供了法制保障[93]。

《北京市"十二五"时期水资源保护及利用规划》作为《"十二五"时期北京市国民经济和社会发展规划》体系中重点规划之一，分析了"十二五"时期水资源供需形势和水资源承载能力，提出了水资源保护及开发利用的目标、重点任务和保障措施，明确了未来几年北京市的水资源政策，提出了"四个安全"（水源安全、供水安全、水环境安全和防洪排水安全）、"五个率先"（实现境内五大水系连通和充分搜集雨水目标，率先达到水资源优化配置；实现污水资源化利用目标，率先达到国际领先利用水平；实现生态清洁小流域治理目标，率先达到国际先进水平；实现最严格的水资源管理目标，率先建成统筹城乡的高标准节水型社会；实现应用推广高新技术目标，率先完成科技水务体系建设）、"六大格局"（水资源保护格局、城乡供水格局、城乡污水处理及资源化利用格局、城乡水环境格局、水资源保护格局和防洪排水格局）、"七大工程"（境外调水及市内开源工程、南水北调市内配套工程、城乡供水工程、城乡污水处理工程、节水、雨水利用及再生水工程、水资源保护工程和三大流域综合治理工程）和"八项管理制度"（完善水资源论证制度、完善用水总量和定额管理制度、完善雨水利用制度、完善政策法规体系、完善城乡供排水良性运营机制、完善水利工程管理体制、推进水价制度改革和完善节水、水质等考核制度）。

北京城市总体规划（2004～2020 年）[89]明确指出：规划原则与目标是建设先进的节水型社会。城市建设量水而行，按照水资源的实际供应能力，引导和调控需求。以"总量控制、统筹配置"为原则，合理安排城市建设规模和时序，加强对重点发展区域的水资源配置。坚持经济社会的发展与资源、人口、环境相协调，实现城市可持续发展。坚持"节流、开源、保护水源并重"的方针，把保证城市供水安全放在首位。统筹考虑水资源保护、节水、雨洪利用、再生水利用、开发新水源各项措施，进行统一规划和科学管理，合理利用多种水资源。通过优化产业结构，合理配置资源，提高用水效率，形成优水优用，一水多用的水循环系统。2020 年实现偏枯年份水资源供需平衡。

3. 未来的水资源政策趋势

2009 年 2 月，水利部部长陈雷在全国水资源工作会议上指出，当前及今后一个时期关于水资源管理工作的总体政策是：深入贯彻落实科学发展观，积极践行可持续发展治水思路，紧紧围绕服务国家发展大局和着力改善民生，以水资源配置、节约和保护为重点，以总量控制与定额管理、水功能区管理等制度建设为平台，以推进节水防污型社会建设为载体，以水资源论证、取水许可、水资源费征收、入河排污口管理、水工程规划审批等为手段，以改革创新为动力，以能力建设为保障，实行最严格的水资源管理制度，全面提高水资源管理能力和水平，着力提高水资源利用效率和效益，以水资源的可持续利用支撑经济社会的可持续发展。

根据上述国家及北京市水资源政策，本章将分别从开源与节流这两个方面进行北京市水资源政策及发展趋势的调研。

3.2.2　节流政策

1. 节水现状

北京市水资源可用总量短缺已成为制约发展的第一瓶颈，1999～2007 年，北京连续九年干旱，平均年降水量约 450mm。同期，全市人口由 1360 万增加到 1600 多万，GDP 由 2460 亿元增加 8000 多亿元，而年用水量却由 40 亿 m^3 下降到 34.5 亿 m^3，2007 年，北京市万元 GDP 取水量进一步降为 38.6m^3，低于 20 世纪 90 年代日本、德国、英国等发达国家的水平，但与国外节水水平还有一定差距；人均生活用水量为 283 升/人/日，其中城镇居民生活用水量为 316 升/人/日，仍有节水潜力[90]。

2. 未来节流的政策措施

节水是控制用水需求、搞好水环境建设最有效的办法。北京和周边地区的节水潜力很大。《北京市"十二五"时期水资源保护及利用规划》指出进一步强化节水管理，积极推进节水创建和节水示范，加强用水计量监督，加大节水宣传教育力度，全面建设节水型社会。具体节流的措施和政策有以下几个方面：

(1) 生活节水

全面推行节水产品、器具节水效率市场准入制度，更换不符合标准的用水器具 62 万套（件），至 2015 年全市城镇节水器具普及率达到 95％以上。

(2) 工业节水

进一步优化工业产业结构，严格限制高耗水行业的发展，鼓励发展地好税高产值行业。扩大工业利用再生水，继续推进生产工艺节水技术改造。

(3) 农业节水

围绕都市现代农业发展，全力推进基本农田水利基础设施配套与改造，新增、改善节水灌溉面积 120 万亩，扩大再生水灌溉面积，配套完善再生水田间灌溉设施，提高农业水资源利用效率。农业节水灌溉面积比例达到 95％，灌溉水利用系数达到 0.7。

(4) 园林绿化节水

加快高效节水灌溉技术在城市绿化中的应用，大力推广园林绿化使用再生水，建设 10 个"清水零消耗"、20 个"清水低消耗"公园，城市公园绿地节水灌溉率达到 95％，其他城市公共绿地节水灌溉率达到 80％以上。

(5) 节水创建

继续推进国家级节水型社会试点建设，完成海淀区、大兴区、怀柔区国家级节水型社会试点建设任务，推进亦庄经济技术开发区，创建国家工业节水示范园区。新建节水型单位 3000 个、节水型园区 10 个、节水示范单位 100 个、养殖节水示范工程 30 处，完成 500 个节水新农村和 500 个居民社区的节水创建工作。

(6) 加强土建工程施工中的节约地下水措施

鉴于工程建设过程中施工降水对北京市地下水资源的影响，限制工程建设中进行施工降水则是一项十分重要的节水措施。从保护地下水资源和地下水环境角度，应该将以往简单的"降低地下水（dewatering）"的概念用"地下水控制（groundwater controlling）"的理念来替代[92]（张在明，2002）。这种理念的更新对合理确定地下水控制措施有着积极的指导意义，是进一步倡导践行"温和工程（soft engineering）"的重要体现。

值得注意的是，自 2008 年 3 月 1 日起，北京市开始执行《北京市建设工程施工降水管理办法》后，北京市所有新开工的工程均对施工降水进行限制。同时，用以规范北京市地方施工的《北京市城市建设工程地下水控制技术规范》正在编制中，计划 2014 年初颁布实施。

3.2.3　开源政策

1. 概述

水资源短缺的情况下应采取多种措施，利用各种水源。开源政策是解决北京市经济快速发展、人口急剧增长和水资源紧缺之间的矛盾的根本出路之一。

（1）雨水利用

北京地区雨洪水出境量年均 7 亿 m³，深度开发这部分雨洪水，可达到增加可用水资源和减少汛期地表径流量的双重目的。

《北京市"十二五"时期水资源保护及利用规划》明确要求要加强雨洪水利用：

城乡建设区域按照"先入渗、后滞蓄、再排放"的原则，同步建设雨水利用设施，增加滞留利用雨水的能力，改善生态环境，提高雨水利用水平。

中心城及新城：居住小区、公共设施区、学校、公共绿地（含公园）、城市道路等区域，采取修建蓄水池、透水铺装、下凹式绿地等方式收集利用雨水，实现径流系数不增加。

郊区：利用河道闸坝、坑塘洼地、老河湾、砂石坑等建设雨水利用工程 750 处，实现雨水资源的高效利用。

（2）再生水的利用

《北京市"十二五"时期水资源保护及利用规划》进一步明确了再生水利用：

① 提高再生水利用量：到 2015 年，全市利用再生水 10 亿 m³，全市再生水利用率达到 75%。

② 再生水厂建设：城六区现有污水处理厂全面完成升级改造为再生水厂，城六区、新城新建污水处理厂全部建为再生水厂。到 2015 年，城六区再生水厂达到 22 座，再生水生产能力增加到 408 万 m³/d。新城规划新建、扩建再生水厂 30 座，新增再生水生产能力 139 万 m³/d，再生水生产能力达到 170 万 m³/d。

③ 再生水管线：配合市政道路建设新建再生水管道 685 公里，其中城六区 208 公里，新城 477 公里。

（3）外地调水

实施境内外统一调水，可以缓解北京地区的水资源压力。2007 年[85]，山西、河北的册田、壶流河、友谊、云州等水库集中向北京市输水，共调出水量 4800 万 m³。境内分别从白河堡、遥桥峪等水库向密云水库集中输水 7900 万 m³。密云水库增加入库水量 6700 万 m³，官厅水库蓄水增加 1850 万 m³。

2008 年南水北调河北应急段调水 0.73 亿 m³ 进入北京境内，之后，每年向北京调水 2.6 亿 m³，未来南水北调将会成为北京市外地跨流域调水的重点，本书将在后面对北京地区水资源结构有重大影响的南水北调工程进行专门总结。

（4）其他新水源

开源是增加水资源量的重要手段。随着科学技术的发展，除了污水和中水再利用、外地调水政策外，北京市可以逐渐利用海水淡化等其他多种方式来缓解北京市水资源供需矛盾，全面满足北京市的水资源需求。

2. 南水北调

要解决北京市经济快速发展、人口急剧增长和水资源紧缺之间的矛盾，南水北调跨流域调水是北京市开源政策的重点，下面着重对此进行阐述。

（1）南水北调工程概况

建设中的南水北调工程分为东、中、西三条线路，分别从长江的下游、中游和上游引水至华北、西北地区（见图 3.17）。南水北调中线工程规划分两期建设。第一期工程进入海河流域的水量预计约为 60 亿 m^3，此时，向北京市供水的总干渠设计流量 60m^3/s，年供水 12 亿 m^3，净供水为 10 亿 m^3，根据最新规划，南水北调引水进京规划延后至 2014 年，工程建设的任务是按照年净调水 10 亿 m^3 的规模兴建输水总干线工程，将河北省西大洋、王快、岗南、黄壁庄等水库的水调向北京，为北京提供应急备用水源创造条件，最终是将丹江口水库的优质水安全、可靠的输送到终点团城湖[103],[104]；第二期工程进入海河流域的水量预计约为 90 亿 m^3，2030 年建成，届时对北京的供水将进一步加大。

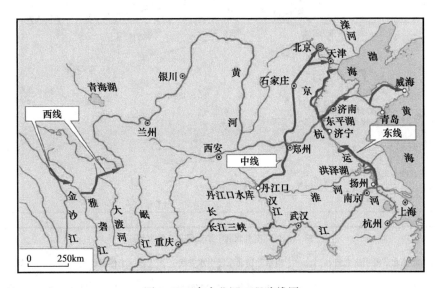

图 3.17 南水北调工程路线图

北京市南水北调工程由中线北京段总干渠（见图 3.18）——南水北调中线京石段应急供水工程（北京段）和市内配套工程两部分组成[94]。中线工程供水范围分属湖北、河南、河北、北京和天津五省市，主要是解决京津华北城市生活和工业用水，兼顾农业和其他用水。

中线北京段总干渠起自房山区北拒马河至终点颐和园团城湖，全长 80.4km，由惠南庄泵站、PCCP 管道、西四环暗涵、大宁调压池和团城湖明渠等 10 个单项工程组成。市内配套工程由南干渠、九厂输水管线等输水工程，大宁调蓄水库、团城湖调节池等调蓄工程，郭公庄水厂、燕化水厂等净水厂组成。

北京段的供水目标主要是城市生活用水和工业用水，兼顾必需的环境用水。供水范围为城区、京西工业区、燕化工业区、亦庄开发区以及昌平、门头沟、大兴、通州等卫星城镇。现有的官厅、密云水库加上南水北调与张坊水库三大供水系统，以昆明湖的团城湖为结合点，可形成统一的环市区地表水供水网络，加上原有的自来水供水系统，将大大提高北京城区及其周围卫星城镇的供水保证率，提高调度的灵活性，相应改善各地区的水环境和生态环境。

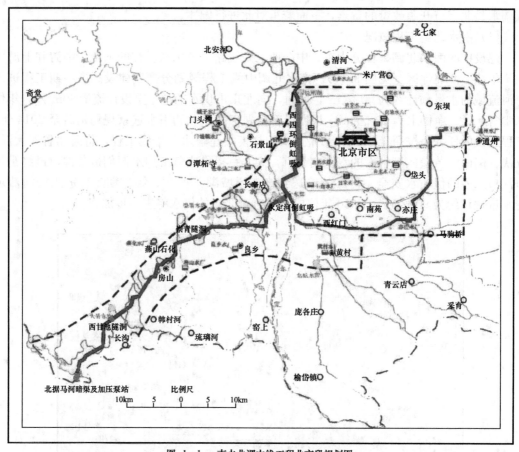

图 1—1　南水北调中线工程北京段规划图

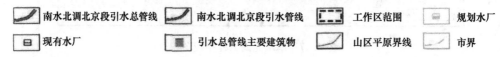

图 3.18　南水北调中线北京段线路示意图[98]

（2）中线工程现状

2008 年 9 月 18 日上午 10 时，河北省黄壁庄水库提闸放水，通过南水北调中线京石段应急供水工程总干渠向北京供水。2008 年 9 月 28 日，南水北调河北段应急水源的"水头"抵达房山区惠南庄泵站，至 2009 年 3 月中下旬放水结束，历时 6 个月[112]。输水流量约为 12～17m³/s，每天进京水量约 130 万 m³，因沿渠道输水有渗透、蒸发等损失，北京市收水量约 2.25 亿 m³。这次调水水源地为河北省的南岗水库、黄壁庄水库和王快水库三大水库。调水线路为南水北调中线京石段应急供水工程总干渠，以及干渠与黄壁庄、王快水库的连接渠。河北水入京后，将主要进入市自来水第三水厂、第九水厂、田村山水厂、城子水厂等，经自来水厂处理后，经城市配水管网输送到千家万户。之后，南水北调每年向北京供水 2.6 亿 m³（表 3.8）。

（3）南水北调进京后的水资源政策

按最新的建设计划，2014 年南水北调工程即能引长江水进京。南水北调北京工程办公室明确的南水北调进京后水资源调度原则是[85][108][110]：

1) 优先使用南水北调的来水。

2) 密云水库是多年调节水库，可以作为南水北调的补偿调节库。

3) 对地下水的开采本着严重超采区严禁开采，一般超采区控制开采，对现有设施逐年改造的原则，使地下水逐步回升。

4) 优先利用地表水、涵养地下水，逐步关闭自备井，将水贮存在密云水库和地下含水层，从而达到间接调蓄南水北调来水的目的。

5) 对外调水、地表水、地下水进行联合调度，以实现水资源的合理利用。

6) 拒马河上拟建张坊水库参与地表水的统一调度，增加供水的保证率。

7) 优水优用，鼓励使用再生水（污水处理后年再生水量可达到 6.45 亿 m^3）。

（4）南水北调实施后对北京水资源的影响[108][110]

1) 按照南水北调水资源配置规划，南水北调进京后，将实现本地地表水、地下水、再生水、雨洪水及南水北调来水等"五水"的合理配置的保障格局，供水水源的保证率得到大大地提高。

2) 南水北调进京后，与现有的供水系统形成统一的地表水供水网络，使北京市的供水范围扩大了 700 多 km^2，供水范围包括城区、大兴、通州以及房山、门头沟的山前平原和昌平南部。

3) 南水北调进京后，可充分利用调水供给城市用水，控制现有地下水的开采，并改造现有水厂，最终将有效的控制地下水开采量。城市中心地区现有 10 个自来水厂，其中自来水九厂及田村山水厂用的是密云水库的地表水，自来水六厂用的是再生水，其余 6 个水厂均开采地下水。6 个地下水厂由于逐年超量开采，造成地面下沉，水质变差，急需限制开采。

4) 解决北京环境用水的问题。南水北调进京后，由于可供水资源量的增加，规划用于环境用水量可达 9～10 亿 m^3，使京城河湖水系有比较充裕的水量予以补给，真正实现"三环碧水绕京城"的目标，首都生态和人居环境会得到较大的改善。

5) 目前房山、长辛店等京西南地区生活用水主要靠密云水库，通过京密引水渠、团城湖至燕化供水管线长距离送水和超采地下水解决。通州、大兴等京南地区主要靠超采地下水解决。南水北调进京后可利用总干渠上的分水口向该地区送水，解决该地区严重缺水的问题。

6) 南水北调实施后，地下水得到补充恢复，水质转好。海淀区西苑、清河一带作为生态环境景象的湿地也有望得到恢复。

3.3　未来水资源趋势下地下水涵养方案调研

水资源养蓄（涵养），就是在当地自然地理条件基础上，以水资源的赋存和转化情况为依据，通过人类有意识的行为，对人类开发利用程度较高和水资源、环境问题存在的区域，实施以涵养水资源，提高区域水资源的循环、再生能力，提高和改善地区资源、环境、生态功能为目标的水资源调度和联合调蓄。

本着充分利用地表水、供需平衡的原则，依据北京市水资源条件，按照资源、环境协调发展和水资源可持续开发利用的总体要求，在外来水资源能基本解决增长需求的基础上，调减受水区内的地下水开采，以蓄养地下水资源，补给亏空水量，达到恢复和保护生态环境的目的，是北京市地下水可持续发展的策略之一。根据北京城市总体规划（2004～2020 年）[89]，在丰水年及平水年，北京地区应充分利用地表水及外调水源，加大雨洪利用，养蓄地下水，从而增加本地可利用水资源量，养蓄水资源。

关于北京市未来水资源政策及停采养蓄方案方面的研究问题，以北京市水务局、北京市地勘局和中国地质大学（北京）为代表的单位做了大量研究工作，虽然这些工作主要是针对已经过去的"十一五"期间，但考虑到北京市水资源政策的延续性，并且这些工作也为《北京市"十二五"时期水资源保护及利用规划》的制定提供了一定的科学依据，因此这些工作及成果对地下水远期预测仍有重要的指导意义。

3.3.1　城区地下水开采调整方案

正如 3.1.3 节所述，近年来由于地下水的连续开发利用和人类活动的影响，引发了一系列环境地质环境问题。主要体现在以下几个方面：在开采相对集中地区形成大范围的降落漏斗，目前北京市地下水降落漏斗面积已经达到了 $1100km^2$；局部地区含水层发生季节性疏干，并造成湿地减少，自然生态环境受到破坏；此外，地下水位的持续下降，还引发了地面沉降，目前沉降区面积已达到 $2815km^2$。因此，地下水资源的开发利用应坚持"以补定采、采补均衡"的可持续利用原则，即地下水消耗率应保持在其可再生速度的限度内；人类活动对地下水的干扰程度亦应限制在环境的承载力范围内，如此才能维持资源与环境，人类与自然的和谐发展[97]。

针对北京地区的特殊情况，在外来水源能基本解决增长需求的情况下，必须考虑适当停采部分地下水，蓄养地下水资源，补给亏空水量，达到保护生态环境的目的[102]。

1. 案例一：于秀治研究成果

该案例采用的研究路线，具有代表性，包括：

（1）在系统搜集、分析研究区地质与水文地质条件的基础上，建立地下水系统的概念模型，进而建立数学模型，形成地下水运动的微分方程及边界条件，进行数值分析和模型识别与验证；

（2）以模型为工具，进行地下水均衡分析，对现状地下水资源进行评价；

（3）评价南水北调的影响，对调蓄方案和具体的停采方案提出建议；

（4）预测南水北调对地下水环境长期影响评价；

（5）评价南水北调对环境的影响。

于秀治认为[98]，南水北调水源进京后，可考虑停采一部分地下水厂。根据现各水厂的情况以及未来规划水厂供水范围，制定以下停采方案的总原则：

（1）对城区地下水漏斗中心的地下水水厂实施停采或部分停采，自来水三厂在 2000 年基础上停采 50％；

（2）根据北京水资源管理办公室有关精神，可以考虑对一些自备井实施停采或部分停采，其停采范围限制在四环以内；

（3）对地下水水质较差的水源地（包括水厂和自备井）实施停采；

（4）对规划地表水水厂供水范围内的地下水水厂实施停采或部分停采；

（5）对地面沉降范围内的自备井和地下水水厂实施停采或部分停采。

根据上述原则，确定了三种停采方案，见表 3.9。于秀治分别对上述 3 种方案对地下水环境的影响进行了模拟预测分析，具体分析结果见图 3.19、图 3.20 和图 3.21。

2010 年不同停采方案停采量列表[98] （停采量单位：$10^4 \mathrm{m}^3/\mathrm{a}$） 表 3.9

停采对象		方案一		方案二		方案三	
		停采比例	停采量	停采比例	停采量	停采比例	停采量
各地下水厂	第一水厂	100%	238.60	100%	238.60	100%	238.60
	第二水厂	100%	1378.70	100%	1378.70	100%	1378.70
	第三水厂	50%	4439.45	50%	4439.45	50%	4439.45
	第四水厂	100%	1605.50	100%	1605.50	100%	1605.50
	第五水厂	100%	263.10	100%	263.10	100%	263.10
	第七水厂	100%	332.60	100%	332.60	100%	332.60
	丰台水厂	—	—	100%	565.70	100%	565.70
	合计		8257.95		8823.65		8823.65
自备井	四环内自备井	70%	6145.75	70%	8657.12	90%	20596.08
	丰台区自备井	70%		70%		90%	
	自备井大户	10%		50%		70%	
	其他自备井					20%	
总计			14403.7		17480.77		29419.7

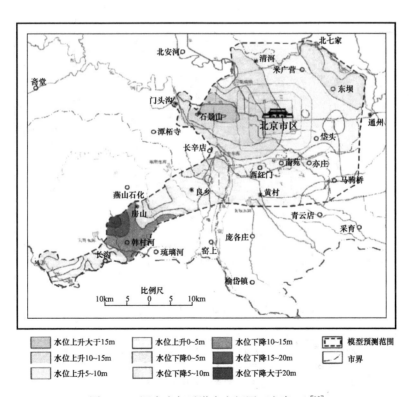

图 3.19 调水十年后潜水变幅图 （方案一）[98]

57

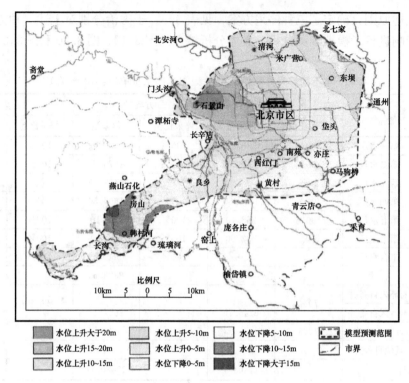

图 3.20　调水十年后潜水变幅图（方案二）[98]

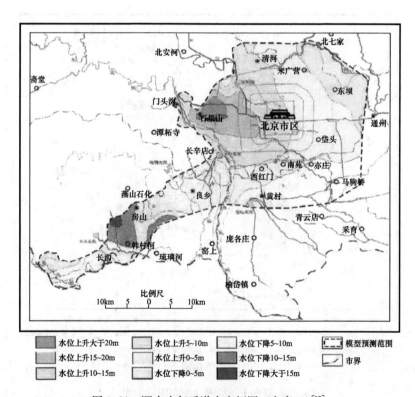

图 3.21　调水十年后潜水变幅图（方案三）[98]

通过三种方案比较，可以发现：方案一停采仅是城近郊区大部分能地下水位恢复，方案二是城区及周边均能有所恢复，方案三则是研究区大部分能恢复，但是存在的问题是城近郊有部分可能会增加防渗等工作的难度。根据对工作区供水需求分析，结合政府部门的总体规划，在以上各方案中，方案二的水位上升效果较为理想，停采实施的可行性最强，并且对地质环境的影响较小，是较合理的停采方案。

2. 案例二：孙颖等人对地下水停采的研究成果

孙颖等人研究成果[100]认为：水资源的开发与保护应实施统一管理，根据区域自然条件，进行水资源养蓄，以提高水资源再生能力，改善自然资源的更新与环境净化功能；在南水北调工程实施后，当北京城区按照每年平均减采 2.056 亿 m³ 地下水计算，10 年后城近郊的地下水储存量可增加 16.8 亿 m³，区域地下水位普遍升高（图 3.22）。

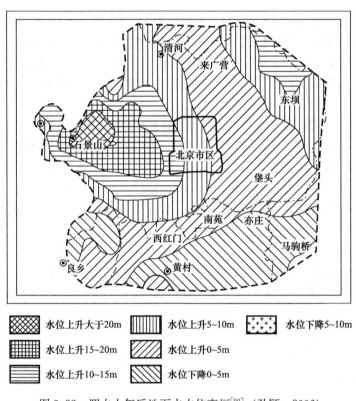

图 3.22 调水十年后地下水水位变幅[99]（孙颖，2006）

3. 案例三：《北京市南水北调配套工程总体规划》对地下水停采的规划

北京市南水北调工程建设委员会办公室制定的规划中提出两个配置方案：（1）南水北调来水 10 亿 m³，其中生活用水 5.1 亿 m³，工业用水 4 亿 m³，生态环境用水 0.9 亿 m³，减采地下水 2.6 亿 m³（其中中心城 1.2 亿 m³），逐步关停中心城和新城自备井；（2）南水北调来水 14 亿 m³，供城市生活、工业用水 12.56 亿 m³，供生态环境用水 1.45 亿 m³（可在有条件的地点进行地下水回灌），2020 年后可减采地下水 4 亿 m³（其中中心城 2.1 亿 m³）。

对比以上三个案例，可以看到案例一中推荐的停采方案二和案例二的效果基本接近

（停采量略有差别，案例一中为 1.74 亿 m³/a，案例二中为 2.056 亿 m³/a），案例三也对未来地下水的停采方案进行了规划（如相当于研究域范围的中心城 2010 年停采 1.2 亿 m³，2020 年停采 2.1 亿 m³，这些成果和案例一和案例二的成果都比较接近），并已经市政府批准执行[108]。

3.3.2　北京地区联合调蓄研究成果

科学的水资源调度是提高水资源利用水平的重要手段。地表水、地下水、再生水包括外调的多水源综合管理是一项复杂的系统工程，经过多年论证，在北京地区实施地下水、地表水联合调度，是缓解首都水资源短缺的重要措施。而在南水北调工程实施后，只有分步骤地实施地表水与地表水、地表水与地下水、地下水与地下水的联合调度、开发，才能有效地涵养本地区水资源，改善水环境与生态人居环境，走上水资源的可持续开发之路。

北京永定河上游冲洪积扇具有厚大的砂砾石层，第四系含水层下伏相对不透水的泥含砾和基岩，具有修建地下水库的优越条件，是北京城区主要的地下供水水源地，也被视为北京市区的地下水库。与地表水库相比，地下水库具有分布广、调节能力强、水质好、可就近使用等特点。陈梦熊院士曾呼吁：“要地表水、地下水统一调度，大力发展地下水库”是保证北京城市供水的正确方向。

南水北调中线工程引水进京后，将参与全市供水系统的统一调度。利用南水北调工程和地下含水层的调蓄能力，进行地表水库之间、地表水与地下水之间的联合调度，丰水年优先安排利用地表水，后安排利用地下水；优先利用调节能力小的水库水源，后使用调节能力大的水库水源。按照先生活，再工业和城市环境，最后安排农业和地下水回补的用水顺序为用水户调配水资源。北京市水文地质工程地质大队、北京市地质调查研究院等单位在联合调蓄方面做了系统研究[98][99][105][106][107]，以下概要介绍。

1. 联合调蓄试验

从 20 世纪 70 年代，为达到地表水、地下水的有效利用，实施了一系列地下水含水层的修复与涵养工程，先后在永定河、潮白河冲洪积扇的中上部开展了地下水库的调蓄试验：

（1）1995 年 10 月至 1997 年 6 月，永定河利用官厅水库弃水入渗、补给地下水 3.6 亿 m³，使三家店至卢沟桥段水位上升 3～5m，最大升幅达 15m。

（2）1995 年 4 月至 6 月，密云水库放水 4 亿 m³，河水入渗 1 亿多 m³，潮白河地下水位普遍回升，向阳闸以北地区平均上升 1.3m，最大升幅达 6m。

（3）1995 年 4 月 21 日至 8 月 1 日，西黄村砂石坑试验人工补给，共补给地下水 1718 万 m³。

（4）1980 年在首钢利用大口井进行了回灌试验。

上述试验均取得了较好的效果和实验数据。永定河、潮白河两大地下水库经过年开采已形成了较大的地下水调蓄空间，分别达到 6.24 亿 m³ 和 6 亿 m³。

2. 案例一：林文祺等人研究成果

林文祺[102]从较为宏观的角度和较长期的时间分析了南水北调工程长期向华北输水的作用：开始时，干渠沿岸与沿渠的引水区，地下水将会得到渗水的回补；长期回补能使原来被超采的地下含水层逐渐恢复（表 3.10）。

海河平原各分区浅层地下水恢复时间及补给量（亿 m³）[102]　　表 3.10

分　区	现状亏空储量	2010 年前均净补给量	2010 年亏空储量	2010～2030 年均净补给量	2030 年亏空储量	2030 年后均净补给量	恢复时间
北京	50	0	50	5	0	6	2020
天津	0	0	0	1	0	3.1	
河北山前平原	270	−13	413	−9.3	599	10	2090
黑龙港运东平原	75	0	75	1.6	43	5.5	2040

　　该案例指出：城市及工业用水的特点是连续性和稳定性，因此必须解决好长系列的水量调节问题。水量调节方式有 2 种：地面水库调节与地下含水层调节。由于地面水库现状蓄水库容有限，难以满足供水区和受水区同时连续干旱期用水的需要，因此提出了地下调蓄的 2 种主要方案。一是南水北调中线的供水主要通过补给太行山东麓山前的地下库容，二是进行山前、平原区的地下库容补。并认为进行多水源多尺度时空优化配置，联合调蓄是达到水资源可持续开发利用的重要举措。

　　3. 案例二：孙颖等人对联合调蓄研究成果

　　孙颖、叶超等[98]、[99]在具体预测中，从水资源联合调度与联合调蓄的基础条件出发，提出了首都地区水资源养蓄的可能性，并由地下水人工回灌入手，对如何通过水资源联合调度和联合养蓄的实施进行论证。以此为指导思想，该研究在对：（1）研究区的调蓄水源；（2）研究区的调蓄库容计算；（3）联合调蓄工程；（4）模型模拟四个方面的内容进行一定量化成分的分析后，提出了南水北调 10 年后地下水位的变化情况。

　　（1）调蓄水源

　　永定河冲洪积扇中上部地区永定河河道由西北向东南纵穿而过，山前有自二家店闸引水的永定河引水渠由东向西延伸，京密引水渠从本区东北部流过，至西八里庄与永定河引水渠汇合，最终流入玉渊潭调节湖。因此，永定河冲洪积扇中上部地区可参与调蓄的地表水源包括了官厅至二家店的 1520km² 以内的山峡洪弃水、官厅水库向永定河内排放的弃水以及京密引水渠沿线水库弃水。考虑到引水距离远近，本区选择永定河山峡洪弃水、官厅水库弃水与地下水进行联合调蓄更为便利，该部分水源通过二家店闸向下游放水，放水量随降水量变化而变化。

　　（2）调蓄库容计算

　　调蓄库容指现状开采条件下已疏干潜水含水层的储水空间（北京市平原区地下水库分布范围见图 3.23）。永定河冲洪积扇中上部地区地下水库，西部和西北部边界为北京西山，属石炭一二叠及侏罗系的砂页岩和火山岩组成了不透水边界，东部自北向南由昆明湖、紫竹院、陶然亭至西红门一线，南部由西红门经狼华至南岗洼，第四系岩性颗粒逐渐变细，含水层由单一变为多层，渗透性能减弱，地下水类型由潜水变为承压水，是地下水的天然边界，水库底部为第四系冰碛泥砾或第二系半胶结的砂砾岩、泥岩，也不透水。因此，该地区具有形成地下水库得天独厚的条件，见图 3.24。

　　经估算，永定河流域地下水库面积约 333km²，含水层储水空间约 38.5×10⁸m³，2000 年开采地下水量 3.03×10⁸m³，储存量约 25×10⁸m³。

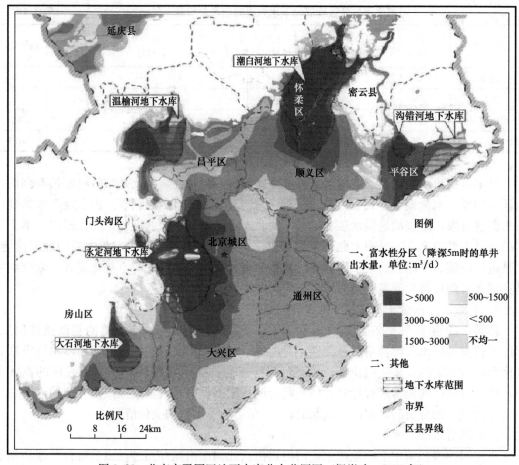

图 3.23　北京市平原区地下水库分布范围图（据崔瑜，2009 年）

（3）联合调蓄工程

本区拥有的地表水入渗场地包括永定河河道、南旱河河道、砂石坑以及大宁水库。此外，20 世纪 80 年代曾在首钢开展大口井调蓄入渗试验，结果证明该种方式占地少、调蓄效果较好，适用于西郊地区。因此，调蓄工程实施中包括大口井调蓄工程的建立。

调蓄水源输送渠道则主要有永定河道、南旱河河道、永定河引水渠、京密引水渠和东水西调输水管线等。联合调蓄工程分为四部分：南旱河调蓄工程、永定河引水渠调蓄工程、永定河调蓄工程以及平原水库调蓄工程。区内水利工程设置相对齐备，其中不乏可被联调工程直接利用的设施。

（4）模型模拟

模拟对象包括永定河河道、南旱河河道、砂石坑以及大口井。通过模型对各入渗场地进行单项模拟，为了选择最佳调蓄方案，本次研究还作了永定河与永引、南旱河砂石坑联合调蓄。经过模拟计算，得到总入渗量 2.1 亿 m^3，日入渗量 361.68 万 m^3，加入水量 3.7 亿 m^3，入渗率 57%，地下水水位最大上升幅度达 14m。

本区地下水调蓄方案除了河道调蓄外还设计了大口井调蓄，调蓄水源来自永定河引水渠。模型分别模拟了永定河引水渠两岸及南旱河两岸大口井调蓄，回灌量分别为 7360 万 m^3 和 4600 万 m^3，地下水位最大上升幅度达 7m。

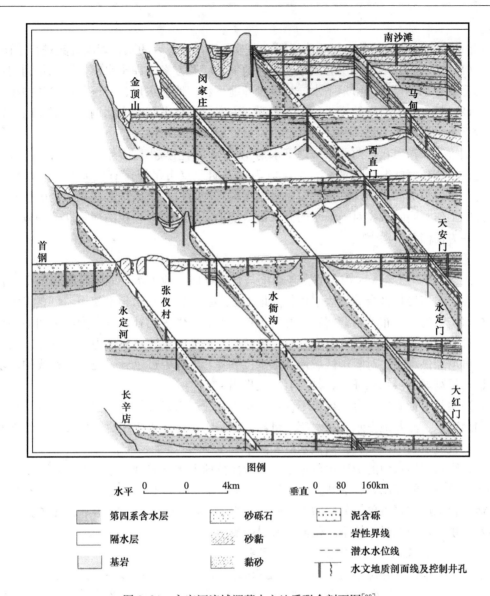

图例

水平 0　0　4km　　　垂直 0　80　160km

	第四系含水层			砂砾石			泥含砾
	隔水层			砂黏			岩性界线
							潜水水位线
	基岩			黏砂			水文地质剖面线及控制井孔

图 3.24　永定河流域调蓄水文地质联合剖面图[98]

4. 案例三：《北京市南水北调配套工程总体规划》对联合调蓄的研究

北京市调蓄系统为南水北调中线北京市内配套工程中的重点项目，它是根据南水北调的进京过程，发挥密云等水库的补偿调节作用，本着合理调配水资源，近期充分利用外调水、涵养本地水的原则确定的调蓄工程建设。调蓄系统组成及任务如下：

（1）地表调蓄库。蓄存水量，具备年际及年内调节功能，适应南水北调来水量年际变化大、年内分配不均匀、事故及检修期停水情况。利用现有补偿调蓄库为间接补偿调节库，规划建设调蓄库为在线水库。

（2）地下水源地。充分发挥地下水的多年调节作用，满足部分水厂在南水北调事故及检修期停水时的供水安全。

（3）调节池。具备多日调节功能，满足自来水厂 12～24h 供水变化及双水源切换要求。

《北京市南水北调配套工程总体规划》中对自备井置换后的联合调度方案进行了研究，提出：（1）丰水年、平水年中心城地表水与地下水联调方案。在丰水年、平水年利用南水北调充足的来水养蓄北京市地下水。尽量少开地下水，地下水厂、补压井和自备井少开或停开。（2）枯水年中心城地表水与地下水联调方案。在枯水年南水北调来水减少时，适当多开地下水，增加地下水厂和补压井的供水量，以确保城市供水。

规划进一步指出：目前北京市地下水与 1980 年相比已超采 57 亿 m^3 左右，一方面意味着北京生态环境状况亟待改善，另一方面也表明北京市平原区有较大的地下水储存空间，可以储备水资源。利用南水北调来水入京的有利时机，全面推进自来水集中供水替代自备井的工作，同时减少对地下水的开采量，使地下水有一个较快的恢复期，一方面改善环境，一方面储备资源[108]。

5. 联合调蓄的意义

（1）"联调"意味着水资源的合理调配与合理存储，地表水与地下水联合调蓄工程的实施，在丰水年份将多余的地表水回补给地下含水层中以备枯水年份使用，可在很大程度上解决水资源时空分布不均衡问题，并可将单一的周期性天然补给改变为不定期的多种方式人工补给，改善地表水库调蓄库容不足的状况，提高防旱、抗洪能力、采用养灌结合的方法，可增加供水量，对缓解区域地下水水位下降，消除因过量开采地下水造成的环境地质问题，提高城市供水保证率，都具有重大作用。

（2）实行水资源的联合调度，不仅可以减少官厅、密云和怀柔等水库的弃水，在丰水年多用地表水、涵养地下水，枯水年适量超采地下水，而且再生水也可以安全、经济和高效的方式被重复利用，大大提高供水的保障率。

（3）南水北调水源的引用也可适当的替换部分地下水开采利用量，通过地下水厂的减产和部分自备井的停用，能够达到养蓄地下水的目的。尤其是西郊地区，属地下水强补给区，地下含水层主要由单一的砂卵石、砂砾石组成，颗粒粗、富水性好、调蓄能力强，当地表水库供水量增加时，地下水位涵养效果会更明显。

3.3.3 关于区域地下水水位上升的控高策略

在上述一系列的开源节流措施下，北京市地下水将会出现区域性回升，这一点将在第 4 章中作深入研究。显然区域性地下水回升不仅对拟建建筑物的结构抗浮工作提出了许多挑战，而且对既有建筑物和环境产生许多不利影响的事件在国外许多城市已不鲜见（详见本书的第 8 章）。针对北京市地下水未来可能的大幅度上升问题，已经引起了一些学者的关注，以以下两项研究成果最为典型：

（1）案例一：孙颖等人（2004 年）根据 2000 年 12 月（低水位期间）与 1970 年 12 月（高水位期间）地下水平均水位对比计算出调蓄库容量为 $13.48 \times 10^8 m^3$。考虑到调蓄实施后，地下水水位若恢复至 1970 年水平，势必对众多建筑产生破坏性影响。参考建筑物设计规范，并调查西郊建筑物地基埋深，将地下水位恢复界线限制在 14m 深以下。计算调蓄区 14m 深以下含水层储水空间，调蓄库容量为 $6.24 \times 10^8 m^3$。

（2）案例二：根据崔瑜等人的最近研究成果（崔瑜，李宇等，2009 年），在对研究域西部的建筑物和砂石坑等环境因素进行大量调查的基础上，形成了如图 3.25 所示的永定河冲洪积扇上限制水位曲面图，通过历史水位对比分析，图 3.25 和 1983 年 12 月份水位分布情况最为接近，然后根据 2006 年 6 月份水位和 1983 年 12 月份水位差进行计算，获得控高水位制约下永定河冲洪积扇地下水库可恢复的调蓄空间为 $7.97×10^8 m^3$。

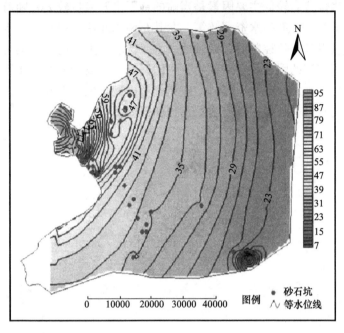

图 3.25　永定河冲洪积扇限制水位曲面图（据崔瑜，2009 年）

上述两个案例研究的结果虽然取得参照水位不同，但最终计算结果较为接近，反映了为保护西郊地区既有工程及环境，永定河地下水库的调蓄空间总体上是有一个限值的。考虑到对未来规划活动的影响安全评价，在本书的第 4 章中将以 $7.97×10^8 m^3$ 的空间作为永定河地下水位的限高条件。

3.4　本章小结

水资源是经济和社会发展的基础性资源，本章从北京地区的实际情况出发，首先对北京地区的水资源现状进行了深入的剖析和总结，结合北京地区的特点，搜集了大量的数据，对比了相互的关系，并调研了未来北京市的水资源政策，并对地下水的停采方案和联系调蓄研究进行了总结，得到结论如下：

（1）北京市水资源经过数十年的大规模开发利用，平原区平均地下水位在不断下降，地表径流量大幅减少，地表水资源呈衰减趋势，水环境发生巨大的变化，水资源形势愈显严重。北京市地下水严重超采，加上人类活动对地下水污染的加剧，更增加了用水量与水资源承载能力的矛盾。北京水资源短缺，已成为影响和制约首都社会和经济发展的重要因素。

（2）未来北京市会统筹考虑水资源保护、节水、雨洪利用、再生水利用、开发新水源各项措施，进行统一规划和科学管理，合理利用多种水资源。通过优化产业结构，合理配置资源，提高用水效率，形成优水优用，一水多用的水循环系统，水资源环境进一步优化。

（3）南水北调工程的实现将对北京市的水环境将造成重大影响。针对南水北调进京后的地下水涵养方案，主要有地下水停采，地表水地下水联合调蓄等措施。

（4）当前的水位普遍较低主要因素是当前的地下水开采量较大。随着北京市"开源节流、保护水源并重"等一系列水资源政策，尤其是南水北调工程和再生水利用等措施的实施，地下水开采量得到有效控制后，区域地下水水位会有大幅度上升的可能。在科学发展观的指引下，开源节流的因素将会造成地下水的回升，形成新的城市地下水环境形态。

（5）在进行地下水涵养方案研究时，应充分考虑到水位限高问题，以最终达到涵养地下水资源目的的同时，有效保护既有建筑工程和环境。

第 4 章 北京市区域地下水三维瞬态流模型及其应用

4.1 北京市区域性地下水三维瞬态流模型

对城市区域性地下水位回升及其工程影响问题，通过前面的讨论可以获得如下基本结论：

（1）在国内外许多城市发展中，一般都经历了地下水开采由多到少的过程，因此地下水水位都不同程度地出现了先下降后上升的过程，且有些水位上升对一些既有工程造成了不同程度的破坏。

（2）受永定河多次改道影响，北京市平原区地下水分布规律在空间上是十分复杂的，在平面上涉及多个分区，除西郊单一潜水含水层外，在垂向上涉及多层地下水；同时，受北京市城市建设和发展影响，半个世纪以来，北京市区域浅层地下水水位在时间上也是变化复杂的。

（3）在科学发展观指引下，相关的法律、法规和政府文件已相继出台，未来一系列进一步开源节流的水资源政策的实施已经势在必行，地下水开采量很大程度上会得到控制，地下水位会出现明显回升，地下水位回升对自然生态环境改善的同时，也会带来一些工程问题，尤其是对结构抗浮稳定性方面。

综合上述 3 点内容，为规避北京市由于水位回升所造成的工程问题，本章研究将建立北京市区域性浅层地下水预测模型，在考虑一些开源节流政策影响因素前提下，进行远期最高水位预测，为拟建建筑在设计、施工阶段提供技术经济的抗浮水位。

为便于对现状地下水情况进行模拟研究以及远期最高水位预测，本章研究过程中确定了如下建模原则：

（1）模型的客观性，模型尽可能客观的反映研究域内的地质及水文地质条件以及地下水位动态及其主要影响因素；

（2）模型的等效性，为便于计算，在整个建模过程中贯穿"数值等效思想"，简化和忽略对计算结果影响不大且不易确定的复杂因素，重点突出对抗浮水位取值影响较大的因素；

（3）模型的适应性，能够适应人为因素（主要是北京市水资源政策）引起的各种条件边界条件和源汇项的变化。

4.1.1 概念模型

1. 研究域范围和边界

根据第 2 章中针对北京市区域地质及水文地质条件的分析以及第 3 章就北京市未来水资源政策的调研等背景性成果，考虑到目前现有资料情况和问题的复杂性，本次研究确定以永定河冲洪积扇作为研究域的范围。研究域内各边界详细情况可作如下阐述：

（1）侧向边界

西部以永定河为边界，西北部以西山为边界，其他部位根据观测孔覆盖程度设定人工边界，如北部边界设定在朝阳区与昌平区交界处（以清河为界），东北部边界设定在朝阳区与顺义区交界处（以温榆河为界）；东部边界及东南部边界设定在朝阳区与通州区交界处；南部边界设定在丰台区与大兴区交界处，研究域总面积约 1100km² （见图4.1）。

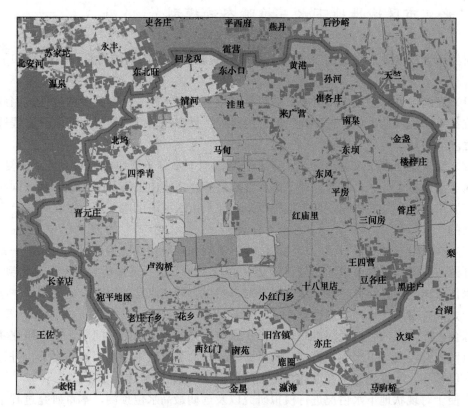

图4.1　研究域范围示意图

由于西山和永定河为控制研究域地下水分布规律的重要补给边界，本次研究过程中着重对该两个边界进行如下阐述：

① 西山边界

西山属太行山山脉，面积 3044km²，占全市山区总面积的 31.21%，主要由一系列北东-南西向岭谷相间的褶皱山构成，山高坡陡，脉络清晰，从东南向北呈层状有序排列特征。西山在整个研究域影响长度为 23.20km，地层岩性以石炭-二叠纪的砂岩、页岩和砾岩，以及侏罗纪的凝灰质砂岩和砾岩为主。

根据北京市地质调查院多年调查统计结果[142]（表4.1），在西山基岩裂隙水和洪水期雨水共同作用下，对研究域有重要的补给作用。

68

西山山前侧向径流补给量计算成果表（单位：亿 m³/a）　　　　表 4.1

年　份	1989 年	1991 年	1992 年	1995 年	2000 年	多年平均
补给量	1.47	1.58	1.23	1.35	1.08	1.34

② 永定河边界

自山西朔县发源，经山西、内蒙古、河北、入官厅水库，出水库入北京市境内，自三家店流出山区入平原，又经石景山、房山、大兴等区县入天津市，注入渤海，全长 650km，流域面积 50830km²。北京境内约 170km²，流域面积约 3170km²。永定河历史上不同时期改道、切割和沉积形成了北京市平原区第四系地层的格局，北京市地下水长期动态观测资料表明，永定河对北京市区域性地下水有着重要影响。永定河自官厅水库向下，穿过幽州峡谷至北京三家店进入北京平原，斜穿研究域西南部（图 4.1），经固安、廊坊出境，在整个研究域的影响区段长度约为 20km。

永定河自 20 世纪 80 年代修三家店水库截流以来，已经基本断流，但由于雨季形成局部地表水体以及三家店水库以下形成的河谷潜流，根据文献 [142] 相关研究成果，永定河对研究域仍然有较为明显的补给作用（见表 4.2）。

永定河对研究域侧向径流补给量计算成果表（单位：亿 m³/a）　　　　表 4.2

年　份	1989 年	1991 年	1992 年	1995 年	2000 年	多年平均
河水入渗量	0.10	0.25	0.08	1.64	0.24	0.57
河谷潜流量	0.145	0.155	0.07	0.18	0.29	0.17
合计	0.245	0.405	0.15	1.82	0.53	0.74

另外，1995 年～1997 年官厅水库 5 次放水，引起永定河地表水体渗漏（表 4.2 中 1995 年数据明显偏大），造成西郊地下水水位普遍升高，又一次证明了永定河对研究域地下水影响程度，这一点将在本章的第 4.3 节详细研究。

由于上述各边界（包括人工边界）均无控制水位（如永定河已经断流多年），且未来各边界的水位也是未知的，同时研究域的上述两个重要补给边界补给量已有相关的参考数据，因此本次建模过程中全部采用二类边界条件（在二维模型中为给定流量边界，三维模型中为侧向径流速度）。

（2）垂向边界

① 上边界

为尽可能减少后续计算工作量，并使模型有较高的计算效率和收敛精度，本次建模过程中地下水流动机理主要采用饱和流模式，因此模型的上边界取在第 1 层地下水的水面，为自由水面边界。通过该边界，第 1 层地下水与系统外发生垂向水量交换，如大气降水入渗补给（见表 4.3）、蒸发排泄等，由于目前北京市地下水位埋深普遍均大于 4m，根据相关研究成果蒸发作用可以忽略。

大气降水入渗对研究域补给量计算成果表　　　　表 4.3

年　份	1989 年	1991 年	1992 年	1995 年	2000 年	多年平均
降水入渗补给量 （亿 m³/a）	1.78	2.75	1.72	2.29	1.27	1.78

②下边界

根据北京市地质勘查开发局相关研究成果[137]，北京市城近郊区第四系松散沉积物（尤其是 30～50m 左右深度以下部分）中赋存的孔隙水为一个相对完整且其内部存在密切水力联系的含水系统，为方便论述，本书称其为基流层。因此从水均衡角度出发，模型的下边界应取在基岩顶板。

为较为准确地确定研究域范围内基岩顶板的位置，本次研究中主要利用已有资料（图4.2），另外补充搜集了 116 个深层地层钻孔（钻孔深度以见到基岩为准，平面分布情况见图 4.3）来进一步修正，经过一定分析判断和修改后，综合确定基岩顶板标高等值线如图2.8 所示，即可确定模型下边界的空间位置。

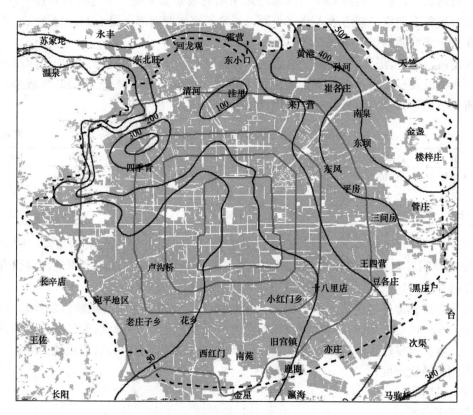

图 4.2　基岩顶板埋深等值线图（单位：m）

引自《北京市建筑地基基础勘察设计规范》DBJ 11—501—2009

2. 区域含水层的概化及 3D 模型的生成

（1）浅部含水层（主要为 30～50m 深度范围内）的概化

根据本书第 2 章中针对研究域地质及水文地质条件研究成果，结合北勘公司已有研究成果《北京市区浅层地下水位动态规律研究》（北勘公司，1995），研究域内 30～50m 深度范围内地层总体分布情况可按如表 4.4 所示作统一概化。

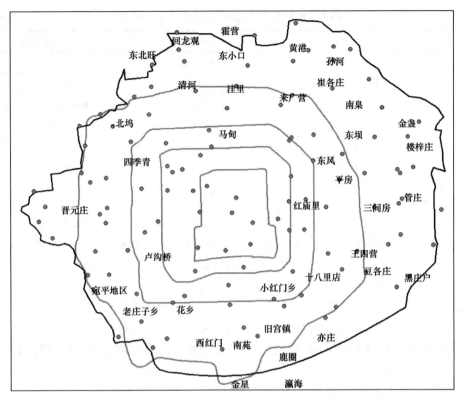

图 4.3 建模所选用的深井资料（深度达到基岩）位置分布图

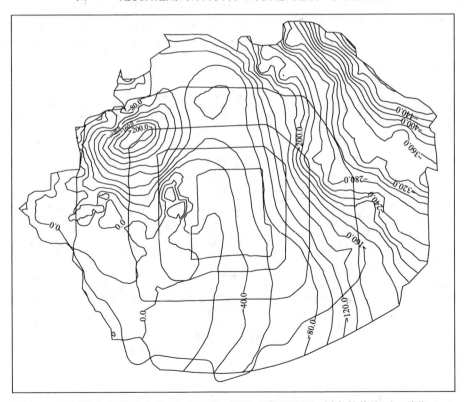

图 4.4 区域潜水-承压水含水层（70 层）底板（基岩顶板）标高等值线图（单位：m）

基于含水特性的研究域地层总体情况一览表   表 4.4

层 号	岩性特征	分布区域	对应含水层
10	人工填土	普遍分布	—
20	新近沉积砂、卵砾石层	古河道附近范围	阶地潜水赋存层位
30	第四纪沉积粉土、砂土层	主要在台地区	台地潜水和上层滞水赋存层位
40	第四纪沉积黏性土层	普遍分布	相对隔水层
50	第四纪沉积砂、卵砾石层	冲洪积扇中、下部	层间水赋存层位
60	第四纪沉积黏性土层	普遍分布	相对隔水层
70	第四纪沉积砂、卵砾石层	普遍分布	潜水-承压水赋存层位

（2）深部（主要为 30～50m 深度以下至基岩顶板）含水层的概化处理

根据图 4.3 所示的深井资料揭露的地层发现，除了位于西郊的Ⅲb亚区外，研究域内 30～50m 左右深度以下地层岩性主要为卵砾石与黏性土的交互层，地层岩性十分复杂，但从区域水文地质条件来看，30～50m 深度以下各层地下水水力联系较为密切，由于本书主要讨论对工程建设影响较大的浅层地下水（一般 30～50m 深度范围内的浅层地下水对其有影响），为便于浅层地下水模型的计算，将 30～50m 深度左右以下至基岩顶板的第四纪地层统一概化为一个含水层，即基流层，基流层的相关水文地质参数取值问题将在第 4.2 节作进一步深入探讨。

（3）含水层 3D 概化模型

根据表 4.4 所示的浅部含水层统一概化情况，并考虑到深部含水层概化处理原则，利用 3D 建模技术，可以获得研究域含水层 3D 空间展布图如图 4.5 所示，同时，为更清晰显示浅层地下水分布规律，从图 4.5 中截取 30～50m 深度范围内地层分布情况如图 4.6 所示，栅格透视情况如图 4.7 所示。

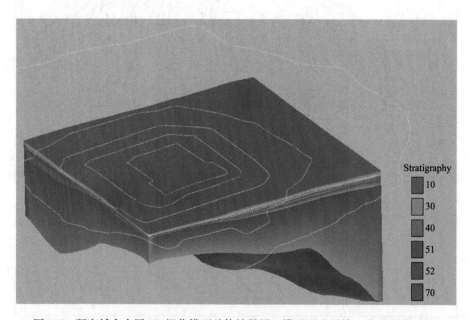

图 4.5 研究域含水层 3D 概化模型总体效果图（模型下边界统一取至基岩顶板）

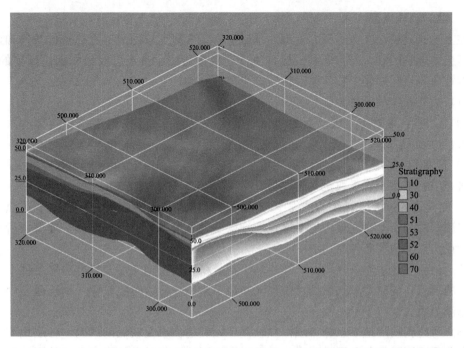

图 4.6 研究域含水层 3D 概化模型总体效果图（30～50m 深度左右以上部分）

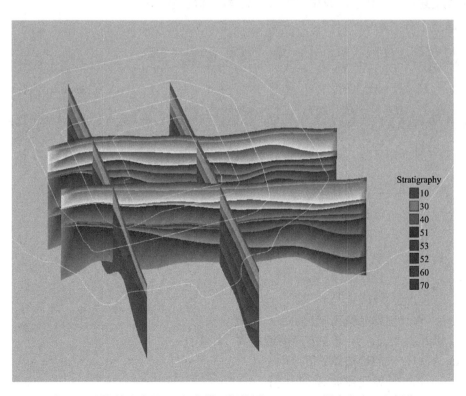

图 4.7 研究域含水层 3D 概化模型栅格图（30～50m 深度左右以上部分）

4.1.2　数学物理模型

在上述研究域水文地质概念模型的基础上，结合研究域内地下水补径排条件和地下水位动态主要影响因素，并考虑到浅层地下水建模的特点、难点以及最高水位预测的需要，确定本章研究过程中建立数学物理模型的总体原则为：

（1）边界条件的设置原则

① 上边界：取到第 1 层地下水（台地潜水、上层滞水、阶地潜水和西郊潜水）的水面，为自由水面边界。

② 下边界：考虑到研究域范围内第四系含水层在区域上是一个完整的含水层系统，本次研究中将模型下边界取至基岩顶板。

③ 侧向边界：考虑到计算过程中一类边界具体取值较为困难，且根据多年地下水位长期观测资料分析，研究域内地下水水力梯度变化不大，为了方便建模，模型中所有侧向边界均设为二类边界条件。

（2）由于上述边界条件均为二类，为了规避稳定流模型在完全二类边界条件下解的不唯一性的弱点，同时考虑到后续水位预测中地下水位变化的时间效应，本次研究中考虑建立瞬态流模型。

（3）考虑到浅层地下水分布规律性较差，尤其是在水位较低的情况，各层地下水之间的水力联系不明显等各种困难因素，且考虑到地形的变化对大气降水入渗的影响和含水层厚度不确定等因素，为减少后续数值模拟中的变量，本次模型需要按三维来考虑。

根据上述原则，建立研究域三维渗流数学物理模型如下：

模型（Ⅰ）：

$$
\begin{cases}
\dfrac{\partial}{\partial x}\left(K_{xx}\dfrac{\partial H}{\partial x}\right)+\dfrac{\partial}{\partial y}\left(K_{yy}\dfrac{\partial H}{\partial y}\right)+\dfrac{\partial}{\partial z}\left(K_{zz}\dfrac{\partial H}{\partial z}\right)+W=\mu_s\dfrac{\partial H}{\partial t} & x,y,z\in\Omega,\quad t\geqslant 0 \\[2mm]
H\mid_{t=0}=H_0(x,y,z) & x,y,z\in\Omega,\quad t\geqslant 0 \\[2mm]
\mu\dfrac{\partial H}{\partial t}=K_{xx}\left(\dfrac{\partial H}{\partial x}\right)^2+K_{yy}\left(\dfrac{\partial H}{\partial y}\right)^2+K_{zz}\left(\dfrac{\partial H}{\partial z}\right)^2-\dfrac{\partial H}{\partial z}(K_z+P)+P & x,y,z\in\Gamma_0,\quad t\geqslant 0 \\[2mm]
-K_{nn}\cdot\dfrac{\partial H}{\partial\vec{n}}\bigg|_{\Gamma_2}=\vec{q}(x,y,z,t) & x,y,z\in\Gamma_2,\quad t\geqslant 0
\end{cases}
$$

式中　　　　Ω——三维渗流区域；

Γ_0——渗流域的上边界，即自由水面边界；

Γ_2——二类边界，即侧向流入（出）边界，下边界；

H——地下水水位标高 [L]；

x，y，z——位置坐标 [L]；

t——时间 [T]；

W——源汇项 [1/T]；

K_{xx}、K_{yy} 和 K_{zz}——x，y，z 主方向渗透系数 [L/T]；

$H_0(x,y,z)$——初始条件赋值 [L]；

μ_s——弹性释水率 [1/L]；

μ——第 1 层含水层的给水度；

P——大气降水入渗补给强度 [L/T]；

$\vec{n}$——二类边界上的外法向矢量；

K_{nn}——$\vec{n}$ 方向主渗透系数 [L/T]；

$\vec{q}(x,y,z,t)$——二类边界条件赋值 [L/T]。

本节建立了分析模型的框架，具体的边界条件及参数取值问题需要利用数值方法（有限单元法）和相关实测数据，在后续模型识别中进一步获得。

4.1.3 数值模型

在第 4.1 节已经对当前行业内各类地下水模拟软件进行了概要总结，考虑到浅层地下水分布规律的复杂性，本次研究中采用了有限元数值方法的代表软件 Feflow 的 5.3 版本。

由于各层地下水在整个研究域中分布规律不同，如除了区域性潜水-承压水在整个研究域中普遍分布外，其他各类型地下水仅在局部位置分布，如台地潜水仅分布在台地区、上层滞水主要分布于 2 环路以内的旧城区、阶地潜水主要分布于清河故道和温榆河故道内，层间水在不同区域分布规律又有很大差异，而 Feflow 软件只适用于在研究域中连续分布的地层条件，为克服该类问题，在本次建模过程中，借助不同亚区相应层位的地下水位数据对上述分布不连续的地下水进行拓延至整个研究域，从而获得前述各类型的地下水在研究域内统一连续分布的 3 个层位，各层位在各亚区分布情况见表 4.5。

Feflow 中对研究域不同水文地质分区中地下水层位的统一处理 表 4.5

	Ⅰa	Ⅰb	Ⅰc	Ⅱa	Ⅱb	Ⅲa	Ⅲb
第1层地下水	台地潜水			上层滞水		阶地潜水	西郊潜水
第2层地下水	层间水						西郊潜水
第3层地下水	潜水-承压水						

根据表 4.4 对地层的概化和表 4.5 中对地下水层位的概化，同时考虑到高水位期间阶地潜水、台地潜水和上层滞水之间的水力联系较为密切，且主要影响因素均为地形和大气降水入渗，为便于地下水模型的建立，可以将 10m 深度范围内的赋存地下水位（人工填土层，清河故道的新近沉积砂、卵砾石层以及台地区的第四纪沉积粉土、砂土层）合并为 1 层，即研究域中含水层和隔水层可作如表 4.6 所示的处理。

经过统一处理后含水层、隔水层划分一览表 表 4.6

层　号	岩性特征	对应含水层
Layer1	人工填土、新近沉积砂、卵砾石层和第四纪沉积粉土、砂土层	台地潜水、上层滞水赋存层位和阶地潜水赋存层位
Layer2	第四纪沉积黏性土层	相对隔水层
Layer3	第四纪沉积砂、卵砾石层	层间水赋存层位
Layer4	第四纪沉积黏性土层	相对隔水层
Layer5	第四纪沉积砂、卵砾石层	潜水-承压水赋存层位

根据表 4.6，从垂向上看，共有 5 层 6 个面，为便于对边界条件几何特征的很好适应，采用了三棱柱单元进行研究域的有限单元剖分，共剖分成 38535 个单元和 24258 个结点，从平面上看，平均每 km² 约 7 个单元，从垂直方向看，每层含水层和相对隔水层为 1 个单元，根据洪冲积平原地区的地下水赋存的一般规律，剖分密度满足计算精度的要求，剖分结果如图 4.8。

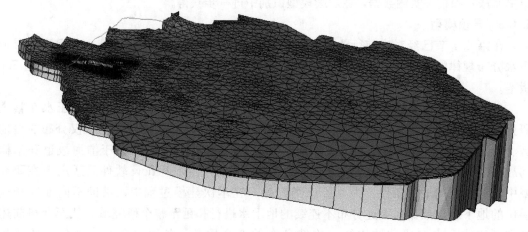

图 4.8　三维有限单元法分析单元剖分示意图

4.2　模型及参数的识别和校正

本节主要工作是借助数值模拟方法这一强有力的分析工具和大量的水文地质及水资源资料，实现对模型参数、边界条件和源汇项的具体赋值以及整个模型的校正。

根据前述研究成果，由于只有第 3 层地下水（潜水-承压水）贯穿整个研究域，且影响范围和程度均较大，因此本次模型及参数识别精度主要针对该层地下水，对于其他层位的地下水（如台地潜水、上层滞水、阶地潜水和层间水），由于其分布范围较小，可以根据已有工程水文地质勘察资料并结合相关经验值综合确定，而不作为本次模型及参数识别的重点。

4.2.1　模型参数初步取值的原则和方法

在模型参数识别前，一般要根据已有资料、经验值或其他办法给出模型参数的初步取值，以作为模型识别的重要基础，显然，参数初步取值的合理与否直接影响参数识别过程顺利与否乃至整个模型的精度。根据北京市已有的现场水文地质试验（包括抽水试验、提水试验和渗水试验等）数据和不同历史时期的有关水文地质调查资料，对各层含水层参数初步取值情况作如下探讨：

（1）台地潜水、上层滞水、阶地潜水和层间水含水层的渗透系数的赋值

由于该 4 种类型地下水含水层仅在研究域的局部位置分布，范围较小，对区域地下水影响较小，可以根据局部的水文地质试验资料（表 4.7 和表 4.8）以及相关经验值综合确定。

台地潜水、上层滞水和阶地潜水含水层渗透系数资料　　　　表4.7

含水层类型	地 点	分 区	含水层岩性	试验方法	渗透系数取值 (m/d)
台地潜水	CCTV新址	Ⅰb	粉砂	提水试验	1.80
	银泰中心	Ⅰb	粉砂		2.00
	大屯路	Ⅰa	砂质粉土		0.13～0.15
	北京大学体育馆	Ⅰa	砂质粉土、粉砂		0.13～0.75
	中国农业大学摔跤馆	Ⅰa	细砂		11.05
	地铁10号线太阳宫站	Ⅰa	粉、细砂		5.22
	北京地铁10号线亮马河站	Ⅰb	粉质黏土		0.02～0.05
	北京地铁10号线学院路站	Ⅰa	粉、细砂		3.22
	南湖渠东路下穿京包铁路路段	Ⅰa	砂质粉土、粉砂		0.80
	洼里关西庄（水源九厂三期）	Ⅰa	砂质粉土、粉砂		0.63～2.79
上层滞水	国家大剧院	Ⅱa	粉、细砂	抽水试验	8.32
阶地潜水	圆明园防渗	Ⅲa	新近沉积砂、卵石		110

层间水含水层渗透系数资料　　　　表4.8

地 点	分 区	含水层岩性	试验方法	渗透系数取值（m/d）
CCTV新址	Ⅰb	砂、卵石	抽水试验	100
银泰中心	Ⅰb	卵、砾石		210
大屯路	Ⅰa	粉砂、粉质黏土	提水试验	0.35～1.88
北京大学体育馆	Ⅰa	砂质粉土、粉砂		0.13～0.75
北京南站	Ⅲb	新近沉积卵、砾石		540
国家大剧院	Ⅱb	卵、砾石	抽水试验	146.54
地铁10号线太阳宫站	Ⅰa	含砾中、细砂		15.21
北京地铁10号线农展馆	Ⅰb	圆砾		64.7
北京地铁10号线劲松桥	Ⅰa	含砾中、细砂		30.23～36.35
北京地铁10号线学院路站	Ⅰa	砂质粉土	提水试验	0.7
北京地铁10号线苏州街站	Ⅰa	卵、砾石		150
光华世贸	Ⅱb	卵石	抽水试验	200
南湖渠东路下穿京包铁路路段	Ⅰa	砂质粉土、粉砂		0.80
洼里关西庄（水源九厂三期）	Ⅰa	砂质粉土、粉砂	抽水试验	0.63～2.79

（2）潜水-承压水含水层渗透系数的初步赋值

根据北勘公司所掌握的区域性水文地质试验资料，除了西郊（Ⅲb亚区）外，30～50m以下一般为多层含水层，因此本次建模中概化的区域性潜水-承压水含水层实际上为混合含水层，根据地下水动力学的一般原理，区域性潜水-承压水含水层等效渗透系数可以作如下表达：

水平方向上等效渗透系数 K_H 为

$$K_H = \frac{\sum_{i=1}^{n} K_i M_i}{\sum_{i=1}^{n} M_i} \tag{4.1}$$

垂直向等效渗透系数 K_v 为

$$K_V = \frac{\sum_{i=1}^{n} M_i}{\sum_{i=1}^{n} M_i / K_i} \tag{4.2}$$

式中　M_i——第 i 层土的厚度；

　　　K_i——第 i 层土的渗透系数。

由于在已有供水水文地质勘察工作中，往往采用混合抽水试验，由其所获得的结果也是所有含水层的综合等效渗透系数，利用这一成果，上式可以进一步改写成：

$$K_H = \frac{\sum_{i=1}^{n} K_i M_i}{\sum_{i=1}^{n} M_i} = \frac{K_含 \cdot M_含 + K_弱 \cdot M_弱}{M_含 + M_弱} \tag{4.3}$$

由于实际情况下 $K_含 \gg K_弱$，因此，式（4.3）可以进一步简化为

$$K_H = \frac{K_含 \cdot M_含 + K_弱 \cdot M_弱}{M_含 + M_弱} \approx \frac{M_含}{M_含 + M_弱} \cdot K_含 \tag{4.4}$$

同理式（4.4）也可进一步简化为

$$K_V = \frac{\sum_{i=1}^{n} M_i}{\sum_{i=1}^{n} M_i / K_i} = \frac{M_含 + M_弱}{M_含 / K_含 + M_弱 / K_弱} \approx \frac{M_含 + M_弱}{M_弱} \cdot K_弱 \tag{4.5}$$

为能够进一步利用后续参数，定义一个反映含水层厚度占第四系总厚度比率的参数 η，即

$$\eta = \frac{M_含}{M_含 + M_弱} \tag{4.6}$$

将式（4.6）代入式（4.4）和式（4.5），做进一步简化为：

$$K_H \approx \eta \cdot K_含 \tag{4.7}$$

$$K_V \approx \frac{1}{1-\eta} \cdot K_弱 \tag{4.8}$$

上式推导过程表明，多层含水层经过等效渗透系数计算后，水平向的渗透系数主要取决于含水层渗透系数和含水层厚度，而垂向渗透系数主要取决于弱含水层的渗透系数和厚度，从而造成水平渗透系数和垂直渗透系数差异较大，反映了冲洪积扇地区区域性地下水渗流主要是以水平方向为主，即

$$K_H \gg K_v$$

根据已有成果《北京市平原区供水水文地质勘察报告》（原地质部水文地质工程地质大队，1958 年）[138]中所提供的北京市平原区 30～50m 左右深度以下有供水意义的含水层综合渗透系数分布图（图 4.9）和相应的含水层厚度占第四系总厚度百分比图（图 4.10），利用式（4.7）和式（4.8）即可估算基流层的等效水平渗透系数 K_H 和垂直渗透系数 K_V，作为模型识别的初步参数取值。

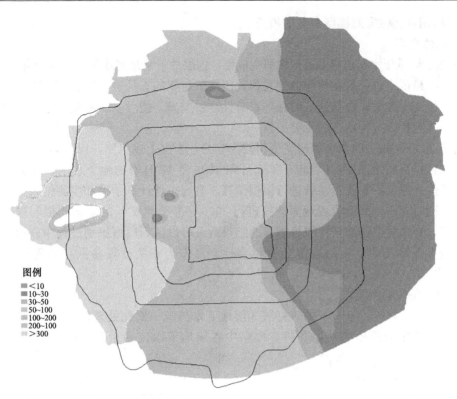

图例
■ <10
■ 10~30
■ 30~50
■ 50~100
■ 100~200
■ 200~100
■ >300

图 4.9　北京附近渗透系数分布图（原地质部水文地质工程地质大队，1958 年）

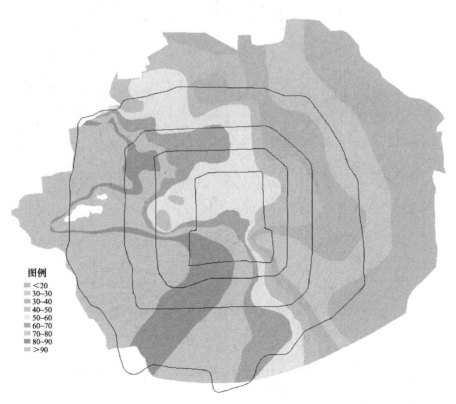

图例
■ <20
■ 30~30
■ 30~40
■ 40~50
■ 50~60
■ 60~70
■ 70~80
■ 80~90
■ >90

图 4.10　北京附近第四纪总厚度与其含水层厚度百分比（原地质部水文地质工程地质大队，1958 年）

4.2.2　利用观测数据对模型参数的校正

1. 总体思路

根据潜水-承压水水位年动态规律研究成果，该层地下水最高水位一般为每年的 11 月～来年 3 月，最低水位一般在每年的 6 月份，因此，每年的 1 月份、6 月份和 12 月份等 3 个阶段的水位变幅最大，根据这一明显的季节性水位差异，便可以对模型参数及边界条件进行校核，并分析影响年动态的主要因素。

由于 2000 年相关的水资源研究资料较为充分，根据上述思路，以 2000 年年初的各层地下水水位作为初始条件，以 2000 年 6 月和 2000 年 12 月份的地下水水位作为模型识别的控制条件，通过不断修正参数进行模型试算，直至模型计算结果和实测结果拟合较为满意为止，同时对一些典型位置观测数据进行 2000 年整个水文年的动态模拟和进行一定水均衡计算，当这些工作都获得较为满意的结果后，可以认为模型识别过程中获得一系列的参数、边界条件及源汇项的取值具有可靠性，可作为相关计算参数和边界条件的初步取值。

2. 初始条件的赋值

根据表 4.5 和表 4.6 所示的研究域 3 层地下水的统一概化处理原则，以 2000 年初的各层地下水位作为模拟的初始条件，模型中各层地下水位初始条件取值见图 4.11～图 4.13。

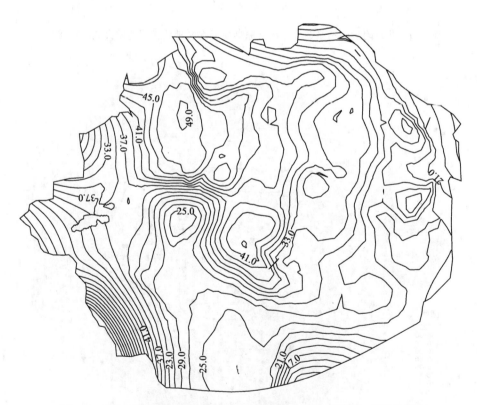

图 4.11　第 1 层地下水（台地潜水、阶地潜水、上层滞水和西郊潜水）

水位标高等值线图（2000 年初）

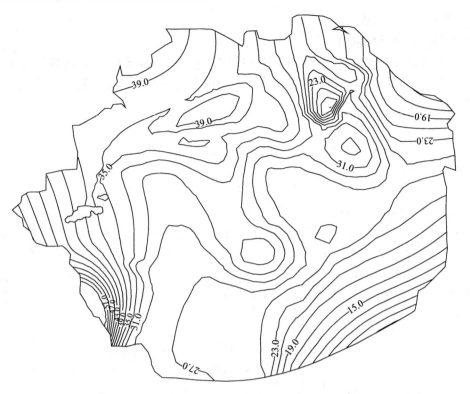

图 4.12 第 2 层地下水（层间水和西郊潜水）水位标高等值线图（2000 年初）

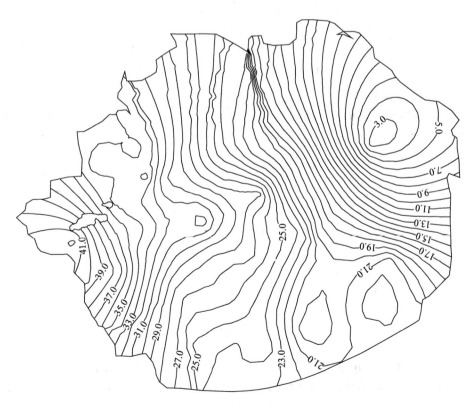

图 4.13 第 3 层地下水（潜水-承压水）水位标高等值线图（2000 年初）

3. 边界条件的赋值

（1）侧向边界条件取值

根据多年观测数据，虽然北京市多年以来水位变化较大，但水力梯度较为稳定，一般为1‰左右。根据Darcy定律和渗透张量，即可按下式来确定三维渗流条件下各二类边界条件的初始取值。

$$\vec{q} = K \cdot I \tag{4.9}$$

式中　$\vec{q}$——沿着二类边界法向量方向的渗流速度 [L/T]；

　　　K——渗透张量 [L/T]；

　　　I——沿着二类边界法向量方向的水力梯度。

正如前面所讨论的那样，在研究域内概化的3层地下水中，只有第3层地下水（区域性潜水-承压水）连续贯穿整个研究域，在研究域的侧向边界上，可以认为在侧向边界上，研究域主要通过区域性潜水-承压水是和外部环境发生水量交换。因此，本次研究中主要根据第3层地下水水力梯度，利用式（4.9）来计算二类边界条件初始取值。根据图4.13所示的2000年年初区域性潜水-承压水水位标高等值线分布情况，按如图4.14和表4.9所示进行分区段赋值。

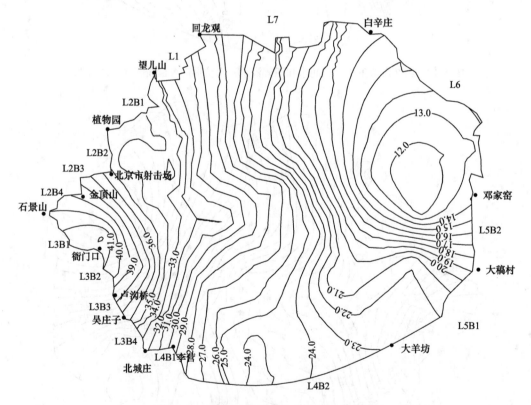

图4.14　研究域侧向边界区段位置示意图

根据2000年地下水位观测资料，在2000年整个水文年中，虽然区域性潜水-承压水水位年动态较为明显，但从水力梯度变化不大，据此由式（4.9）可以近似认为在2000年地下水模拟中，各侧向二类边界条件赋值为常量。

研究域各侧向二类边界条件初始赋值情况一览表　　　　　　表4.9

边界编号	边界名称	各区段及取值（m/d）			
		区段编号	区段名称	区段取值	边界性质
L1	海淀区与昌平区交界处（人工边界）	—	回龙观～西北旺	−0.012	补给
L2	西山	L2B1	望儿山～植物园	−0.12	补给
		L2B2	植物园～北京射击场	−0.12	
		L2B3	北京射击场～金顶山	0	
		L2B4	金顶山～石景山	−0.0025	
L3	永定河	L3B1	石景山～衙门口	−0.0025	补给
		L3B2	衙门口～卢沟桥	−0.4	
		L3B3	卢沟桥～吴庄子	0	
		L3B4	吴庄子～北城庄	0	
L4	丰台与大兴交界处（人工边界）	L4B1	北城庄～李营	0	排泄
		L4B2	李营～大羊坊	0.05	
L5	朝阳与通州交界处（人工边界）	L5B1	大羊坊～大稿村	0	排泄
		L5B2	大稿村～邓家窑	0.0001	
L6	朝阳区与顺义区交界处（以温榆河为界，人工边界）	—	白辛庄～邓家窑	−0.001	补给
L7	朝阳区与昌平区交界处（以清河为界，人工边界）	—	回龙观～白辛庄	0	补给

（2）垂向边界条件取值

上边界条件取值：由于模型（Ⅰ）中的自由水面边界为一个随时间变动的边界，其初始值为第1层地下水初始水位标高（图4.11），而其他时刻取值由模型迭代计算获得。

下边界条件取值：模型的下边界取在基岩顶板，根据区域地质资料调查，第四系下伏基岩性较为复杂，但总体上以弱透水的第三纪砾岩、页岩和砂岩为主，因此本次研究过程中将其近似处理为隔水边界。

4. 源汇项的取值

（1）大气降水入渗补给

2000年为相对枯水年，当年降水量约438mm，利用文献［137］的研究成果，北京市平原区降水入渗系数取值可暂按表4.10考虑。

北京市平原区降水入渗系数经验值　　　　　　表4.10

岩　性	降水入渗系数	岩　性	降水入渗系数
砂、卵砾石	0.65～0.60	上部黏土下部砂	0.35～0.30
上部薄层黏性土下部砂、卵砾石	0.55～0.50	黏性土	0.3～0.25
上部黏土下部砂、卵砾石	0.5～0.45	潮白河二级阶地	0.25～0.20
现代河床砂带	0.45～0.4	坡洪积黏性土含碎石	0.20～0.15
粉细砂	0.4～0.35	城区	0.12～0.07

根据式（4.10）可以计算出研究域各区的初始降水入渗量。同时考虑到降水年动态及补给滞后作用影响，补给量在2000年中也是随时间发生变化的，降水入渗补给量的确定采用下式：

$$P = X \cdot \alpha \tag{4.10}$$

式中 P——降水入渗补给强度 [L/T]；

　　　X——单位时间降水量 [L/T]；

　　　α——降水入渗系数。

根据表 4.10 中的经验值和 2000 年降水量在时间上的分配情况利用即可用式（4.10）计算出降水入渗补给强度 P。为方便显示 2000 年降水对研究域在时间和空间上的分配情况，在研究域上设立各控制点，控制点位置见图 4.15，各控制点对应的降水入渗补给函数如表 4.11 所示，各降水入渗补给函数见图 4.16。

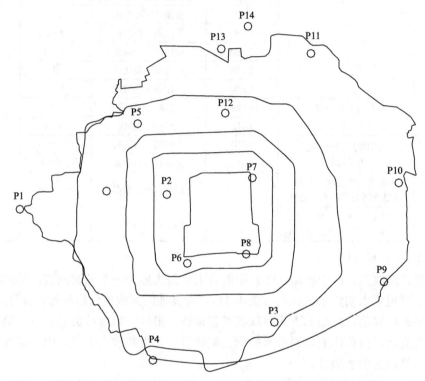

图 4.15　用于计算研究域降水入渗补给量分布的控制点位置图

各控制点对应降水入渗补给函数 表 4.11

控制点号	P1	P2	P3	P4	P5	P6	P7	P8	P9	P10	P11	P12	P13	P14
降水入渗补给函数	3	3	3	3	1	2	2	2	1	1	1	1	1	1

根据上述分析结果，通过一定时间和平面上插值，形成了研究域各个时刻内降水入渗补给情况，图 4.21 为 2000 年 7 月初研究域内降水入渗补给量分布情况。从图中可以看出，入渗补给量大的为研究域西部，其他部位较小。

（2）地下水开采量影响

根据第 3 章，研究域内主要分布 8 个地下水厂（其中水源八厂水源地在顺义潮白河畔，对研究域地下水无直接影响），共有机井 232 眼，2000 年研究域内地下水开采量总计为 1.32 亿 m^3，同时，研究域内自备井分布较为集中，共有自备井 2654 眼，地下水开采量约 2.65 亿 m^3。综上所述，2000 年研究域平面范围内地下水开采量总计约 3.98 亿 m^3，根据相关调查资料[142]，其中第四系孔隙水占总开采量约 94%，即研究域内地下水开采量

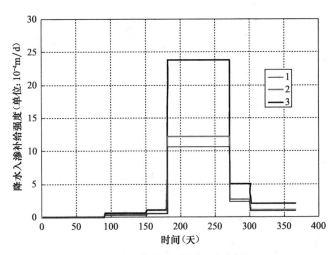

图 4.16 降水入渗补函数曲线

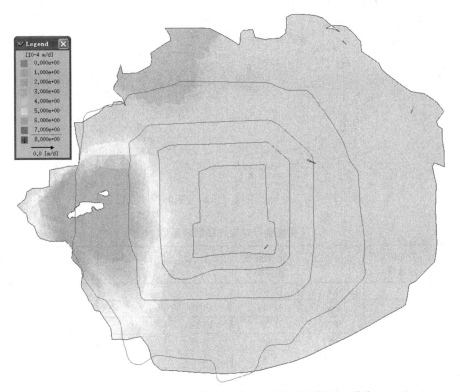

图 4.17 研究域内 2000 年 7 月初降水入渗补给强度分布情况（单位：10^{-4}m/d）

3.74 亿 m³ 左右。

由于上述水源井的井点位置和开采时间序列均不易确定，为此，在空间上和时间上，本次研究中首先将上述开采量平均分布到整个研究域和 2000 年，然后北京市用水量年动态规律，结合不同位置水位年动态情况再进行时空上重新分配，最终形成开采影响函数（见图 4.18、表 4.12、图 4.19 和图 4.20）。从图 4.19 和图 4.20 可以看出，在 2000 年中地下水开采高峰期为夏季（即 6～9 月份），这和北京市用水高峰季节（6～8 月份）较为一致（据北京市自来水集团公司[139]，2005）。

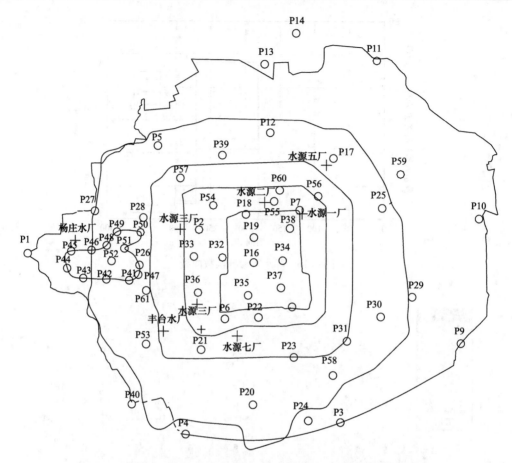

图 4.18　用于计算研究域开采量分布的控制点位置图

各控制点对应开采影响函数　　　　　　　　　　　　　　　　表 4.12

控制点编号	开采影响函数编号	控制点编号	开采影响函数编号	控制点编号	开采影响函数编号	控制点编号	开采影响函数编号
P1	7	P18	7	P34	7	P50	7
P2	4	P19	7	P35	7	P51	7
P3	7	P20	9	P36	9	P52	7
P4	10	P21	11	P37	7	P53	11
P5	4	P22	6	P38	7	P54	4
P6	6	P23	10	P39	6	P55	4
P7	6	P24	7	P40	9	P56	4
P8	6	P25	6	P41	7	P57	6
P9	5	P26	7	P42	7	P58	11
P10	4	P27	7	P43	7	P59	11
P11	4	P28	5	P44	7	P60	11
P12	6	P29	6	P45	7	P61	8
P13	4	P30	6	P46	7		
P14	7	P31	7	P47	7		
P16	7	P32	7	P48	7		
P17	6	P33	5	P49	7		

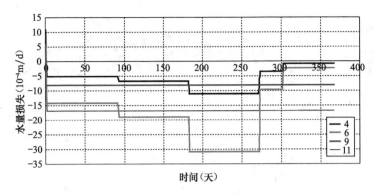

图 4.19 几个数值较大的开采影响函数曲线

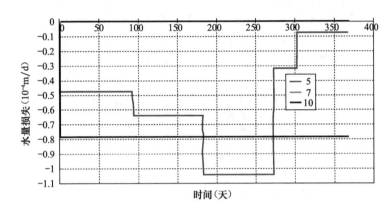

图 4.20 几个数值较小的开采影响函数曲线

根据上述分析结果，通过一定时间和平面上插值，形成了研究域各个时刻内由于地下水开采量造成的水量损耗分布情况，图 4.21 为 2000 年 6 月初研究域内由于地下水开采量造成的水量损耗分布情况。从图中可以看出，受地下水开采量影响较大的区域为研究域的东部、北部和南部，由于地下水主要开采层位为 30～50m 以下有供水意义的含水层，因此模型中将开采条件设置在基流层内。

显然，前述初步给定的水文地质参数主要依据是已有水文地质现场试验（抽水试验、提水试验、注水试验和水均衡试验等），而这些试验数据在空间上往往是离散的，且受其试验方法、试验场地尺度等因素限制，这些参数在模型中应用的可靠性有待于通过数值模拟作进一步校正、完善和补充，以使模型在水位计算值和水位实测值保持较好地吻合，以此时的参数作为模型参数的较为可靠的取值。

5. 2000 年全水文年研究域内地下水模拟

根据观测资料，北京市潜水-承压水一般在 11 月～来年 3 月较高，其他月份较低，而 5～6 月份水位最低，因此在进行研究域内潜水-承压水渗流场模拟时，选 6 月份低水位和 12 月份高水位两个特征时期的水位进行模拟，然后选取典型位置的观测点进行 2000 年全年的水位动态模拟。

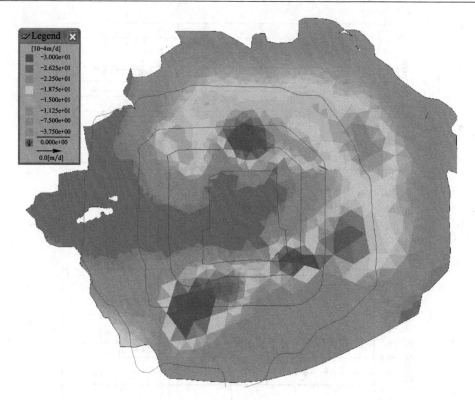

图 4.21　研究域内 2000 年 6 月初由于地下水开引起的水量损失情况（单位：10^{-4}m/d）

（1）2000 年 6 月初（低水位期间）模拟情况分析

图 4.22 和图 4.23 分别为沿长安街和中轴线两个方向的剖面上计算值和实测值对比情况，说明了计算值和实测值吻合的较好。

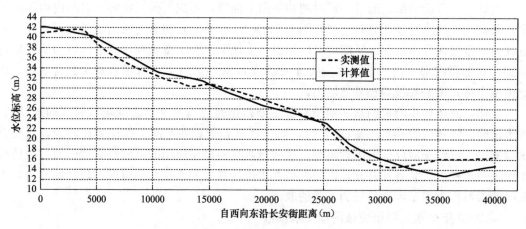

图 4.22　区域性潜水-承压水水位实测值和计算值对比（沿长安街方向Ⅰ～Ⅰ剖面，2000 年 6 月初）

（2）2000 年 12 月底（高水位期间）水位模拟情况

图 4.24 和图 4.25 分别为沿长安街和中轴线两个方向的剖面上计算值和实测值对比情况，均进一步说明了本次数值模拟达到了较高精度。

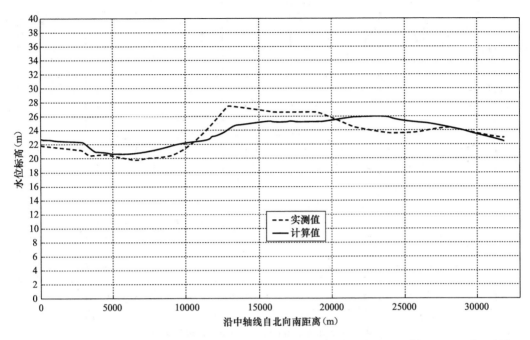

图 4.23 区域性潜水-承压水水位实测值和计算值对比（沿中轴线方向Ⅱ～Ⅱ剖面，2000 年 6 月初）

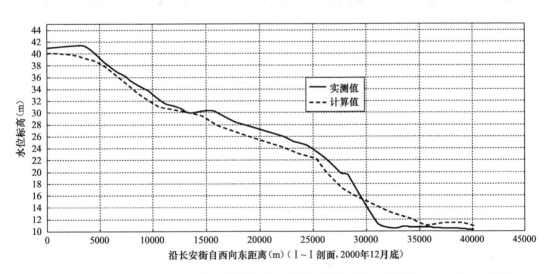

图 4.24 潜水-承压水水位实测值和计算值对比（沿长安街方向Ⅰ～Ⅰ剖面，2000 年 12 月底）

（3）典型位置处 2000 年全年水位年动态规律模拟

上述主要是利用模型从空间上描摹了 2000 年高水位期间和低水位期间的研究域渗流场情况，利用 2000 年整个水文年模拟数据，绘出位于研究域西部、南部、东北部和北部等不同位置的 4 个观测孔（相应位置见图 4.26）2000 年年动态曲线，并将其和实测结果进行对比（见图 4.27～图 4.30），从图中可以看出，数值模拟的趋势总体上和实测结果基本一致（图 4.29 中的 6 月份），数值上的差异主要源于个别自备井开采所致，由于这些自备井详细开采数据不详，目前的模型尚难以具体考虑，但随着未来节水政策的实施下大量自备井的停采，这种影响会进一步变小或消除。

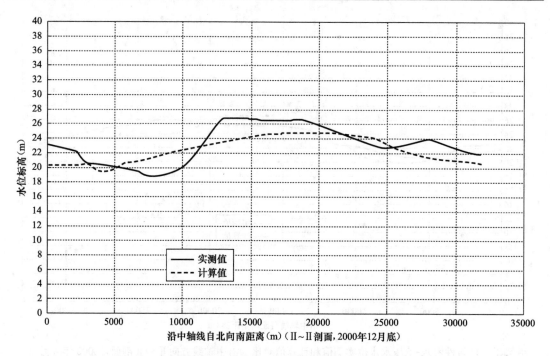

图 4.25　潜水-承压水水位实测值和计算值对比（沿中轴线方向Ⅱ～Ⅱ剖面，2000 年 12 月底）

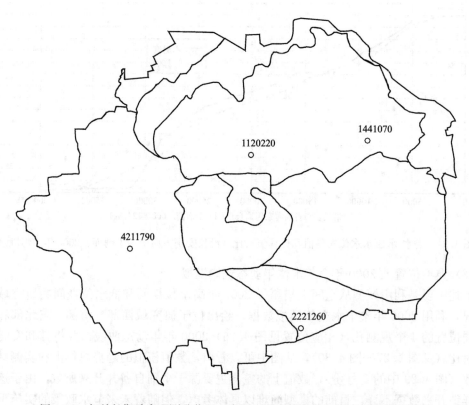

图 4.26　相关长期动态观测孔位置示意图（图中数字为长期动态观测孔编号）

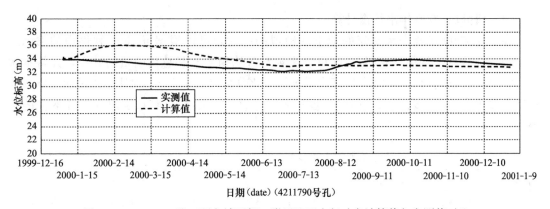

图 4.27　4211790 孔（研究域西部）附近地下水年动态计算值与实测值对比

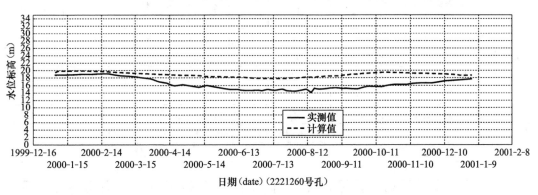

图 4.28　2221260 孔（研究域南部）附近地下水年动态计算值与实测值对比

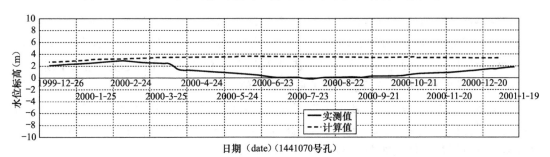

图 4.29　1441070 孔（研究域东北部）附近地下水年动态计算值与实测值对比

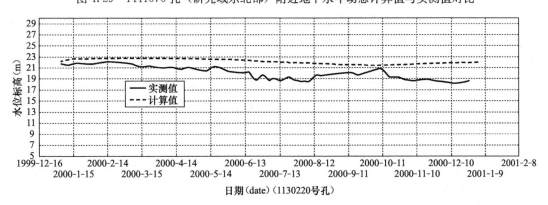

图 4.30　1130220 孔（研究域北部）附近地下水年动态计算值与实测值对比

（4）研究域 2000 年水均衡计算

在上述 2000 年整个水文年的地下水模拟的同时，可以根据 Feflow 软件中的 Barget Analyzer 命令（水均衡计算器），即可以实现对各均衡要素和总均衡量的计算，并将本次计算结果与文献［142］中已有研究成果进行对比分析（表 4.13），对比结果说明了本次计算结果较为合理，从宏观水均衡的角度反映了本次数值模拟中参数及边界条件取值的可靠性。

研究域 2000 年水均衡的计算结果　　　　　　　　　　　　　　表 4.13

因素编号	补给项（亿 m³）			因素编号	排泄项（亿 m³）		
	水均衡要素	已有成果①	本次计算		水均衡要素	已有成果①	本次计算
L3	永定河渗漏和河谷潜流	0.525	0.463	L5	东部边界及东南部侧向径流	—	0.001
L2	西山山前侧向径流	1.080	1.041	L4	南部侧向径流	0.200	0.1898
L6	东北部侧向径流	—	0.023	—	地下水开采	3.74	3.91
L1	西北部侧向径流	—	0.0435	—	—	—	—
—	大气降水入渗	1.302	1.387	—	—	—	—
—	总补给量（亿 m³）	2.907	2.958		总排泄量（亿 m³）	3.94	4.101
水均衡计算结果（亿 m³）							
根据已有研究成果计算				根据本次数值模拟计算			
−1.033				−1.143			

①为已有研究成果《首都地区地下水资源和环境调查评价报告》（北京市地质调查院，河北省地质调查院、中国地质大学（北京），2003 年 12 月）中的部分分析成果。

根据本次计算结果可以看出，2000 年水均衡差约为 −1.143 亿 m³，为负均衡状态，主要是 2000 年地下水超采所致（表 4.13 中地下水开采量 3.91 亿 m³，占总排泄量 4.101 亿 m³ 的 95% 以上），因此地下水开采是造成 2000 年水位总体呈下降趋势的主要因素。

6. 经过模型识别和校正后的水文地质参数取值

在潜水-承压水模型参数初步取值的基础上，通过上述 2000 年整个水文年的水位动态观测资料进行模型和参数的进一步识别，获得渗透系数、给水度以及弹性释水率等重要水文地质参数分区取值情况如图 4.31～图 4.37 所示。

4.2.3　模型识别过程中的若干问题讨论

以上在根据已有水地质现场试验数据进行水文地质参数初步赋值的基础上，充分利用 2000 年整个水文年的观测数据进行模型及参数的进一步校正工作，确定了研究域各层地下水（尤其是潜水-承压水）含水层的水文地质参数。在对模型及其参数不断调试，直至达到模型的计算值和实测值、本次模拟值与相关研究成果均达到较好吻合的同时，就整个研究域的水文地质条件获得如下的进一步的探讨。

（1）西山山前侧向径流补给的影响

西山在研究域内较长（长约 23.2km），对研究域影响较大，根据渗流计算结果，2000 年西山山前侧向径流对研究域的补给量约为 1.041 亿 m³，是研究域的重要补给边界之一。

（2）永定河的影响

永定河是永定河洪冲积扇的顶端，是北京市区地下水重要补给边界。虽然自 20 世纪

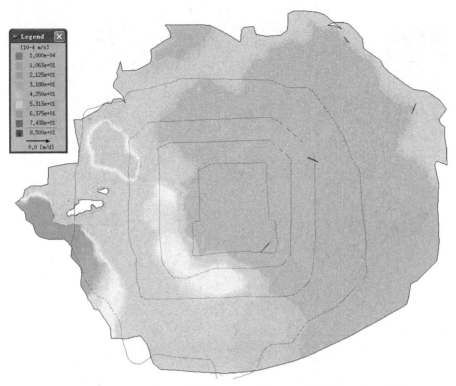

图 4.31 第 1 层地下水（台地潜水、阶地潜水、上层滞水和西郊的潜水）
含水层渗透系数取值（单位：10^{-4} m/s）

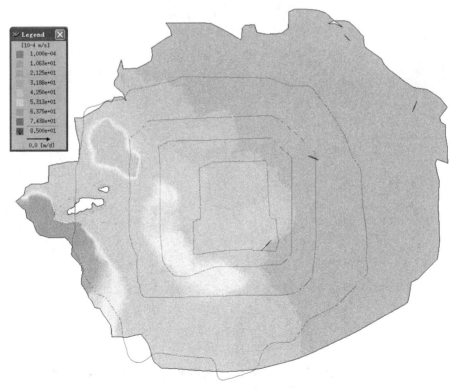

图 4.32 第 2 层地下水（层间水和西郊的潜水）含水层渗透系数取值（单位：10^{-4} m/s）

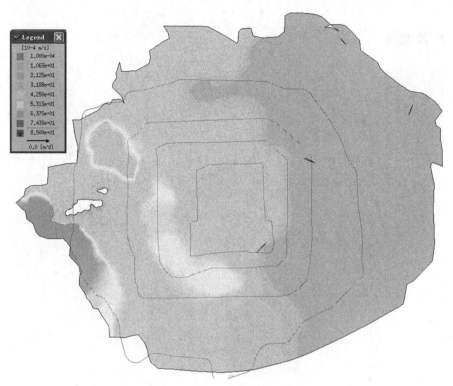

图 4.33　第 3 层地下水（潜水-承压水）含水层等效渗透系数取值（单位：10^{-4} m/s）

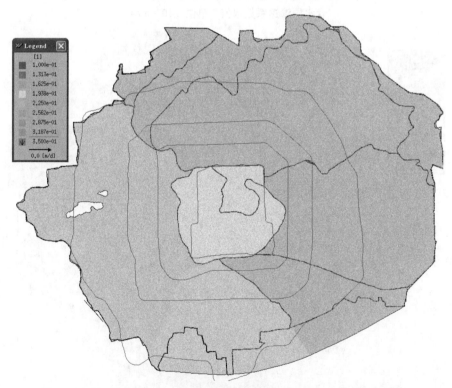

图 4.34　第 1 层地下水（台地潜水、阶地潜水、上层滞水和西郊的潜水）
含水层弹性释水率取值（单位：1/m）

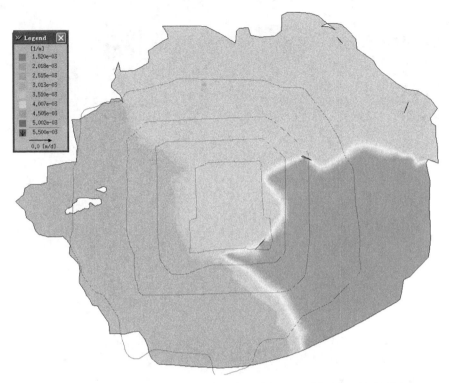

图 4.35　第 1 层地下水（台地潜水、阶地潜水、上层滞水和西郊的潜水）
含水层弹性释水率取值（单位：1/m）

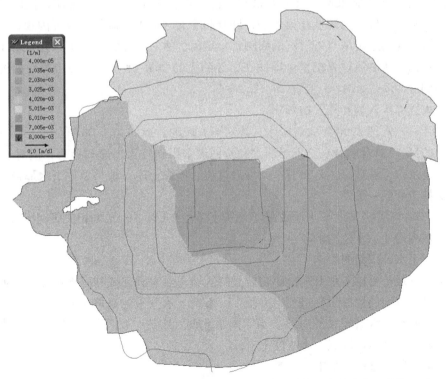

图 4.36　第 2 层地下水（层间水和西郊的潜水）含水层弹性释水率取值（单位：1/m）

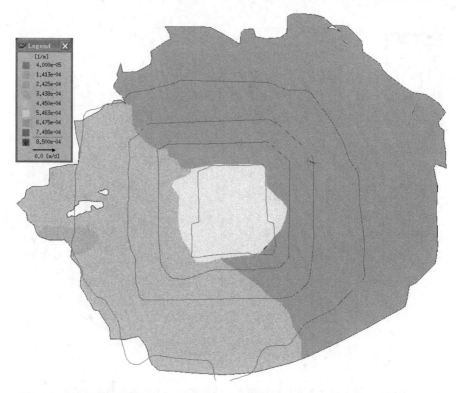

图 4.37　第 3 层地下水（潜水-承压水）含水层等效弹性释水率取值（单位：1/m）

80 年代修三家店水库和永定河引水渠以来，自三家店水库下游已经断流，但由于历史上长期形成的水丘，以及河床低洼地形的条件有利于大气降水汇流的形成等因素，同时三家店水库渗流引起的永定河河谷潜流的影响，永定河仍然对研究域内地下水存在着重要的补给作用。根据本次渗流计算结果，即使在已经断流的 2000 年，永定河边界对研究域的补给量也达到 0.463 亿 m³。

（3）大气降水入渗和蒸发的影响

通过计算，发现 2000 年大气降水入渗对研究域的贡献约为 1.387 亿 m³，雨季主要集中在 7～9 月份，对台地潜水、上层滞水和阶地潜水影响较为迅速和显著，但对于潜水-承压水，由于水位埋藏较深，入渗有一个滞后过程，不像上述 3 种类型地下水那样与大气降水规律保持较好的一致性。

由于 2000 年各类型地下水埋藏深度大多数都在 4m 以下，根据相关研究成果，蒸发作用对研究域内的地下水位影响较小。

（4）地下水开采量的影响

模拟中发现，受地下水开采量影响较大的区域主要为研究域的南部和东部，西部相对较小。通过对模型的动态识别过程中发现，一般地下水开采的高峰期在一年的 3 月～6 月降水量较小同时需水量较大的时段。当"南水北调（中线）"工程进京后，地下水开采量的减小将使地下水出现区域性大幅度上升。

（5）侧向径流排泄的影响

根据模型计算结果分析，研究域中地下水侧向流出主要在大兴与丰台区的交界处，由于大兴地区地下水开采较为严重，加剧了研究域中的地下水侧向径流排泄，2000 年侧向径流排泄量约为 0.1898 亿 m³。东部边界 2000 年侧向流出量较小，约为 0.001 亿 m³，这是由于东部边界地层岩性颗粒较细，渗透系数小，因此地下水排泄量受到制约，同时研究域内东北部地下水开采量较为明显，对东部侧向径流量有一定的袭夺作用，因而侧向径流排泄量很小。

（6）水文地质参数的影响

根据北勘公司所掌握的已有的工程现场水文地质试验和区域性水文地质现场试验资料、相关研究成果以及本次模型识别结果，可以认为研究域中潜水-承压水的渗透系数总体趋势是西部大，东部小，中间大，南北小，符合洪冲积扇地层的一般规律。在单一含水层的西郊地区，由于地层成因以洪积为主，地层岩性分选性较差，含水层渗透系数差异较大。

（7）局部基岩起伏的影响

根据区域地质资料，研究域内有八宝山、老山、公主坟～白碓子隆起带以及龙王堂等4 个古地形隆起带，对局部的地下水渗流场有一定的影响。

研究域自东二环向东后基岩顶板下降坡度较大，造成该处的水力坡度变大，水位标高等值线较密。

（8）上述工作主要是依据已有水文地质资料并结合 2000 年整个水文年的观测资料的地下水动态模拟工作来完成了模型及参数的识别，考虑到抗浮水位是一项重要的技术经济指标，为进一步探讨模型的稳定性（尤其是针对潜水-承压水水位预测方面）及可靠性，需要做进一步的模型验证工作。

4.3 模型的进一步检验——以官厅水库放水为例

前述模型参数是在一定的水文地质现场实验数据基础上，利用 2000 年完整水文年观测数据作进一步识别后综合确定的。为进一步检验前述参数识别结果的可靠性以及模型在各种复杂边界条件下的适应性，本节进一步将 1995～1996 年官厅水库放水的数据代入模型中进行计算，然后将计算结果与放水期间实际观测数据以及相关研究成果进行对比，对本次建立的三维瞬态流模型参数取值的合理性、可靠性作进一步的验证和分析，为后续的水位预测工作奠定坚实基础。

4.3.1 官厅水库放水概况

官厅水库是永定河上最大的水库，1995 年 10 月 17 日至 1997 年 11 月 16 日共 5 次放水（见表 4.14），放水总量累计为 11.64 亿 m³。根据地下水位观测资料，这次放水造成了北京市区（尤其在京西地区）地下水位的显著抬升。

官厅水库放水资料一览表　　　　　　　　　　　表 4.14

次　序	放水时间	放水量（亿 m³）
1	1995.10.17～1996.1.24	4.09
2	1996.5.7～1996.6.10	1.32
3	1996.7.9～1996.11.16	4.61
4	1997.6.1～1997.6.30	0.98
5	1997.7.9～1997.11.16	0.64
总　计		11.64

为了客观评价官厅水库放水对区域地下水的影响，从而达到对上述模型及参数的检验和修正，本次研究工作中采用第 1 次放水的相关数据，主要考虑以下因素：

（1）第 1 次放水量较大（4.09 亿 m^3），这样可以更好的突出官厅水库放水的影响；

（2）根据第 2 章中就地下水位动态规律研究成果，第 1 次放水时间段（1995 年 10 月 17 日～1996 年 1 月 24 日）均同处于高水位期，水位变化不大，这样可以尽可能地排除年动态因素的干扰；

（3）第 1 次放水经历时间较长（100 天），更能有利于地表水对地下水的渗漏补给，地下水渗漏量可用相关经验值来参考、对比。

4.3.2 数值模拟情况

1. 基本思路

根据北勘公司已有的位于永定河东侧附近的 5 个地下水位长期监测孔中的观测资料，在官厅水库第 1 次放水期间，地下水位上升幅度并非匀速的（见图 4.38），是一个十分复杂的过程，因此永定河对含水层的补给量也是随着时间变化的，由于缺乏相关详细的资料，为此本次模拟过程中不对其详细上升过程进行模拟，而仅对其第 1 次放水结束后的水位进行模拟，从中获得永定河在这段时间内对研究域的等效补给量，并将其数据与相关研究成果进行对比分析，讨论本模型参数取值的合理性。

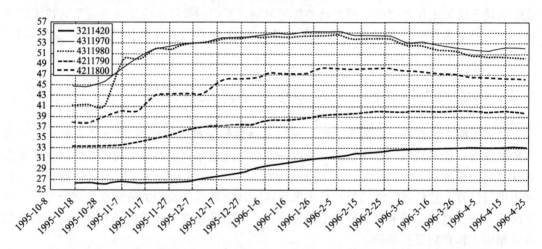

图 4.38 官厅水库放水期间永定河附近观测孔中水位变化情况（图中数字为长期观测孔编号）

在前述模型识别的基础上，在对除永定河以外的其他边界条件及水文地质参数不变的条件下，以距离第 1 次放水前最近的时期（1995 年 10 月 15 日）研究域内水位作为初始条件，对放水结束后的最近时期（1996 年 1 月 25 日）的水位进行模拟，在达到水位模拟有较高精度的同时，对永定河地表水体的渗漏量进行了反演，并将反演结果与已有相关研究成果进行对比分析。

2. 渗流场模拟情况

图 4.39 为官厅水库第 1 次放水结束后最近日期（1996 年 1 月 25 日）研究域内潜水-承压水水位标高计算结果和实测结果对比情况，从图中看出，计算值和实测值较为吻合，尤其是在西郊地区，为进一步直观地反映实测和计算对比情况以及官厅水库放水的影响，在衙门口、卢沟桥以及老庄子 3 个水文观测站分别沿垂直永定河的方向切出 3 个剖面（依

次为Ⅰ-Ⅰ、Ⅱ-Ⅱ和Ⅲ-Ⅲ剖面，见图4.39），然后顺着永定河流动方向切1条剖面（Ⅳ-Ⅳ剖面，见图4.39）。各剖面放水前的水位、放水后的计算及实测情况参见图4.40～图4.43。

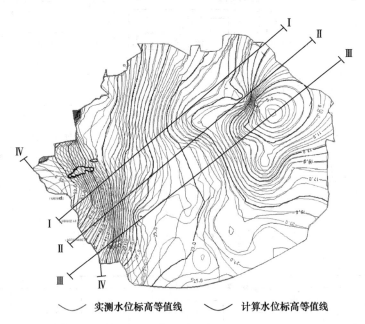

实测水位标高等值线　　　　计算水位标高等值线

图4.39　官厅水库第1次放水后（1996年1月25日）研究域内水位模拟结果

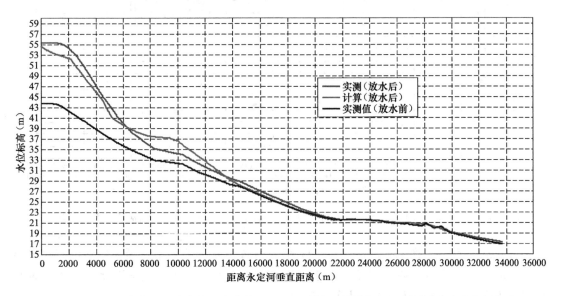

图4.40　官厅水库第1次放水前后水位情况（Ⅰ-Ⅰ剖面：沿着衙门口观测站垂直永定河方向）

从图4.40～图4.43可以看出以下几点：

（1）官厅放水后水位的计算值和实测值吻合较好，说明本次研究所建立的分析模型及其参数虽然是在利用2000年观测数据基础上完成识别的，但其对诸如官厅水库放水这样复杂边界条件的仍然具有较强适应性，充分说明了本模型具有较高的可靠性和稳定性。

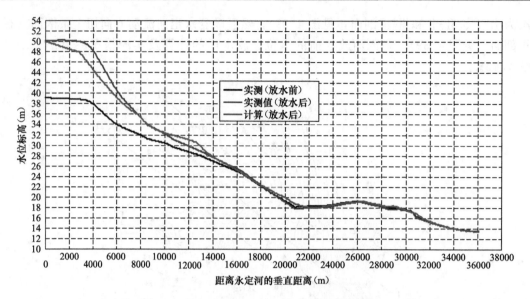

图 4.41　官厅水库第 1 次放水前后水位情况（Ⅱ-Ⅱ剖面：沿着卢沟桥观测站垂直永定河方向）

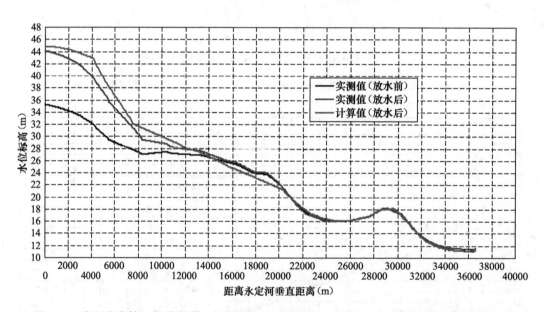

图 4.42　官厅水库第 1 次放水前后水位情况（Ⅲ-Ⅲ剖面：沿着老庄子观测站垂直永定河方向）

（2）从图 4.40～图 4.42 又可以看出，官厅水库放水影响显著范围为分别距离永定河14～16km，分析其主要原因是之一是渗透系数在西二环向东方向明显减小，在较短时间内水压力传导不过来，因此水位上升不明显。

（3）图 4.40～图 4.42 中官厅水库放水后的水位分布中都出现不同程度的"平台"，分析其原因主要是在西郊地区由于八宝山、老山等基岩凸起（图 2.8），以及局部细颗粒低渗透性的地层分布（图 4.33），这些因素都对地下水运动起到了一定阻隔和阻滞作用。

3. 第 1 次官厅水库放水期间永定河渗漏量的反演

根据已有研究成果《官厅水库放水对北京市区地下水的影响》（北京市勘察设计研究

100

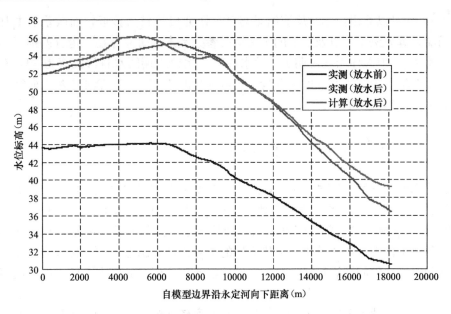

图 4.43 官厅水库第 1 次放水前后水位情况（Ⅳ～Ⅳ剖面：顺着永定河流动方向）

院，1996 年 3 月 29 日）和《水文简报》（北京市水文总站，1995 年 10 月 30 日）[141] 的相关内容，官厅水库第 1 次放水期间对北京市地下水补给量计算情况如表 4.15 所示。

官厅水库放水期间（1995 年 10 月 17 日～1996 年 1 月 24 日）**三家店以下地下水回灌量**

表 4.15

地下水位上升值（m）	埋深回升最大值（m）	回灌区间	面积（km²）	体积（亿 m³）	给水度	增加水量（亿 m³）
5.54	13.80	三家店～衙门口	44	2.44	0.16	0.39
7.05	11.83	衙门口～卢沟桥闸	36	2.54	0.13	0.33
9.95	10.57	卢沟桥闸～老庄子	12	1.19	0.13	0.15
3.16	9.95	老庄子～公仪庄	148	4.68	0.13	0.61
1.03	2.00	公仪庄～辛安庄	150	1.55	0.07	0.11
总　计			390			1.59

根据上述数据可以估算研究域对应区段的地下水所获得的补给量，并将其与本次数值模拟的结果进行对比（表 4.16）。

官厅水库放水期间（1995 年 10 月 17 日～1996 年 1 月 24 日）**研究域内回灌量估算**

表 4.16

回灌区间	面积（km²）	体积（亿 m³）	给水度	增加水量计算情况（亿 m³）	
				已有研究成果	本次计算成果
模型边界～衙门口	44	2.44	0.16	0.39	0.494
衙门口～卢沟桥闸	36	2.54	0.13	0.33	0.572
卢沟桥闸～老庄子	12	1.19	0.13	0.15	0.201
老庄子～模型边界	148	4.68	0.13	0.16	0.120
合计	240			1.030	1.387
回灌率				25.1%	33.6%

从表 4.16 可以看出，本次反演结果与已有研究成果较为接近，细微差别主要是已有成果采用的计算方法不同以及所取的水文地质参数和本次研究存在一定有差别（本次模型计算结果略大），但总体上均说明了官厅水库第 1 次放水期间水量渗漏率为 30％左右，符合一般粗颗粒地层中地表水体的渗漏情况，从水量的角度又一次验证了本次研究模型在官厅水库放水中应用的可靠性。

4.4　地下水位远期变化趋势预测

在前述模型识别和验证过程中可以发现，在水文地质结构模型（含水层、隔水层空间展布，地层岩性等等）及水文地质参数一定的前提下，地下水水位变化主要受边界条件（如侧向径流）和源汇项（如大气降水入渗和地下水开采等）等因素影响。因此，在进行远期水位预测工作中，需要着重推敲研究域的边界条件和源汇项的变化趋势，并对其在远期水位预测中的取值问题进行详细探讨，然后以此作为模型的输入条件，进行远期最高水位预测。

研究域内区域性地下水预测目的，就是在前述各项模型识别和验证等坚实的工作基础上，充分研究北京市未来水资源开采调整方案，就潜水-承压水在不利条件下最高水位进行预测，以此作为确定抗浮水位分析的重要下边界条件。

4.4.1　预测条件的设定

（1）大气降水入渗影响

大气降水入渗更多的是对台地潜水、上层滞水和阶地潜水有一定影响，而潜水-承压水对大气降水入渗具有一定的调蓄作用，为此在进行远期最高水位预测时，大气降水量按多年平均降水量 585mm 考虑。

另外，虽然由于北京市城市建设迅猛发展，地面硬化面积越来越大，大气降水入渗量受到影响，但考虑到未来北京市生态砖的普及以及管道渗漏等不可预见因素影响，从工程抗浮安全角度出发，在进行远期水位预测时，入渗系数 α 不作变小的调整。

（2）侧向径流补给和排泄的影响

虽然 1995～1997 年官厅水库 3 次放水期间，地下水补给量较大，造成短期内永定河附近水力梯度发生明显变化，但随着国家水文调度科学管理的深入，该类事件发生的可能性不大。同时，根据地下水位长期动态观测资料分析，多年来北京市地下水位变化很大，但水力梯度变化不明显，因而对于三维渗流模型，其二类边界条件取值可以按不变考虑，至于研究域内侧向径流补给和排泄量的多少可由三维渗流模型通过计算自行确定。

（3）未来地下水开采量变化的影响

根据前述研究成果，区域性地下水水位主要影响因素为地下水开采量，因此，在远期最高水位预测过程中，应着重考虑到地下水开采量的变化。

根据第 3 章的分析，影响一个城市地下水开采量的主要因素为人口、产业结构和水资源政策。根据南水北调规划措施及相关水资源政策，南水北调一期工程进京后每年净供水量为 10 亿 m³/a，另外中水利用将达到 6 亿 m³/a。根据这些条件以及未来水资源的需求量，孙颖、于秀治以及刘予进行的一系列研究表明，"南水北调（中线）"工程进京后，采取如下停采方案认为合理：北京市水源一厂、二厂、四厂、五厂和七厂全部停采，水源三厂停采 50%、四环以内和丰台区自备井停采 70%，自备井大户停采 50%[121][134][142]，研究域内的地下水年开采量将减小约 1.74~2.06 亿 m³，以 2000 年地下水开采量为 3.91 亿 m³ 为基准，"南水北调"工程进京后，研究域内的地下水年开采量约为 1.85~2.17 亿 m³，安全起见按 1.85 亿 m³/a 开采量考虑，以此作为未来地下水位预测的重要条件之一。

为初步评价南水北调工程进京后上述一系列因素变化可能带来的影响，可以将上述条件代入模型，进行南水北调工程进京后 1 年的水均衡计算，计算结果见表 4.17。

南水北调工程进京 1 年后研究域水均衡计算　　　　　　　　　　　表 4.17

因素编号	补给项（亿 m³）		因素编号	排泄项（亿 m³）	
	水均衡要素	计算结果		水均衡要素	计算结果
L3	永定河渗漏和河谷潜流	0.784	L5	东部边界及东南部侧向径流	0.001
L2	西山山前侧向径流	1.056	L4	南部侧向径流	0.242
L6	东北部侧向径流	0.018		地下水开采	1.846
L1	西北部侧向径流	0.043			
—	大气降水入渗	1.772			
—	总补给量（亿 m³）	3.673		总排泄量（亿 m³）	2.089
水均衡计算结果（亿 m³）					1.584

从对比表 4.13 和表 4.17 计算可以看出，由于开采量的明显减小，研究域由负均衡变为正均衡，地下水储量每年增加 1.584 亿 m³，相当于每年降水补给量和 2000 年相比翻了一番或每年重复一次类似于 1995~1996 年强度的官厅水库放水，对研究域的地下水影响显著。

4.4.2　区域地下水水位变化预测分析

从非稳定流和水文学的观点来看，各种自然和人为因素的变化对地下水环境的影响都有一个时效问题，其一般规律是随着时间的推移影响程度逐步变慢直至最终达到新的动态平衡和相对稳定。由于建筑物使用期一般较长（按 50 年或以上考虑），限于当前所掌握资料的成熟程度，本次在远期最高水位进行了"南水北调（中线）"工程进京 50 年时间段的水位变化过程预测。

根据前述模型预测条件的设置，可以获得南水北调进京 50 年后研究域的区域性水位升幅见图 4.44，水位标高见图 4.45。

从图 4.45 中可以看出，南水北调工程进京后水位升幅最大的为研究域北部，其次为西部和中部，南部较小，东南部最小。

为更进一步研究研究域不同位置处的潜水-承压水上升过程，利用图 4.26 中长期动态观测孔中计算数据绘制水位随时间变化曲线图（图 4.46），从图中可以看出，位于西郊的 4211790 号孔和西南郊的 2221260 号孔分别在 40 年和 30 年后基本达到稳定，位于北郊的 1120220 号孔在 50 年后基本稳定，而位于东北郊的 1441070 号孔在 80 年后仍有缓慢的上升趋势，但和 50 年已相差不大。因此可以认为，在南水北调进京 50 年后，研究域内区域性潜水-承压水总体上基本稳定。

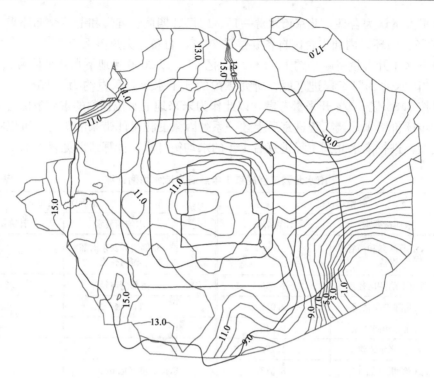

图 4.44 区域性潜水-承压水南水北调进京 50 年以后水位升幅等值线图（单位：m）

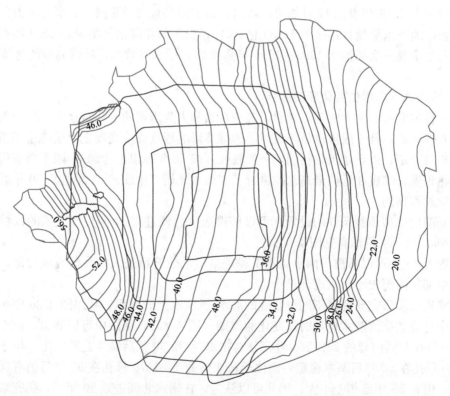

图 4.45 区域性潜水-承压水南水北调进京 50 年以后水位标高等值线图（单位：m）

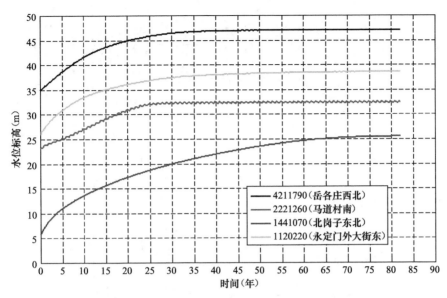

图 4.46 水位随时间上升过程（图中数字为地下水位长期动态观测孔编号）

根据模型计算结果，可以获得第 1 层地下水、第 2 层地下水在南水北调工程进京 50 年后的水位标高等值线如图 4.47 和图 4.48 所示。分别对比图 4.11 和图 4.47，图 4.12 和图 4.48 可以知道，即使在地下水低水位期间的第 1、2 层地下水规律性较差（图 4.11 和图 4.12），但在区域性潜水-承压水普遍升高后，各层地下水之间的水力联系变得更为密

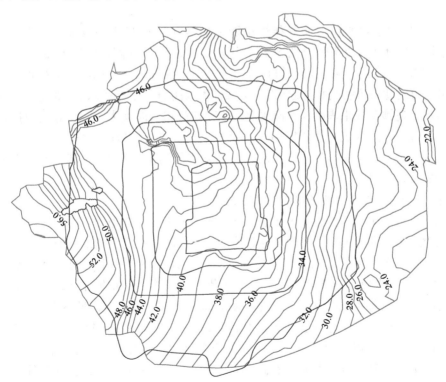

图 4.47 第 1 层地下水（台地潜水、阶地潜水、上层滞水和西郊潜水）水位标高等值线图
（南水北调工程进京 50 年后，单位：m）

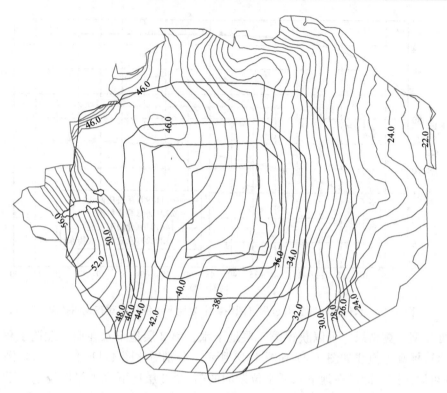

图 4.48　第 2 层地下水（层间水和西郊潜水）南水北调进京 50 年后水位标高等值线图（单位：m）

切，第 1、2 层地下水水位分布规律性也随之加强（图 4.47 和图 4.48）。另外，对比图 4.45 和图 4.48 可知，由于区域性潜水-承压水的普遍明显升高，层间水和潜水-承压水水位在许多位置（以和Ⅲb 亚区较近的Ⅱa、Ⅱb 和Ⅰc 亚区为主）已经较为接近，这是因为西郊潜水水位漫过层间水含水层底板时，区域性潜水-承压水和层间水水力联系进一步加强。

显然，上述预测成果表明，在南水北调工程实施很长时间内，在没有人为控制干预的情况下，水位在一般建筑物使用周期（一般按 50 年）内会出现很大程度的上升，这不仅对未来的结构抗浮设防工作带来很大挑战，而且对既有的工程和环境产生深远影响，需要作进一步的探讨和研究。

4.4.3　关于未来水位控高措施影响下的水位预测

区域地下水位大幅度上升的潜在性危害已成为毋庸置疑的道理，因为区域性地下水位回升不仅对未来工程建筑活动产生重要制约，更重要的是对已有建筑和环境都会存在很多潜在危害，这些已经引起了相关部门的高度重视，并开展了一系列的研究工作，提出了"地下水养蓄控高水位"的概念（崔瑜，李宇等，2009 年），根据研究成果，控高水位制约下永定河冲洪积扇地下水库可恢复的调蓄空间为 7.97 亿 m³（详见本书第 3 章），而根据本次建立的模型可以计算南水北调进行后，地下水库范围内每年的地下水储量增加约 0.985 亿 m³，据此可以得到当南水北调进京约 8 年后，研究域的地下水位将达到控高水位，因此，本次研究认为，当未来按照上述水位控高要求采取有效措施的条件下，按南水北调进京 10 年后预测水位考虑工程问题已经足够安全。根据前述模型预测结果，南水北调进京 10 年后研究域的水位分布情况如图 4.49～图 4.51 所示。

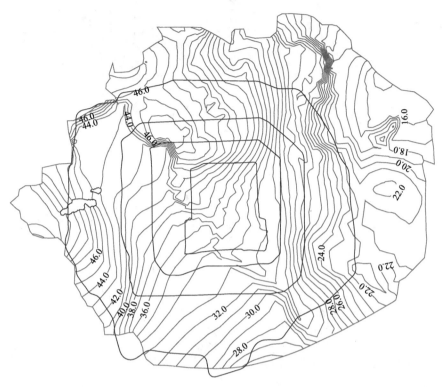

图 4.49 第 1 层地下水（台地潜水、阶地潜水、上层滞水和西郊潜水）水位标高等值线图
（南水北调工程进京 10 年后，单位：m）

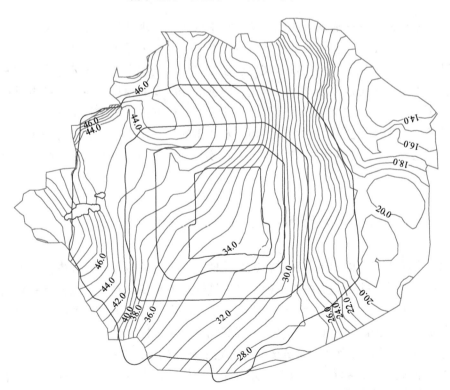

图 4.50 第 2 层地下水（层间水和西郊潜水）南水北调进京 10 年后水位标高等值线图（单位：m）

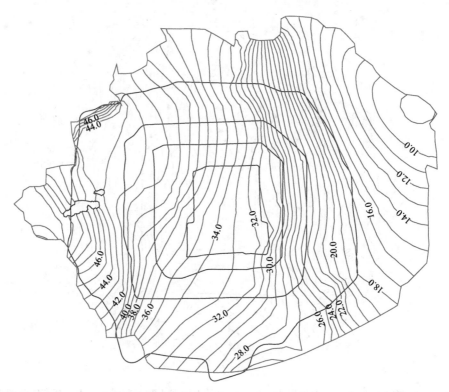

图 4.51　第 3 层地下水（区域性潜水-承压水）南水北调进京 10 年后水位标高（单位：m）

上述一系列研究成果表明，决定未来北京市区域地下水环境变化的因素很多，且人为因素（如国家和北京市水资源及环境政策等）影响程度最为显著，但由于一些自然地质因素是不变的（如含水层空间结构，水文地质参数等）且模型中已经充分考虑了这一点，因此本预测模型是一个可以不断学习、修正、完善的开放式的模型，在今后的成果推广和应用实践中可根据北京市水文水资源政策的变化实时对模型进行校正和完善。

本节的研究工作主要是针对区域性地下水环境的预测，由于在建模过程中进行了一系列大量的地层及地下水概化工作，本成果在实际工作中的应用将在第 4.5 节做进一步探讨。

4.5　三维瞬态流模型预测成果的应用探讨

从以上分析工作可以看出，在进行区域性地下水渗流模型建立过程中做了大量的概化工作，显然，这种概化处理后的数学模型在区域性地下水变化趋势预测上具有较高的可靠性。然而，在进行某个具体场地建筑物影响深度范围内浅层地下水预测时，需要作进一步的探讨和修正，以提高前述研究成果在工程实践中的实用性。

4.5.1　关于三维瞬态流模型在建筑场地各层地下水预测中适应性

在本章的前述对研究域 3 层地下水分布规律概化过程中可以看出，这 3 层地下水由于分布规律复杂程度不一样，前述模型预测成果在建筑场地应用过程中处理手段也不同，主

要表现在:

(1) 区域性潜水-承压水在整个研究域普遍分布,且控制该层地下水的水文地质参数、边界条件和源汇项本次研究过程已经进行了充分考虑,因而该层地下水预测成果在建筑场地具有较高可靠性;

(2) 在低水位期间,台地潜水、上层滞水和阶地潜水之间的水力联系较差,但在高水位期间水力联系会得到加强,且该3类型地下水均分布于地面以下10m深度范围内,地下水位在很大程度上受地形和大气降水入渗控制,由于模型中已经考虑到了地形和大气降水入渗问题,因此该3种类型地下水的预测成果同样可以应用到具体建筑场地;

(3) 对于层间水,问题就变得复杂得多,主要原因是层间水含水层的顶板和底板大多数是通过人为概化出来的,且在研究域内不同地貌单元上(如台地区和古金沟河故道区)层间水的性质也差异很大,另外,在北部台地区(相应于Ⅰa亚区)分布多层层间水(如奥运公园),显然,如果区域性地下水上升高度有限的情况,统一用前述模型预测成果会带来一定误差,尤其是在北部台地区。

综上所述,本章节需要着重探讨建筑场地层间水水位的预测问题,而这一点在场域法中常用第1层地下水水位和第3层地下水水位分别作上、下边界条件,建立垂向一维渗流模型(以下简称"一维渗流模型"),进行建筑场地影响深度范围内孔隙水压力预测(图4.52),然后用孔隙水压力根据贝努力方程换算成层间水的水位,和实际渗流规律相比较,这一方法会存在何种程度的误差需要作如下进一步探讨。

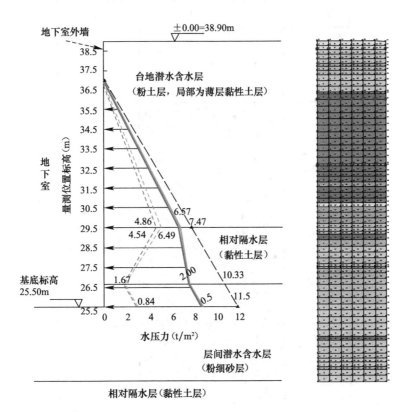

图 4.52 建筑场地地下水垂向一维渗流计算示意图(据张在明,1999 年)

4.5.2　利用一维渗流模型对三维渗流模型预测成果的修正

显然，和前述区域三维瞬态流模型相比，在某个具体建筑场地水位预测上，一维渗流模型主要有如下 2 个特点：

（1）在建筑场地地层和地下水（尤其是层间水）概化精度上，一维渗流模型比三维渗流模型明显要高，尤其是在层间水含水层概化方面，这是一维渗流模型最主要的优点。

（2）在地下水渗流规律上，根据前述分析结果，永定河冲洪积扇中地下水在含水层中主要是以水平渗流为主的，一维渗流模型人为地给侧向边界设为隔水边界，当然，如果上、下边界之间土层渗透系数普遍较低，这种概化较为合理的，但若有其他含水层，如层间水含水层，这种概化和实际情况存在一定差别，尤其是在层间水含水层较厚的古金沟河故道区（如 IIa、IIb 和 Ib 亚区部分位置）。

为充分利用一维渗流模型弥补三维渗流模型的不足，需要从量上探讨一维渗流模型上述渗流规律上的不足所带来的影响，本次研究中进行了一系列的数值试验。

4.5.3　一维渗流模型计算过程误差量级探讨

正如上面讨论，一维渗流模型主要存在问题是忽略了水平侧向渗流分量，而根据多年地下水分布规律，北京市平原区水力梯度大多数在 1‰ 以下，而最大一般不超过 2‰，在如此小的水力梯度下进行垂向一维渗流概化将产生的误差通过如下一组数值试验来研究，试验地层模型见图 4.53，图中层间水含水层按北京地区层间水厚度不大的情况考虑。

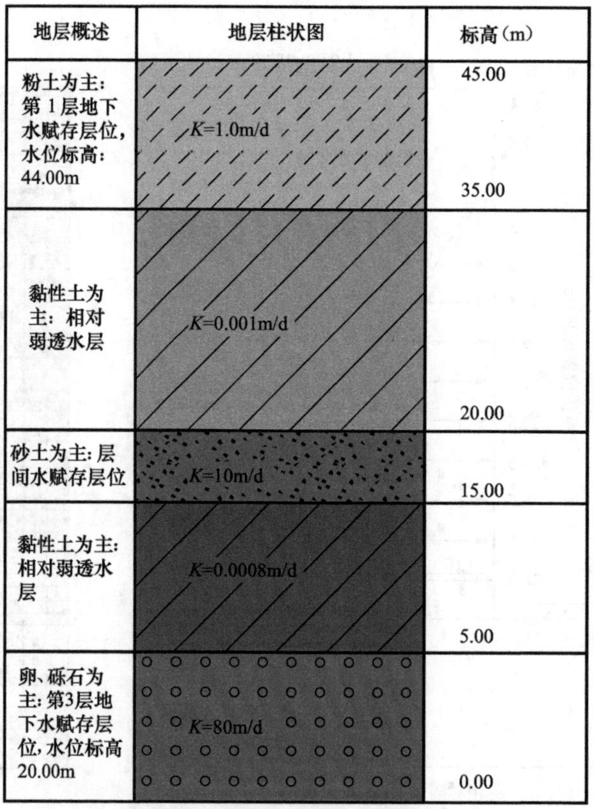

地层概述	地层柱状图	标高（m）
粉土为主：第 1 层地下水赋存层位，水位标高：44.00m	K=1.0m/d	45.00 35.00
黏性土为主：相对弱透水层	K=0.001m/d	20.00
砂土为主：层间水赋存层位	K=10m/d	15.00
黏性土为主：相对弱透水层	K=0.0008m/d	5.00
卵、砾石为主：第 3 层地下水赋存层位，水位标高 20.00m	K=80m/d	0.00

图 4.53　用于一维渗流计算的地层概化模型（层间水含水层厚度不大一般情况）

　　分析一维渗流的误差时，水平水力梯度分别按 $i=0$（垂向一维流），$i=1‰$（剖面二维流）和 $i=2‰$（剖面二维流）三种情况考虑，计算结果见图 4.54。

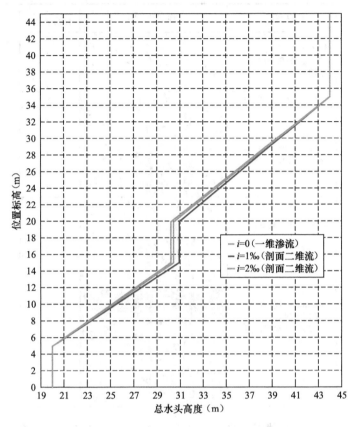

图 4.54　不同水平水力梯度下渗流计算结果对比

　　从图 4.54 中可以分析层间水水位标高计算结果：垂向一维渗流条件下最大，数值为 31.00m，水平水力梯度 $i=1‰$ 条件下其次，数值为 30.50m，水平水力梯度 $i=2‰$ 条件最小，数值为 30.20m。反映了在同样地层条件下，一维渗流模型计算结果略为保守，但在北京市平原区水力梯度普遍较小的情况下，这种差别总体上不大，一般不超过 0.50m（水平水力梯度在 1‰ 以下时），最大误差一般不会超过 1m（水平水力梯度在 2‰ 附近时），且随着区域性地下水位普遍抬升，上下边界水位差变小，这种误差会进一步减小，说明了一维渗流模型在北京平原区的建筑场地具有较高的实用性，尤其是上述层间水含水层不厚的地区（图 4.53）。

　　以下进一步通过一维渗流和三维渗流的对比数值试验，说明一维渗流模型在层间水含水层较厚的古金沟河故道区的实用性。

4.5.4　一维、三维渗流模型在层间水含水层较厚的地区计算结果对比

　　受历史上古金沟河河流侵蚀和沉积作用，古金沟河故道区的 20m 深度范围内地层总体上较为简单，主要岩性为砂、卵砾石，为层间水的赋存层位（以北京中石化办公楼工程为例，地层概化情况见图 4.55），层间水侧向径流较为明显。在三维渗流建模过程中概化程度较低，三维渗流模型中概化地层和实际地层十分接近，可以认为三维渗流模型在该地

区层间水计算具有较高的精度，从而可以作为校核一维渗流计算结果的参照标准。

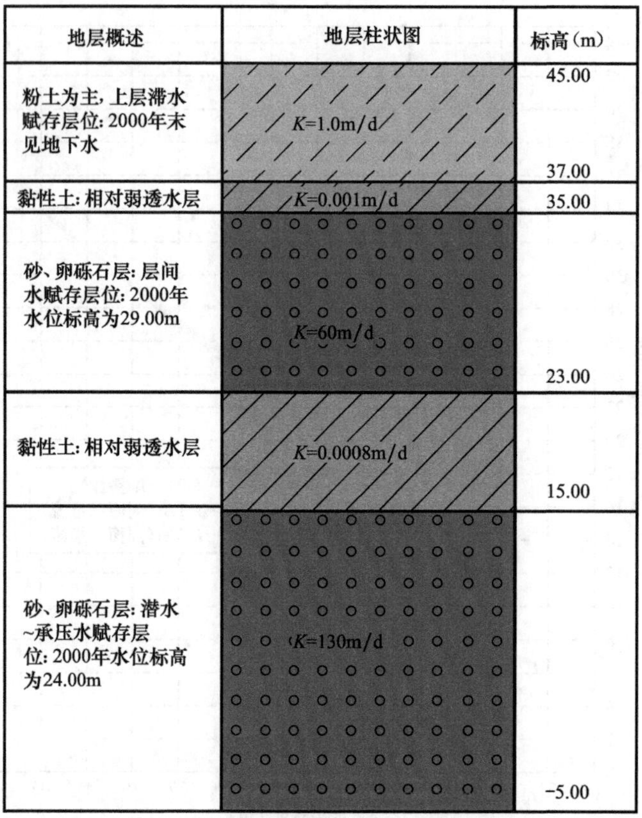

地层概述	地层柱状图	标高（m）
粉土为主，上层滞水赋存层位：2000年末见地下水	$K=1.0m/d$	45.00 37.00
黏性土：相对弱透水层	$K=0.001m/d$	35.00
砂、卵砾石层：层间水赋存层位：2000年水位标高为29.00m	$K=60m/d$	23.00
黏性土：相对弱透水层	$K=0.0008m/d$	15.00
砂、卵砾石层：潜水~承压水赋存层位：2000年水位标高为24.00m	$K=130m/d$	-5.00

图 4.55　古金沟河故道区典型地层概化情况（层间水含水层厚度较大情况，以中石化办公楼为例）

根据该工程的位置坐标和前述三维渗流模型预测结果，可以很容易查出中石化办公楼所在位置的各层地下水不同时间的水位标高（表 4.18）。

基于三维渗流模型的中石化办公楼附近各层地下水水位标高预测结果（单位：m）

表 4.18

	2000 年初（作为预测的初始条件）	南水北调进京10 年后	南水北调进京20 年	南水北调进京50 年
上层滞水	30.00（无水）	33.90（无水）	37.40	39.10
层间水	29.00	32.90	36.40	38.35
潜水-承压水	24.00	30.80	34.00	36.35

利用表 4.18 中 2000 年初的水位数据进行一维渗流模型识别，获得如图 4.55 中所示的各层土的渗透系数，然后分别以表 4.18 中的上层滞水和潜水-承压水水位标高预测值作为一维渗流模型的上、下边界进行计算，获得如图 4.56 所示的总水头高度分布曲线图。

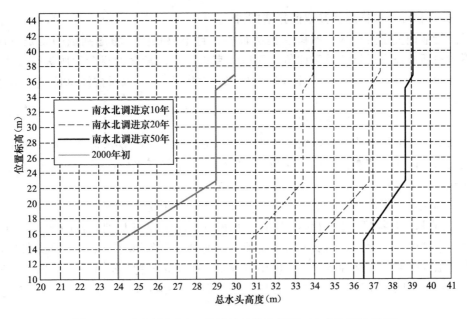

图 4.56　不同时间垂向一维渗流计算曲线图（古金沟河故道区）

从图 4.56 可以获得一维渗流计算获得的层间水水位标高，并将其和表 4.18 中三维渗流模型的预测结果进行对比，见表 4.19。

由三维渗流模型和一维渗流模型计算的层间水水位标高对比情况（单位：m）　**表 4.19**

	2000 年初（作为预测的初始条件）	南水北调进京10 年后	南水北调进京20 年	南水北调进京50 年
三维渗流模型	29.00	32.90	36.40	38.50
一维渗流模型	29.00	33.40	36.85	38.70
一维和三维相差	0.00	0.50	0.45	0.20

从表 4.19 中可以看出，一维渗流计算结果要比三维流计算结果略为偏大，但总体上相差不大（最大差值约 0.50m），且随着区域性地下水位升高，这种差异越来越小，分析其原因为一维渗流主要不足是根据垂向的距离和渗透系数来确定层间水和上、下边界之间的水力联系，而忽视了水平渗流的影响，但随着区域潜水-承压水水位继续上升，建筑场地附近水平向水力梯度变小，流速变缓，这种垂向一维概化会更加接近于实际情况。该数值对比试验充分说明了在层间水水层较厚的地区，一维渗流模型仍然具有较高的精度。

综合上述数值试验，可以认为，在预测层间水水位标高或黏性土层中的总水头高度时，一维渗流模型有较明显的优势，可以用来弥补三维渗流模型的不足，尤其是分布多层层间水且层间水含水层厚度较小的台地区，另外，即使对于一些层间水含水层较厚的地区，如古金沟河故道地区，一维渗流计算模型仍然具有较高的精度，当然，在这种情况下，为方便起见也可直接地利用三维渗流模型预测结果。

4.5.5　关于抗浮水位概念及其取值方法探讨

目前行业内关于抗浮水位的概念提法很多，且争议很大，考虑到该问题是一应用研究，不再对所有概念进行综述和评价，而以北京地区应用较多的概念为例进行如下探讨。根据张在明（1999 年）等人的一系列研究成果[144][145][147]，可以对抗浮水位基本概念作如下探讨：

（1）关于"抗浮水位"概念来源

在高层建筑大量兴建以前，由于一般建筑基础埋置较浅，影响范围不大，往往最多涉及最上层水的问题，即便存在抗浮问题，只要确定一个最高水位，即可用简单公式算出基底的水压力。于是就产生了"抗浮水位"的概念。

对于高层建筑来说，由于上面分析的种种因素，问题要复杂许多：

① 当地基影响深度范围内存在多层地下水时，确定建筑基础底板的地下水作用力，除了最高水位的预测之外，还要了解各层地下水的赋存形态和动态规律，即要求全面掌握地下水的赋存体系。在这种情况下，使用抗浮水位的概念可能造成理解上的偏差。显然需要将对"抗浮设防水位"的研究扩充到整个"地下水赋存体系（Groundwater Regime）"的研究。

② 即便在基础埋深范围内仅存在一层地下水，在地下水赋存体系较为复杂的情况下，上层水与下部含水层之间存在一定的水力联系，在各含水层之间有非饱和带时更是如此。基底的水压力并不完全取决于水位的高低，而必须由渗流分析来确定。用地下水动力学的方法确定水压力与过去仅仅按静止水状态确定的做法，存在很大的差别。而后者往往对基底的水压力估计过高，造成浪费。

上述两点始终贯穿着地下水动力学的观点，突破了传统的静止水压力局限性。另外，对于饱和的弱透水层的黏性土层（黏性土的饱和度一般在 0.90 以上）是没有水力学意义上的水位的，但仍然满足有效应力原理和渗流理论（张第轩，陈龙珠，2008），可以通过渗流分析获得孔隙水压力 p，进而根据贝努力方程即可换算出其相应的水位标高 H，即

$$H = z + \frac{p}{\gamma_w} \tag{4.11}$$

当式中的孔隙水压力 p 为不利条件下的孔隙水压力时，相应的水位即为"等效抗浮水位"标高。

（2）抗浮水位分析的探讨

根据前述对建筑场地各层地下水水位预测方法的探讨，以及"抗浮水位"的基本概念，可以认为确定抗浮水位一个重要的前提是明确建筑地基土的性质，若基底坐落在含水层里，抗浮水位即为该含水层赋存地下水的不利条件下的水位，关于地下水位预测问题前面已经做了详细的探讨；若基底坐落在相对弱透水层中，则需要由其上、下层地下水通过一维渗流分析出基底处的水压力，然后用式（4.11）换算出抗浮水位标高。考虑到结构使用年限较长，本次研究认为需要根据各种输入条件，利用三维渗流模型进行不低于使用年限远期水位预测，利用使用年限内最高水位标高最为抗浮水位建议值。

综合上述讨论结果，可以对北京市各条件下的抗浮水位取值方法作如表 4.20 所示的概述。

各设计条件和水文地质条件下抗浮水位取值方法一览表 表 4.20

基底所在层位	Ⅲb亚区	Ⅱa和Ⅱb亚区	Ⅰa、Ⅰb和Ⅰc亚区	Ⅲa亚区
第1层含水层	潜水-承压水远期最高水位（三维渗流模型预测成果）	上层滞水远期最高水位（三维渗流模型预测成果）	台地潜水远期最高水位（三维渗流模型预测成果）	阶地潜水远期最高水位（三维渗流模型预测成果）
相对弱透水层		利用一维渗流模型进行预测不利条件下水压力分布，然后由贝努力方程换算确定		
层间水含水层		利用一维渗流模型进行预测不利条件下水压力分布，然后由贝努力方程换算确定；对于古金沟河故道地层较为简单的地区，方便起见可直接利用三维渗流模型预测成果。		
相对弱透水层		利用一维渗流模型进行预测不利条件下水压力分布，然后由贝努力方程换算确定		
第3含水层		潜水-承压水远期最高水位（三维渗流模型预测成果）		

同时，抗浮水位取值除了上述计算分析工作外，对于一些场地条件复杂，且工程十分重要的项目，还要充分结合具体场地的地层和地下水条件，经综合考虑后进行抗浮水位确定。

4.6 本章小结

本研究报告通过对北京市区域地质及水文地质资料的搜集、分析和概化，建立了区域性地下水三维非稳流模型，同时又通过大量水文地质资料对模型及参数的识别、校正和检验，充分保证了模型的可靠性。结合当前对未来北京市地下水停采方案的调研结果，对北京市区域地下水在南水北调进京后的水位变化趋势进行了深入的探讨。并在此基础上对抗浮水位取值进行了探讨。

综合上述工作成果，可以对北京市区域地下水以及抗浮水位获得了较为深入的认识，主要表现为以下几点：

（1）潜水-承压水含水层结构是决定研究域内地下水渗流场分布的主要内因，主要为基岩顶板起伏情况、含水层空间展布、含水层岩性条件以及渗透系数、弹性储水率等重要水文地质参数。

（2）研究域的源汇项和边界条件是影响区域性地下水多年动态特征的重要外因：大气降水是区域性地下水垂向补给来源；地下水开采量是 2000 年研究域地下水主要排泄方式；侧向径流补给是研究域获得水平向补给量的重要途径，由于 2000 年地下水开采量较大，对侧向径流排泄起到了很大的袭夺作用，因此 2000 年侧向径流排泄不明显。

在上述内因和外因共同作用下，形成了研究域内从宏观到微观不同尺度的地下水渗流场格局和多年水位动态特征。

（3）通过对未来北京市在南水北调进京后开源节流水资源政策的调研，进行了远期最高水位预测，根据预测结果可以从空间上和时间上两个不同角度获得认识：

① 在空间上，南水北调进京后一段时间（如 50 年）内，整个研究域内地下水位会出现上升趋势。受边界条件以及含水层空间展布情况影响，上升幅度总体上以北部最大，西部其次，中部再次，南部较小，东南部最小。

② 在时间上，南水北调进京后，地下水位上升规律呈先快后慢直至稳定的趋势，除东北部局部位置外，研究域内绝大部分地下水在南水北调进京 50 年后基本达到稳定。

（4）由于南水北调进京后，北京市区域地下水普遍升高会对既有工程和环境造成重要影响，这一点需要引起相关环境、规划、地质和水务部门的高度重视，并采取有效的水位控高措施。

（5）考虑到结构使用年限较长，本次研究认为需要根据各种可能的输入条件，利用三维渗流模型进行不低于工程使用年限远期水位预测，利用使用年限内最高水位标高最为抗浮水位建议值。

（6）本书研究工作中提出的预测模型是一个可以不断学习、修正、完善的开放式的模型，在今后的成果推广和应用实践中可根据北京市水文水资源政策的变化实时对模型进行校正和完善。

（7）根据模型概化程度以及模型对各层地下水主控因素所掌握的程度，可以认为，第1层地下水和第3层地下水预测成果在工程实践中有较高的可靠性；而层间水由于分布规律要复杂得多，且在不同地貌单元（如台地区和古金沟河故道区）性质差异很大，根据一系列数值试验认为，在这种情况下应采用三维渗流模型和垂向一维渗流模型相结合来解决。

（8）抗浮水位不仅仅是一个简单的水位问题或静水压力问题，需要综合上述各项研究成果，根据建（构）物具体设计条件，针对不同建筑场地条件进行综合确定。

第5章　北京市地下水位预测管理信息系统

5.1　系统概述

5.1.1　系统建设目标

系统的建设目标是基于前述地下水预测模型，充分依托空间信息技术，以 GIS 作为信息集成平台，既充分发挥 GIS 的空间信息管理技术优势，又与计算模型、制图技术等紧密结合，搭建北京市地下水位预测管理信息系统平台。结合地下水位预测的专业模型，对北京市区域浅层地下水动态规律进行数值模拟研究及基于此的地下水远期最高水位预测等，从而全面提升地下水位预测和管理水平。

5.1.2　系统设计原则

按照相应的功能需求开发本系统的各功能模块，并留出扩展接口。其主要原则如下：

（1）友好性原则。满足功能需求的同时，实现系统的友好性，易于用户操作。

（2）先进性原则。系统的开发要基于较高的层次，利用当前成熟的技术保证系统的性能。

（3）可靠性原则。系统的硬、软件、编码体系、各功能模块要有扩充的余地，保证具有可靠的兼容性、稳定性。

（4）标准化、规范化原则。系统按 GIS 标准化设计与开发，并遵循各项技术标准和规范。

（5）遵循软件工程方法原则。遵循软件工程的方法，用工程化的思想进行设计和实现。

5.1.3　系统结构

考虑到基础资料数据的保密性，系统体系结构采用单机版模式。

系统设计主要采用了自顶向下、逐步求精，以及模块化、结构化设计方法。按照逻辑结构划分为三个层次：人机交互层、业务逻辑层和基础数据层。基础数据层实现数据资源的存储管理，由地图数据库和地下水位基础数据库组成；业务逻辑层主要是针对具体问题的操作和对数据业务逻辑处理，实现系统的具体功能；人机交互层采用 WINFORM 方式，提供用户与系统之间的接口。

5.1.4　系统开发

1. 组件式 GIS

随着计算机技术及 GIS 的发展，组件式 GIS 已经成为当今地理信息系统软件开发与应用的主流，代表着当今 GIS 发展的趋势，组件式地理信息系统（Components GIS，以下简称 ComGIS）是面向对象技术和组件式软件在 GIS 软件开发中的应用。ComGIS 的基本思想是把 GIS 的各大功能模块划分为几个组件，每个组件完成不同的功能，各个 GIS 组件之间以及 GIS 组件与其他组件之间可以通过标准的通信接口实现交互、集成，形成最终的 GIS 基础平台以及应用系统。

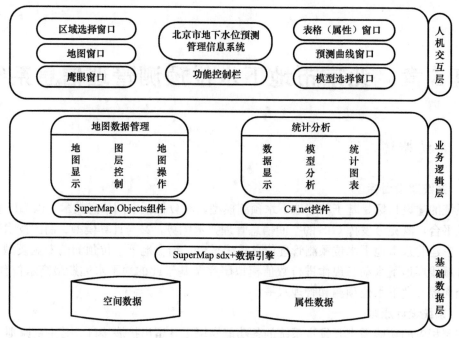

图 5.1　系统逻辑结构

GIS 技术的发展，在软件模式上经历了集成式 GIS、模块式 GIS 和组件式 GIS 的过程。集成式 GIS 和模块式 GIS 虽然在功能上比较成熟，但是属于独立封闭的系统，主要表现在应用中的开发负担过重、应用系统集成困难、二次开发语言复杂以及软件开发不必要的低级重复等方面，已不能适应日益增长的地理信息应用的需求。

组件 GIS 是面向对象技术和组件式技术在 GIS 软件开发中的应用，组件 GIS 提供了实现 GIS 功能的组件。同传统 GIS 比较这一技术具有多方面的特点，包括：无缝集成、跨语言使用、成本低、无限扩展性、可视化界面设计以及 Internet 应用等。组件 GIS 使人们不需要直接面对复杂的 GIS 概念，从而提高了开发的效率。

基于组件 GIS 的集成二次开发主要是利用 GIS 工具软件厂商提供的建立在 OCX 技术基础上的 GIS 功能控件（如 ESRI 的 MapObjects，MapInfo 的 MapX，超图的 SuperMap Objects 等），在所开发的应用程序中，直接将 GIS 功能嵌入其中，实现地理信息系统的各种功能。综合考虑了开发效率、可扩展性、成本、安全性等等因素，本系统选用了国产的 GIS 组件产品—超图公司的 SuperMap Objects。

2. 开发环境

用于 GIS 开发的常用软件有 MapInfo、MapGIS、ESRI（ArcGIS）、SuperMap 等，其中超图公司的 SuperMap 软件具有强大的地理空间数据编辑与处理功能。本系统选择 SuperMap 软件作为开发平台，一方面利用 SuperMap Deskpro 软件将地下水位预测数据进行导入转化、分类编辑，形成基础库；另一方面，通过编程语言对 SuperMap Objects 软件进行二次开发，根据系统需求，实现 GIS 的基本功能，最终形成集功能与实用于一体的地下水位预测管理信息系统。系统是在 Windows XP 系统下，采用 SuperMap Objects 开发组件为地理信息系统平台，并利用 SuperMap 支持非常完备的 Visual Studio.net 可视化开发环境进行系统开发。

118

（1）SuperMap Deskpro

SuperMap Deskpro 具有数据采集、数据转换、编辑、建库、空间数据管理、拓扑处理、空间分析、三维建模、三维可视化以及制图等 GIS 功能。它作为一个全面分析管理的工具。应用于土地管理、林业、电力、电信、交通、城市管网、资源管理、环境分析、旅游、水利、航空和军事等所有需要地图处理的行业。

（2）SuperMap Objects

SuperMap Objects 是超图公司推出基于 Microsoft 的 COM 组件技术标准的新一代大型全组件式 GIS 开发平台，它提供了从数据输入、数据处理与查询、空间数据存储和管理到空间分析、地图排版输出等包括各个环节的八个组件库，所包含的 12 个 ActiveX 控件封装了 SuperMap GIS 的全部功能。GIS 组件之间以及 GIS 组件与应用程序之间通过属性、事件和方法等标准通信接口通讯，这种通信甚至可以跨计算机实现。

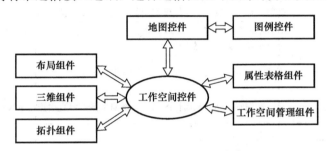

图 5.2 SuperMap Objects 组件对象关系

SuperMap Objects 支持 Visual Basic、Visual C++、Delphi、Visual C♯. NET、Visual Basic. NET 和 ASP. NET 等等多种开发工具，灵活地对各个组件功能进行组合，实现高效、无缝的系统集成。SuperMap Objects 内置了超图最新的空间数据库引擎 SuperMap SDX5＋，支持多种数据库，并采用混合多级索引技术，提高了数据访问和查询效率。

数据组织方式：

SuperMap Objects 的数据是通过工作空间、数据源和数据集来组织实现的。工作空间用于保存用户的工作环境。数据源是存储空间数据的场所，一个数据源通常由多个不同类型的数据集组成。数据集是空间数据组织的基本单位之一，SuperMap Objects 支持 16 种类型的数据集。主要分成三大类：非空间数据集、矢量数据集和栅格数据集。

SuperMap Objects 支持两种形式的数据源，即文件型数据源和数据库型数据源。文件型数据源是把空间数据和属性数据分别存储到本地的 sdb 和 sdd 两个文件中，而数据库型数据源则是将数据一体化的存储到关系数据库中，如 SQL Server、Oracle 等。前者操作简单，速度较快，后者并发能力强，适合大型 GIS 系统应用。

该系统 GIS 平台采用 SuperMap Objects 进行开发的主要原因有：

① SuperMap Objects 软件的性价比比较高；

② SuperMap Objects 为全组件式软件，开发方便、省时；

③ SuperMap Objects 有较强的数据输入和编辑功能，使用简单；

④ SuperMap Objects 有较强的数据访问能力，支持多种数据格式的无缝集成；

⑤ SuperMap Objects 有较强的三维建模功能，可以很方便地利用已有数据进行空间建模；

⑥ SuperMap Objects 有较强的空间分析能力，可以有效地进行空间分析并提供科学决策帮助。

SuperMap Objects 提供的控件及功能描述　　　　表 5.1

组件名称	功　能
核心组件 SuperMap Control SuperWorkspace Control	工作空间管理、多源数据源集成、数据格式转换；图属交互查询分析；地图显示、图层控制、专题地图；地图编辑；影像压缩、配准；网络、叠加、缓冲区等空间分析；点、线与填充符号库设计
制图组件 Layout Control	可视化地图排版、地图制作与输出
拓扑组件 SuperMap Topology Control	建立多边形与网络拓扑关系 实现多种网络分析功能
三维组件 SuperMap 3D Control	生成 TIN 和 DEM；三维渲染与分层设色；立体透视图；正射三维影像图制作；纹理映射；显示、旋转、三维模型浏览和三维淹没模拟
SDX/SDX＋空间数据库引擎	海量空间数据库引擎，支持 SQL Server、Oracle 和 Sybase 等数据库系统及 Oracle Spatial 第三方空间数据引擎
图例组件 Legend Control	图例的生成与修改，与制图模块结合生成地图
二维表格控件 SuperGridView Control	显示和编辑空间对象属性的二维表格编辑器，可直接连接 soRecordset 对象
工作空间管理组件 SuperWkspManager Control	工作空间的可视化管理工具
空间分析组件 Spatial Analyst Control	提供各种复杂和高级空间分析功能，可以完成地理空间数据的网络分析、栅格代数运算、地形表面分析等常用和专业的分析功能

5.1.5　系统组成

北京市地下水位预测管理信息系统可分为四个模块：地图控制模块、地图查询模块、等值线展示模块、三维展示模块。整个系统组成如图 5.3 所示。

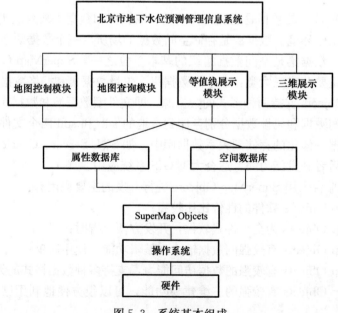

图 5.3　系统基本组成

5.1.6 系统实现的关键技术

1. 组件式 GIS 技术

组件式 GIS（ComGIS）指基于组件对象平台，以组件的形势提供基本功能的 GIS，是 GIS 与组件技术相结合的新一代地理信息系统。组件式 GIS 的基本思想是把 GIS 的各大功能模块划分为几个控件，每个控件完成不同的功能。各个 GIS 控件之间，以及 GIS 控件与其他非 GIS 控件之间，可以方便的通过可视化的软件开发工具集成起来，形成最终的 GIS 应用。

系统通过 C♯. NET 调用 SuperMap 核心组件库的 SuperMap. ocx 程序文件，编程开发来实现各种功能，具体步骤如下：

① 建立 WinForm 项目，嵌入 SuperMap Objects 对象类型库；

② 建立 SuperMap Objects 对象，并建立相应控件之间的联系；

③ 调用 SuperMap Objects 对象和其他 C♯. NET 对象方法和属性完成 GIS 应用软件功能；

④ 释放 SuperMap Objects 变量，断开控件之间的连接，关闭相应的资源。

2. 插值分析技术

在地理信息系统中，获得的空间数据往往是离散点的形式。离散的点数据常是通过空间采样点进行观测获得，无法对空间所有点进行观测，但可以设置一些关键的样本点，这些样本点的观测值能反映空间分布的全部或部分特征，然后利用空间内插方法来获取未采样点的值。一般所说的空间内插就是指点内插。点内插根据其基本假设和数学本质可分为几何方法、统计方法、空间统计方法、函数方法、随机模拟方法、物理模型模拟方法和综合方法。内插法都是基于下述假设进行的：空间位置上越靠近的点，越有可能具有相似的特征值，离得越远的点，其特征值相似的可能性越小。

考虑到可操作性，本章借助地理信息系统中的空间分析模块，使用距离权重反比法、克吕金法、样条函数法进行空间内插。

（1）距离权重反比法

距离权重反比法是一种常用而简便的空间插值方法，它以插值点与样本点间的距离为权重进行加权平均，离插值点越近的样本点赋予的权重越大。若权重用距离反比，称为距离反比法；权重用距离平方反比时称为距离平方反比法。在实际应用中，通常选择后者。

（2）克里金法

克里金法是一种在许多领域都很有用的地质统计格网化方法。克里金法试图这样表示隐含在你的数据中的趋势，例如，高点会是沿一个脊连接，而不是被牛眼形等值线所孤立。克里金法中包含了几个因子：变化图模型，漂移类型 和矿块效应。

克里金（Kriging）插值法又称空间自协方差最佳插值法，它是以南非矿业工程师 D. G. Krige 的名字命名的一种最优内插法。克里金法广泛地应用于地下水模拟、土壤制图等领域，是一种很有用的地质统计格网化方法。它首先考虑的是空间属性在空间位置上的变异分布，确定对一个待插点值有影响的距离范围，然后用此范围内的采样点来估计待插点的属性值。该方法在数学上可对所研究的对象提供一种最佳线性无偏估计（某点处的确定值）的方法。它是考虑了信息样品的形状、大小及与待估计块段相互间的空间位置等几何特征以及品位的空间结构之后，为达到线性、无偏和最小估计方差的估计，而对每一个

121

样品赋予一定的系数，最后进行加权平均来估计块段品位的方法。但它仍是一种光滑的内插方法，在数据点多时，其内插的结果可信度较高。

克里金法类型分常规克里金插值（常规克里金模型/克里金点模型）和块克里金插值。常规克里金插值其内插值与原始样本的容量有关，当样本数量较少的情况下，采用简单的常规克里金模型内插的结果图会出现明显的凹凸现象；块克里金插值是通过修改克里金方程以估计子块 B 内的平均值来克服克里金模型的缺点，对估算给定面积实验小区的平均值或对给定格网大小的规则格网进行插值比较适用。块克里金插值的方差结果常小于常规克里金插值，所以，生成的平滑插值表面不会发生常规克里金模型的凹凸现象。按照空间场是否存在漂移可将克里金插值分为普通克里金和泛克里金，其中普通克里金常称作局部最优线性无偏估计。所谓线性是指估计值是样本值的线性组合，即加权线性平均，无偏是指理论上估计值的平均值等于实际样本值的平均值，即估计的平均误差为 0，最优是指估计的误差方差最小。

（3）样条函数法

样条函数法是使用一种数学函数，对一些限定的点值，通过控制估计方差，利用一些特征节点，用多项式拟合的方法来产生平滑的插值曲线，可以用于精确的局部插值。使用下式表示：

$$z = \sum_{i=1}^{n} A_i d_i^2 \log^{d_i} + a + bx + cy \tag{5.1}$$

其中，z 为待估点的栅格值，d_i 为插值点到第 i 个离散点的距离，$a+bx+cy$ 为局部趋势函数，x、y 为插值点的地理坐标，$\sum_{i=1}^{n} A_i d_i^2 \log^{d_i}$ 为一个基础函数，通过它可以获得最小化表面的曲率，A_i、a、b 和 c 为方程系数，n 为用于插值的离散点的数目。样条插值法又分为张力样条插值法和规则样条插值法。张力样条插值方法将依据模拟现象的特征来调整表面的硬度。将生成一个相对不够平滑的表面；规则样条插值将生成一个平滑、渐变的表面，对于规则样条插值来说，权重定义了在曲率最小化表达式中表面的三阶导数的权重。权重越高，表面越平滑，这一参数的值必须等于或大于零。

3. EXCEL 图表绘制

EXCEL 作为现代办公常用的电子表格制作工具，以它的易操作性和实用性，得到了各行业办公人员的青睐。由于数据的多样性和统计信息的增加，数据报表的实现变得越来越复杂，C♯ 在制作复杂报表时显得不够理想，不能让用户对生成的图表进行改动，且程序控制很难实现，先用 VBA 设计好图表模板，然后在 C♯ 中调用模板生成 Excel 图表是绘制水位动态曲线的最佳选择。

4. OWC 图表绘制

OWC，即 Office Web Components，是微软随 Office 提供的绘图控件，使用它能够绘制绝大部分的图形。

微软 OWC 组件是微软公司针对 Web 应用而在 Office 中开发的一套在线分析处理（OLAP）组件，主要用于在 Web 上发布电子表格、图表和数据库。OWC 是组件对象模型（COM）控件的集合，包含 4 个主要组件：电子数据表格、图表、数据透视表和数据源，可以充分利用 Microsoft Internet Explorer 提供的大量交互功能。浏览包含 OWC 的Web 页时，可以在 Internet Explorer 浏览器中与网页交互，可以排序、筛选、输入公式计算的值、展开和折叠细节、透视数据等。Web 组件是完全程式化的，可以使 Office 解决方案提供者基于 Web 创建大量交互式解决方案。

OWC 的外观和表现很像是一个简装的 Office 部件，不具备 Excel 或 Access 的全部功能，用户也不希望为了在浏览器中动态查看一个报表而从网络上下载整个应用程序；然而很多常用的特性，尤其是内容交互功能都包含在组件中。加之，OWC 组件可以读写 HT-ML，允许用户通过单击按钮加载数据到 Excel，以便进行更加深入地分析。

OWC 是标准的 COM 控件，所以可用于许多控件容器中，如 Microsoft Internet Explorer，Microsoft Visual Basic，Visual Studio. Net 等，因此可以自定义这些组件的外观和行为以完成不同的解决方案。

（1）OWC 组件的主要功能模块及特点

微软 OWC 是一个标准的 32 位 COM 组件，可以为 IE、VB、VC 等众多的控件容器提供交互的电子表格建模，数据报表和数据可视化功能。该组件主要由 4 个对象组成，分别是 Spreadsheet 对象、Chart 对象、Pivot-Table 对象和 DataSource 对象，除 DataSource 对象外，其余 3 个对象的功能可以认为是 Excel 中对应 Spreadsheet，Charting、PivotTable 在 Web 中的简单应用。其中 OWC. Chart 对象能在 Web 服务器生成柱状图、条状图、折线图等多种图形，能和数据库查询结果集绑定。实现数据库与图表的完美结合。OWC 主要有以下特点：

① OWC 能够支持近 50 种图表类型，包括曲线图、折线图等，并给指定显示图表是否带数据点；

② 可以灵活设置图表的各个属性，包括图表标题，横纵坐标，输出图片的大小等，还可以对所显示的文字指定字体、字号、字形和颜色；

③ 同一张图表中可以显示 2 条以上的曲线，实现数据对比。

（2）用 OWC 生成动态图表的过程

① 从数据库中取出相应的数据；

② 创建 OWC 图表；

③ 设定数据系列；

④ 给数据系列赋值；

⑤ 按要求设计图表的格式；

⑥ 根据 OWC 图表创建 GIF 图像；

⑦ GIF 图像发布。

5.2 系统功能

5.2.1 功能设计概要

系统功能可分为以下 5 项内容：

（1）文件

	加载 Case1 模型
文 件	加载 Case2 模型
	退 出

（2）查询

查　询	单一水位查询
	区域水位查询
	实时查询
	动态预测曲线

（3）等值线

等值线	水位等值线

（4）三维展示

三维展示	三维效果

（5）工程预警

工程预警	地铁新线

（6）帮助

上述系统功能详见本报告 5.2.2 节内容。

5.2.2　功能详细设计

1. 主界面设计

系统主界面如图 5.4 所示。

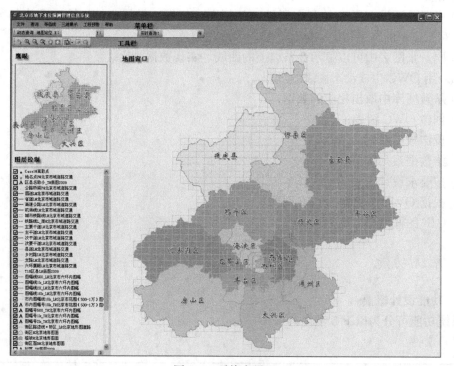

图 5.4　系统主界面

2. 菜单设计

系统菜单设计如图 5.5 所示。

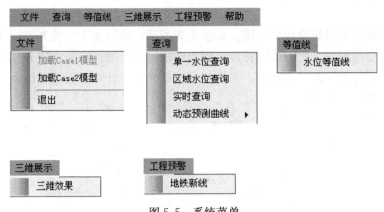

图 5.5 系统菜单

3. 模块设计

北京市地下水位预测管理信息系统从功能上分为地图控制模块、地图查询模块、等值线展示模块、三维展示模块以及工程预警等。

（1）地图控制模块

地图操作为本系统最基本的操作，用户可以利用系统提供的各种地图操作工具，来完成系统数据分析及查询等各项工作。地图操作工具栏如图 5.6 所示。

图 5.6 地图工具栏

下文将对各项操作工具进行详细介绍：

① 属性查询

点击地图属性查询按钮，鼠标指针变成属性查询状态，鼠标左键双击可选对象时，弹出对象属性对话框，如图 5.7 所示。

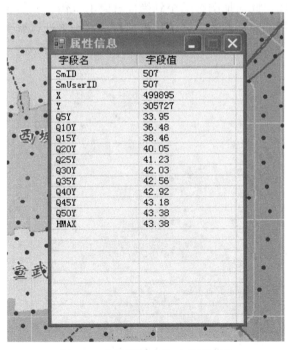

图 5.7 地图属性查询功能示意图

125

② 放大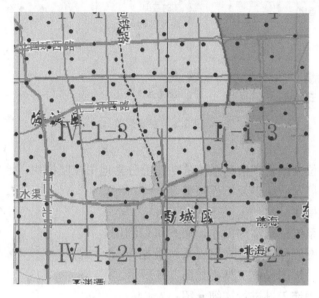

可以利用放大工具任意放大地图，如图 5.8 所示。地图放大功能通过以下两种方式实现：一是直接点击地图，此时地图将放大到当前视野的 2 倍；二是通过先用鼠标左键点击地图然后拖动鼠标拉框来放大地图，系统根据拉框大小来计算放大地图倍数。

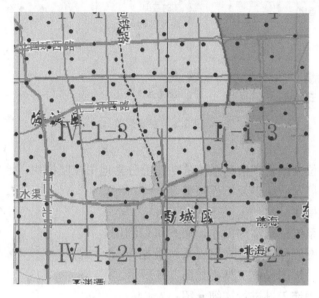

图 5.8　地图放大功能示意图

③ 缩小

可以利用缩小工具任意缩小地图，如图 5.9 所示。地图缩写功能通过以下两种方式实现：一是直接点击地图，此时地图将缩小到当前视野的 2 倍；二是通过先用鼠标左键点击地图然后拖动鼠标拉框来缩小地图，系统将根据拉框大小来计算缩小地图倍数。

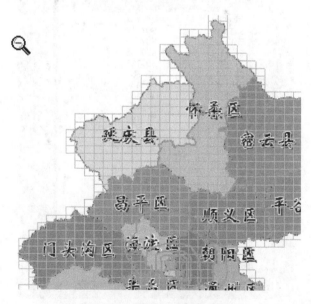

图 5.9　地图缩小功能示意图

④ 自由缩放

点击地图自由缩放按钮，鼠标指针变成自由缩放状态，按住鼠标左键拖动地图，然后左键弹起，系统自动计算放大/缩小地图倍数，如图 5.10 所示。

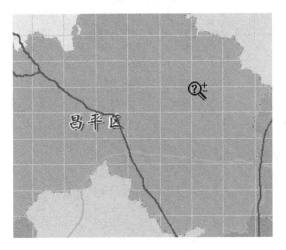

图 5.10 地图自由缩放功能示意图

⑤ 平移

点击地图平移按钮，鼠标指针变成手状平移状态，用鼠标拖动地图，来查看当前视野范围外的地图对象，如图 5.11 所示。

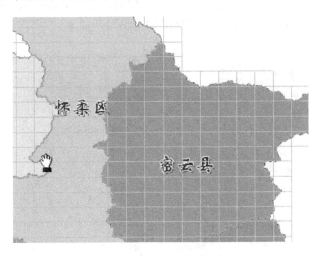

图 5.11 地图平移功能示意图

⑥ 全图

利用全图工具在地图显示区域显示整个地图全貌，如图 5.12 所示。例如：用户进行一次地图操作后，可以点击"全图"工具恢复查看整个地图视野。

⑦ 切换地图

点击切换地图按钮，显示地图名称下拉列表框，可以选择不同的地图把当前地图窗口地图切换到相应名称的地图，如图 5.13 所示。

127

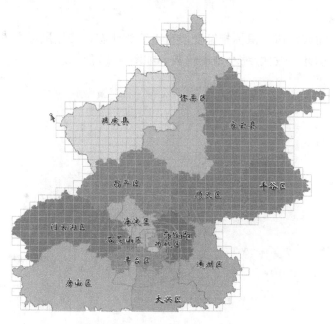

图 5.12　全图窗口显示功能示意图

图 5.13　地图切换功能示意图

⑧ 擦除

　　当查询分析产生高亮对象或其他操作产生高亮对象时，点击此按钮可以清除地图上的高亮对象，使地图恢复正常显示状态，如图 5.14 所示。

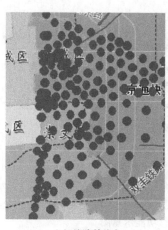
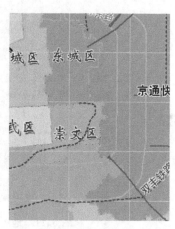

（a）擦除前状态　　　　　　　　　　（b）擦除后状态

图 5.14　地图清除功能演示

　　⑨ 多边形选择

　　点击"多边形"工具后，在地图上单击鼠标左键，然后使用鼠标在地图上绘制多边形选择范围，单击鼠标右键结束，会查询到该多边形范围内的所有数据，如图 5.15 所示。

128

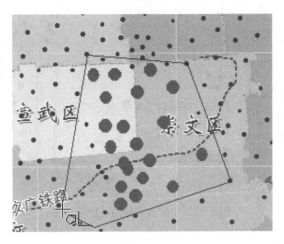

图 5.15　地图多边形选择功能示意图

（2）地图查询工具栏

地图查询工具栏由动态查询、实时查询、地图定位功能组成，如图 5.16 所示。

图 5.16　查询工具栏

下文将对各项地图查询工具进行详细介绍：

① 动态查询

针对用户的动态查询需求，根据预测模型，利用 GIS 的空间分析功能，建立插值分析模型，基于栅格数据实现离散点的自动插值，预测未知区域的水位数据，如图 5.17 所示。

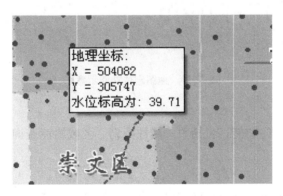

图 5.17　动态查询地图功能示意图

② 实时查询

针对用户的实时查询需求，对相关 Case 条件某个具体时间（如 18 年、24 年后等）的水位数据的查询，通过对相邻时间段的水位数据进行时间上一维线性插值，从而实现实时查询的功能，如图 5.18 所示。

③ 地图定位

用户指定定位坐标 X、Y，系统自动将地图的中心定位到该点，如图 5.19 所示。

129

图 5.18　实时查询地图功能示意图

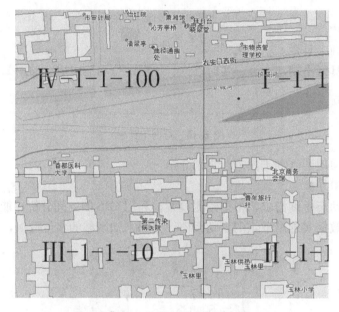

图 5.19　地图定位功能示意图

（3）查询模块

查询是系统最核心的功能，包括单一属性查询、区域属性查询、实时查询、动态预测曲线生成等。

① 单一属性查询

单一属性查询功能可实现单一已知离散点的属性查询，其功能界面如图 5.20 所示。

② 区域属性查询

区域属性查询用于在屏幕上指定一任意多边形区域，并查询该区域内的离散点空间数据及相关的属性数据，区域属性查询功能界面如图 5.21 所示。

③ 实时查询

针对用户的实时查询需求，对相关 Case 条件某个具体时间（如 18 年、24 年后等）的水位数据的查询，通过对相邻时间段的水位数据进行时间上一维线性插值，从而实现实时查询的功能。实时查询功能界面如图 5.22 所示。

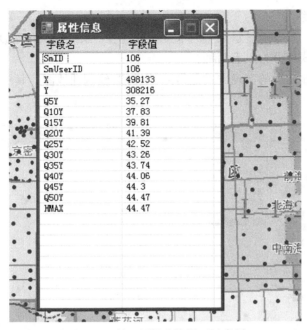

图 5.20 单—属性查询界面示意图

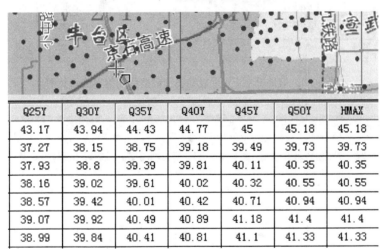

Q25Y	Q30Y	Q35Y	Q40Y	Q45Y	Q50Y	HMAX
43.17	43.94	44.43	44.77	45	45.18	45.18
37.27	38.15	38.75	39.18	39.49	39.73	39.73
37.93	38.8	39.39	39.81	40.11	40.35	40.35
38.16	39.02	39.61	40.02	40.32	40.55	40.55
38.57	39.42	40.01	40.42	40.71	40.94	40.94
39.07	39.92	40.49	40.89	41.18	41.4	41.4
38.99	39.84	40.41	40.81	41.1	41.33	41.33

图 5.21 区域属性查询界面示意图

图 5.22 实时查询界面示意图

131

④ 动态预测曲线

为了较为直观、形象地显示某点的水位上升过程，系统提供动态预测曲线功能。动态预测曲线的实现方式可分为以下两种：

第一种动态预测曲线的实现方式是借助 EXCEL 绘制曲线图，其功能界面如图 5.23 和图 5.24 所示；

图 5.23　借助 EXCEL 生成动态预测曲线功能界面示意图

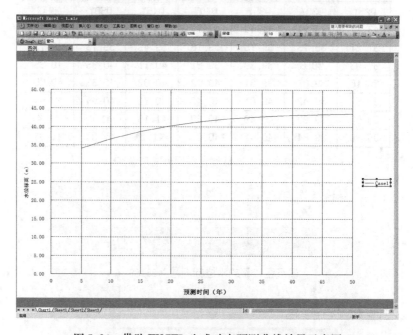

图 5.24　借助 EXCEL 生成动态预测曲线效果示意图

第二种动态预测曲线的实现方式是使用 OWC 控件直接绘制曲线图，其功能界面如图

5.25 所示。

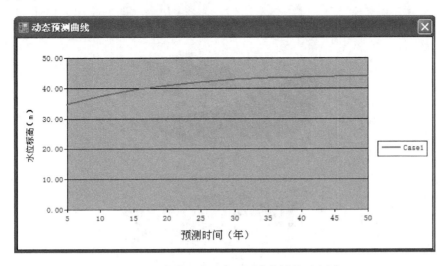

图 5.25　直接生成动态预测曲线效果示意图

（4）等值线展示模块

等值线展示模块可自动生成水位等值线，并叠加地图显示，如图 5.26 所示。

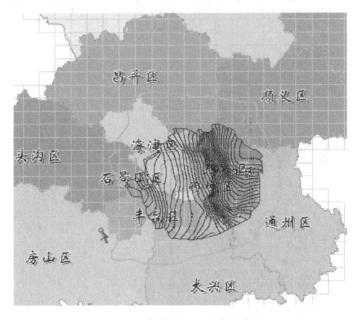

图 5.26　等值线展示功能示意图

（5）三维展示模块

三维展示模块可自动加载三维模型，展示三维效果，如图 5.27 所示。

（6）工程预警

工程预警模块可根据地下水位变化的预测结果，对地下工程在建设期间和使用期间的风险等级进行划分。图 5.28 为应用该系统预测得到的地下水变化对北京市 6 条在建轨道工程的风险预警功能示意图。

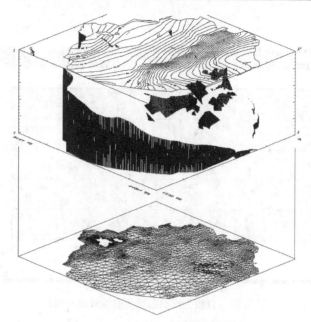

图 5.27　三维展示功能效果示意图

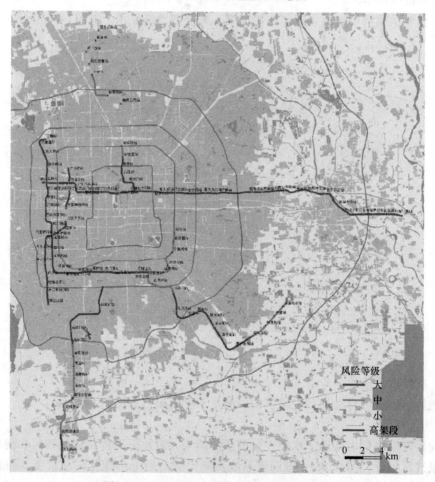

图 5.28　工程风险预警模块功能效果示意图

5.3 本章小结

本系统基于北京市区域浅层地下水预测模型，具有较强的实际应用价值，对北京市城市规划和工程建设起到了非常重要的辅助决策作用。

地下水位预测是一项极其复杂的工作，涉及内容多、数据量大、处理难度大，依托计算机技术与地理信息系统（GIS）技术，进行地下水位预测可大大提高工作效率，实现预测工作自动化。目前对地下水位预测工作的研究多侧重于理论和技术方法的探讨，而缺乏对相应软件的研究。结合北京市地下水位预测管理信息系统开发工作实践，提出一些建议与展望：

（1）地下水位预测管理信息系统的研制的整个过程应符合相关的法规和规范，开发的地下水位预测管理信息系统应具有一定的适用性和推广价值。

（2）地下水位预测管理信息系统的设计必须站在全局的角度，综合考虑预测整个过程，尽可能地考虑到多种模型情况，提高模型的灵活性，以使系统的功能尽可能的完善。

（3）不同的预测方法具有不同的效果，在进行预测分析时，系统应提供将各种模型分析结果进行综合分析的功能。

（4）地下水位预测的原始数据的来源、准确度对预测结果都有着最直接的影响，因此系统的实用价值很大程度上取决于数据的准确程度。

（5）预测自动化是地下水位预测管理信息系统开发的主要目的之一，将人工智能、专家系统技术与之相结合，将进一步提高预测工作的自动化水平。

第6章 地下水位回升对地下结构影响

根据上述研究成果，北京大部分地区的地下水未来存在着明显的回升趋势。对于在建筑物使用期，这种地下水位的上升会对地下结构产生何种影响，目前还未见到比较系统的研究报道。本章结合北京市未来地下空间开发的需要，以盾构地铁隧道为例，分析地下水位回升对结构的影响。首先根据北京地区地铁建设和地下水水位动态变化趋势的基本特征，分析了对于那些在低水位状态下设计的地铁隧道结构，当地下水位上升情况下可能带来的各种不利影响，然后采用数值模拟方法，研究了对于大直径的浅埋隧道在水位逐步回升作用下，其变形和内力的量化规律，所得到的一些规律性的认识有助于对类似问题采用有效控制措施提供分析依据。

6.1 地下水位上升引起隧道结构的相关灾害分析

隧道施工完成后，在衬砌和围岩之间将达到结构上的平衡状态，而地下水压力也会最终达到稳定状态。而若地下水位上升，则会引起这种稳定或平衡状态的改变而达到另外一个平衡状态，水位上升对隧道系统的主要影响作用可能包括以下3个方面：

6.1.1 结构整体上浮

埋设于土中的隧道结构在以下几种情况下可能存在上浮或上浮的趋势：（1）盾构施工期间在周围流体状态的注浆作用下上浮，对于埋深较浅的越江隧道、城市穿越河道或湖底的隧道问题更加突出；（2）位于饱和粉细砂中的地下结构在地震液化后的上浮；（3）地下水位回升后的结构上浮。当隧道直径较大、埋深较浅时，需要考虑其结构的整体抗浮稳定性问题。

其中，目前对于隧道上浮的研究主要集中在盾构施工期间的管片上浮的研究。除此以外，在地下管线的设计中，也提出过一些管线上浮计算的方法。本书综合文献中提到的各类方法，对于上覆土的抗浮作用的计算模式可分为如表6.1所示的三种。

隧道整体上浮的验算方法　　　　　　　　　　　　　　　　表6.1

为了初步估算目前一般隧道在水位上升后整体上浮的可能性，假定一个隧道直径为

10m（随隧道用途的不同，城市隧道的直径可能更大，例如北京地下直径线隧道直径达到11.60m），轴心埋深11m。按照表6.1中第一种抗浮验算公式对水位上升以后、隧道在浮力作用下进行了验算。验算结果表明，在上述隧道埋深很小、直径又相对于比较大的情况下，结构均不会发生整体上浮。由此可见，对于一般情况，由于水位回升造成隧道整体上浮破坏的可能性都很小。

6.1.2 应力状态的变化

地下水位上升会造成围岩以及隧道结构应力状态的变化。对于隧道围岩，由于水压力增加而造成其总的竖向压力的变化不会很大。但是水平应力则会明显增大，并与土类以及最终的水头高度有关。需要特别注意的是，由于北京地区地质条件变化很大，因此沿隧道长度方向的应力增加幅度的变化也会比较明显。

北京地区地铁建设覆盖范围一般不会遇到膨胀土和湿陷性土，因此由于地下水回升引起的膨胀压力或湿陷变形的可能不大。

当围岩应力产生变化时，相应地会引起隧道结构的变形，这种变形会引起过大的弯矩，从而引起开裂，对于混凝土衬砌来说，这种开裂可能还不至于影响结构自身直接破坏，但是可能会造成钢筋的锈蚀，因此也需要引起足够的关注。

6.1.3 结构变形与位移

由于水位上升引起的隧道变形一般在结构上都在可接受的范围以内。但是衬砌的变形会引起地铁轨道间距的变化，而且不均匀变形会引起结构的开裂。

地下水位的上升会引起检修孔、竖井以及扶梯上部和底部之间的不均匀隆起。这种不均匀变形过大时，可能会造成衬砌上接缝的开展、扩大、张开，进一步引起水的渗入。但发生较严重的变形一般是内部结构，例如钢结构、台阶和扶梯，因此这些地方需要特别注意维护。另外，相对于那些有一定的自由变形可能的结构，采用刚性连接的结构受到的影响可能更大。

6.2 水位上升对隧道结构影响的数值模拟与分析

通过上面的分析，可以认为对于一般的情况，即使是大直径、超浅埋的隧道，其结构整体上浮的可能性也不大。但是这并非意味着水位的明显变化对隧道结构没有影响，因为必须要考虑其他方面因素造成的损坏，例如结构内力增大、产生不均匀变形，并进而引起地下水渗入和结构的侵蚀。

本节仍以前面假定的情况做为算例，采用数值模拟方法，研究水位逐渐变化对隧道结构各方面的影响问题。

6.2.1 数值模拟

如前所述，假定盾构隧道直径10m，拱顶埋深6m，地下水初始水位在隧道底下2m。模型尺寸为$50m \times 30m$，FLAC 2D部分的计算网格如图6.1所示。假定土体为均质粉土地层（$c=29kPa$、$\varphi=26.2°$、变形模量$E=11.7MPa$），采用摩尔-库仑屈服准则。

由于本次模拟目的是为了分析地下水位的持续上升对既有地铁的影响，因此在模拟计算时，先进行地铁的盾构施工开挖，并完成衬砌结构的支护，再考虑地下水位的变化对地铁结构的影响，计算中，假定初始水位在隧道下2m（-18m）；然后模拟隧道开挖、衬砌

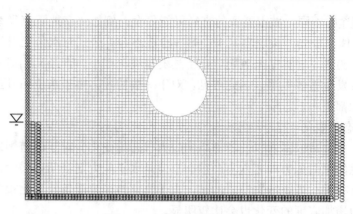

图 6.1 FLAC 数值计算网格

支护等施工过程，初始化位移（即不考虑隧道施工产生的位移），考虑地下水水位逐渐上升，直至地表。

6.2.2 模拟结果的分析

（1）隧道与围岩的位移

通过上述模拟计算，隧道（拱底、拱顶）和地面（隧道中心上方）在各水位情况下的竖向位移如图 6.2 所示。

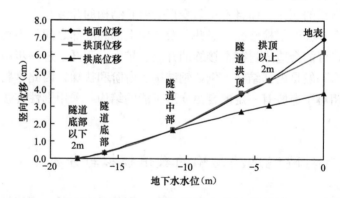

图 6.2 不同水位下隧道与地面的位移

总体来看，随着水位的持续上升，隧道和地层都不断产生向上的位移，也就是说，由于地下水的浮力作用，使地面产生回弹变形和隧道发生向上变形趋势。该趋势随着水位的上升而不断明显，且有加快的趋势。

地表、拱顶、拱底 3 个典型位置的位移，在地下水位达到隧道中部以前都是一致的，说明地层发生了均匀的回弹变形；而在地下水上升到拱顶以上附近，隧道拱顶、地表位移一致，且都大于拱底位移，说明隧道本身两侧受水压力的作用发生了侧向压缩；当水位进一步上升至地表，地面位移大于拱顶，说明拱顶以上地层的回弹进一步增大。

（2）隧道结构的变形

根据上述对地面及隧道结构的拱顶和拱底的位移分析可知，在地下水位上升过程中，隧道结构发生了一定的变形，具体的变形情况如表 6.2 所示（绘出了局部变形后的网格，红色为隧道变形前的参考位置）。由图可见，在地下水位不断上升作用下，隧道主要产生两种变形：侧向受压和竖向上移。

不同水位下结构变形的情况

表 6.2

水位	水位上升到隧道中部 （−11m）	水位上升至隧道顶部 （−6m）	水位上升至隧道上 2m （−4m）	地下水位上升至地面 （0m）
结构变形				

在初始状态下，隧道结构的变形是拱底部分产生回弹，拱顶部分产生沉降。而随着水位的上升，隧道结构的拱顶、拱底和两侧均发生了一定的变形。水位由底部上升到隧道中部的过程中，结构本身基本未发生变形，隧道由于土体的回弹产生整体的上浮，上浮量约为 1.6cm。

当水位继续上升，拱顶、拱底向上的位移继续增大，而且由于侧向水压力的增大，隧道结构的本身产生了变形，结构的两侧出现了向内的位移，在水位上升至地面时的水平位移达 1.22cm。

（3）土体中的塑性区

根据不同水位下土中塑性区的发展情况（表 6.3），可以看到，在隧道上方以外的地面附近产生了小范围的塑性区，而这个区域基本没有继续发展，仅在水位上升至地面时，该处塑性区发生小的扩展，而这部分塑性区的产生可能是在隧道开挖过程中，由于上覆土较浅，隧道施工引起地层回弹变形使这部分土承受一定的拉应力造成的。

不同水位下塑性区的情况

表 6.3

水位	初始水位在隧道下 2m（−18m）	水位上升至隧道顶部（−6m）	地下水位上升至地面（0m）
塑性区			

（4）结构的内力情况

在水位逐渐上升过程中，结构各典型位置（拱顶、拱底，结构的左右两侧）的弯矩发生的变化如图 6.3 所示。在水位达到隧道结构中部以前，拱顶和两侧的弯矩略有增加，而拱底的弯矩略有减小，此后，各点的弯矩均迅速减小，在水位接近地下 2m 时，弯矩的方向发生改变，但弯矩值较小。

结构的弯矩分布图见图 6.3，随着地下水位的逐渐上升，浮力的逐渐增大，结构两侧的最大负弯矩略有增加，由初始状态的 −81.4kN·m 增大到 −84.8kN·m。拱底的正弯矩逐渐减小，拱顶的正弯矩增大。在水位上升到隧道顶部时，两侧的负弯矩继续减小，拱顶正弯矩成为最大值（38.3kN·m），随着水位的继续上升，拱顶处的最大正弯矩变小，减小到约 17.1kN·m，并在水位达到地面时，拱顶处和拱底处的弯矩减小为负值。

139

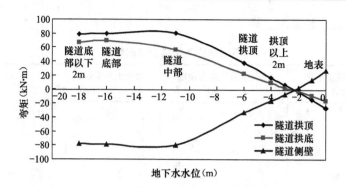

图 6.3　不同水位下各典型位置的弯矩

对于上述变化过程可分成三个阶段来考虑，水位低于隧道中部为第一阶段，水位处于隧道中部以上，顶部以下为第二阶段，水位高于隧道顶部为第三阶段。

当水位处于第一阶段时，随着水位的升高，水平土压力减小，其在拱顶产生的负弯矩减小，在拱底和结构两侧的正弯矩也减小，所以，对于拱顶处，由于其他荷载产生的弯矩不变，则正弯矩增加；在拱底处，水平土压力产生的正弯矩减小，同时水压力的出现也产生了负弯矩，则拱底处的正弯矩减小；对于结构两侧，由于正弯矩减小，负弯矩增大。

当水位处于第二阶段时，随着水位的升高，水平土压力的弯矩变化与第一阶段类似，同时，竖向土压力在各处产生的弯矩也逐渐减小，再加上水压力产生的弯矩，所以各点处的弯矩都呈减小的趋势。

当水位处于第三阶段时，随着水位的上升，竖向土压力和水平土压力在各处产生的弯矩更小。为了更详细的分析这个过程，分别计算了水位上升至地面下 3m、水位上升至地面下 2m、地面下 1m 三个阶段，弯矩变化如表 6.4 所示。拱背处和拱底的弯矩都较小，拱顶和中部向下两侧的弯矩略大，而随着水位的继续上升，竖向和水平土压力产生弯矩更小，再加上水压力的弯矩，最终弯矩方向发生了改变。

水位从−3m 上升至−1m 时的结构弯矩变化　　　　　　　　　　　　　表 6.4

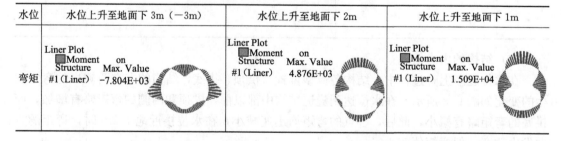

可见，在水位从初始状态上升到隧道顶部以上 2m 的过程中，隧道结构的弯矩方向一直未发生变化，负弯矩先略有增大后持续减小，且增幅较小，仅为 4.2％，正弯矩持续减小，弯矩的变化基本不会对隧道结构产生影响。但在水位上升到地面下 2m 时，弯矩方向发生了改变，这对结构的受力是非常不利的。

对于结构轴力的变化，基本是随着水位的升高，浮力和侧压力的增大，轴力也逐渐增大（表6.5）。在水位达到隧道顶部前，轴力的最大值出现在两侧，之后，最大值出现在拱底范围。

不同水位下的结构轴力　　　　　　　　　　　　　　　　　　　　　　表 6.5

水位	初始水位在隧道下 2m（—18m）	水位上升至隧道底部（—16m）	水位上升到隧道中部（—11m）
轴力	☐ Axial Force on Structure #1（Liner）　Max. Value　5.605E+05	☐ Axial Force on Structure #1（Liner）　Max. Value　5.644E+05	☐ Axial Force on Structure #1（Liner）　Max. Value　5.702E+05
水位	水位上升至隧道顶部（—6m）	水位上升至隧道上 2m（—4m）	地下水位上升至地面（0m）
轴力	☐ Axial Force on Structure #1（Liner）　Max. Value　6.257E+05	☐ Axial Force on Structure #1（Liner）　Max. Value　6.921E+05	☐ Axial Force on Structure #1（Liner）　Max. Value　8.198E+05

轴力的最大值从 560kN 增大至 820kN，增幅达到 46.4%，可能会对隧道结构材料强度的安全性产生一定影响，需要给予关注。

6.3　本章小结

（1）在地下水位上升的情况下，对于隧道来说，可能的不利影响包括：结构整体上浮；衬砌和围岩地层之间的应力状态改变；隧道系统（包括检修孔，竖井以及电梯等）的变形以及相对位移。

（2）根据具体的分析和验算，目前城市地铁隧道一般发生整体上浮的可能性不大。但需要注意由于水位上升而导致的其他结构问题。

（3）采用数值模拟方法，研究了隧道围岩中地下水逐渐上升条件下，结构的变形以及内力变化等。发现当隧道处于这种不利条件下，水位上升会对隧道结构的内力和变形产生一定的影响。

（4）随着水位的上升，隧道的负弯矩先略有增加（本章算例中增幅较小仅为 4.2%）然后再减小。当水位上升到隧道顶部时负弯矩减小到小于正弯矩，最大正弯矩远小于初始状态的最大负弯矩。之后，正弯矩先变小再略有增大，但在水位上升到地面时，弯矩方向发生改变。也就是说，水位上升引起的弯矩变化对结构基本不会产生较大影响，但在水位上升至地面时，弯矩方向发生改变，这对结构的受力是不利的，应该引起重视。

（5）水位上升引起衬砌中轴力不断增大，且增幅较大（本章算例中最大轴力的增幅达到 46.4%）。需要对材料强度的安全性给予一定的关注。

（6）在水位上升过程中，隧道结构产生了一定的整体向上的变形和位移，并且随着水位的不断升高，隧道结构的本身发生一定的变形（本次算例中结构两侧的水平变形最大达1.22cm）。这种结构本身的变形可能引起结构的开裂，将对结构产生较大的影响。

　　综合上述分析，认为对于一般的城市地铁隧道，在水位有较大的回升的影响下，发生整体上浮、结构整体破坏（弯矩或轴力过大）的可能性均不大，但很有可能产生结构的开裂，进而造成地下水的入渗。

　　由于本次分析考虑了一种较为不利的情况（大直径隧道、浅覆土），且未考虑隧道内的荷载。对于实际的隧道结构其受力状态则更复杂，需要充分考虑地层和结构的特点，根据情况进行具体的分析。

第7章　结构抗浮设计技术

本书的第4章从三维瞬态流的角度着重讨论了北京市地下水环境的变化趋势和具体工程中的抗浮水位分析问题，本章在此基础上着重讨论如何利用抗浮水位进行抗浮设计。

7.1　结构抗浮稳定性验算

7.1.1　结构浮力的计算

关于结构所受浮力的计算，人们很容易想到著名的阿基米德定律，即浮力是物体排开流体的重力。由于地下水压力沿竖向分布不完全是线性增大的（张在明，1999），因此由地下水压力形成的浮力要比纯水条件下复杂得多，很多情况下与结构形式以及结构深度范围内地层分布关系密切（图7.1），需要做进一步分析。

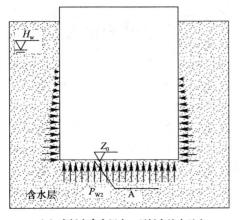

（a）底板在含水层中，顶板在地表以上

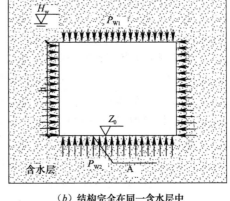

（b）结构完全在同一含水层中

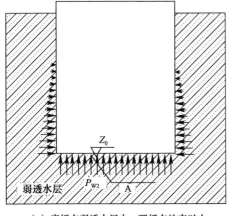

（c）底板在弱透水层中，顶板在地表以上

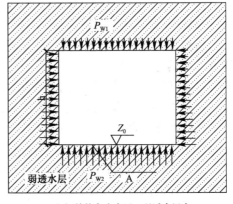

（d）结构完全在同一弱透水层中

图7.1　地下结构常见的埋置条件示意图（一）

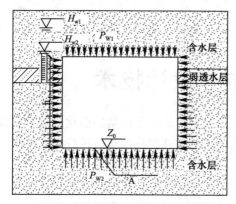
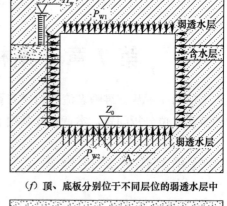

（e）顶、底板分别位于不同层位的含水层中　　　　（f）顶、底板分别位于不同层位的弱透水层中

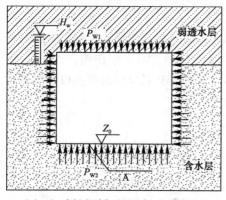
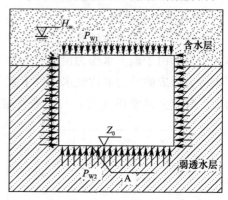

（g）顶、底板分别位于弱透水层与含水层中　　　　（h）顶、底板分别位于含水层与弱透水层中

图 7.1　地下结构常见的埋置条件示意图（二）

其实，从力学的本质来看，浮力是结构外壁各方向所受的压力差，以图 7.1 结构形式较为简单（结构侧壁呈直立状）的地下结构为例，其浮力可以定义为是结构顶、底板所受的地下水压力差，即可以获得图 7.1 中各不同埋置条件下结构所受浮力的计算通式：

$$N_\mathrm{w} = P_\mathrm{W2}A - P_\mathrm{W1}A = (P_\mathrm{W2} - P_\mathrm{W1})A \tag{7.1}$$

式中　N_w——结构受到的浮力作用（kN）；

P_W1、P_W2——结构顶、底板所受的孔隙水压力（kPa），在进行抗浮设计时，孔隙水压力的取值应与抗浮水位相对应；

A——结构顶、底板面积水平投影（m²）。

当结构顶、底板均位于含水层中的这个特殊情况，类似于图 7.1（b）和图 7.1（e），其浮力大小具有如下性质。

（1）当结构顶、底板位于同一含水层中，由于含水层中孔隙水压力分布与纯水近似，此时其浮力大小可直接用阿基米德计算此时其排开水的体积与结构体积相等（图 7.1（b）），其计算公式为

$$N_\mathrm{w} = \gamma_\mathrm{w}hA \tag{7.2}$$

式中　h——地下建筑结构外轮廓高度（m）。

这种情况结构所受的浮力是一定值，仅与结构设计条件有关，而与结构底板标高和地下水位无关。

（2）对于结构顶、底板分别位于不同含水层时（图 7.1e），可以对式（7.1）作进一步

改写，获得其浮力计算公式为

$$N_{\mathrm{w}} = \gamma_{\mathrm{w}}(H_{\mathrm{w2}} - Z_0)A - \gamma_{\mathrm{w}}(H_{\mathrm{w1}} - Z_0 - h)A = \gamma_{\mathrm{w}}A(H_{\mathrm{w2}} - H_{\mathrm{w1}} + h) \quad (7.3)$$

该情况下浮力大小于结构底板埋深无关，只与两个含水层的水位标高差和结构外轮廓高度有关。

7.1.2 抗浮稳定性评价

本书的第 6 章讨论了隧道结构在水位回升后各种复杂的力学反应，具体情况不仅取决于抗浮水位和工程结构自重，还与工程结构的形式、工程结构所处的围岩条件等多种因素关系密切，因此要进行精确的抗浮稳定性评价是一项十分复杂的工作。考虑到实际工程中对评价精度的要求以及方便使用的需要，本章在现行规范中常用的评价方法基础上，定义了如下抗浮稳定性安全系数：

$$F_{\mathrm{sb}} = \frac{G_{\mathrm{k}} + T_{\mathrm{k}}}{N_{\mathrm{w}}} \quad (7.4)$$

式中　F_{sb}——抗浮稳定安全系数；

　　　G_{k}——建筑物自重及压重之和（kN）；

　　　T_{k}——抗拔构件提供的抗拔承载力标准值（kN）。

7.2　抗浮措施

从式（7.5）可以看出，若要提高结构的抗浮稳定性，即增大抗浮稳定性系数 F_{sb}，可采用如下两种途径：（1）通过提高抗力来达到抗浮稳定性，如增加结构自重 G_{k} 或构件的抗力 T_{k}，这种方式可称为"被动抗浮措施"；（2）通过减小浮力 N_{w} 来提高抗浮稳定性，这种方式可称为"主动抗浮措施"。前者在国内行业中应用比较成熟，后者应用相对较少，但在国外成功案例较多。两类措施各有其优点和不足，本章分别进行讨论。

7.2.1　被动抗浮措施

该类措施目前在国内行业中应用最广，根据抗力的来源又可分为结构配重和抗浮构件两种，而抗浮构件目前主要有抗浮桩和抗浮锚杆。

1. 结构配重

结构配重可以根据压重的部位不同，分为地下室顶板压重、地下室底板压重和地下室挑边压重三类（参见图 7.2）。

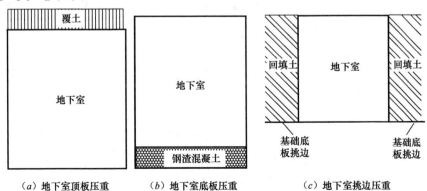

（a）地下室顶板压重　　（b）地下室底板压重　　（c）地下室挑边压重

图 7.2　常用的结构配重抗浮措施示意图

地下室顶板配重一般适合于纯地下部分,通过在结构顶板上覆盖一层人工土层,并按相关要求进行碾压,以增加整个结构重量(图 7.2a)。这种措施抗浮能力也是有限的,一般适用于抗浮问题不是很突出的情况下。

地下室底板配重材料可以用重度较大的钢渣混凝土等,但该方法需要增加基础埋深,浮力也会随之增加,因此适用于浮力不大的情况(图 7.2b)。

当场地不受限制时也可采用增加基础底板挑边,可以利用挑板上的土体来提供有效的压重(图 7.2c),采用此方法时应注意验算挑板的强度。

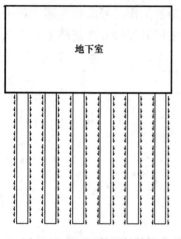

图 7.3　地下室抗浮桩结构
剖面示意图

上述结构配重的方式总体来说抗浮能力都有限,多数情况适合于基底水压力不大的条件下的抗浮,当水位较高、基础埋置较深、浮力较大情况下,一般需要采用抗浮构件来提供抗力。常用的抗浮构件一般有抗浮桩和抗浮锚杆两类。

2. 抗浮桩

抗浮桩是仅作抗浮用的抗拔桩,适用于上浮荷载较大的情况。抗浮桩一般通过桩侧摩阻力和桩自身重力来提供抗力(图 7.3)。根据成桩的方法不同,抗浮桩桩型种类多,如人工挖孔桩、钻孔灌注桩和预应力管桩等。

根据现行的《建筑桩基技术规范》JGJ 94—2008,基桩的抗拔极限承载力标准值应通过单桩上拔静载试验确定,对一般性工程桩基,群桩基础及基桩的抗拔极限承载力标准值可按下列规定计算:

(1) 单桩或群桩呈非整体破坏时,基桩的抗拔极限承载力标准值可用下式来计算:

$$T_{uk} = \sum \lambda_i q_{sik} u_i l_i \tag{7.5}$$

式中　T_{uk}——基桩抗拔极限承载力标准值(kN);

u_i——桩身表面周长(m)

q_{sik}——桩侧表面第 i 层土的抗压极限侧阻力标准值(kPa);

λ_i——抗拔系数。

(2) 群桩呈整体破坏时,基桩的抗拔极限承载力标准值可按下式计算:

$$T_{gk} = (1/n) u_l \sum \lambda_i q_{sik} l_i \tag{7.6}$$

式中　T_{gk}——基桩抗拔极限承载力标准值(kN);

u_l——桩身表面周长(m)

利用上述的基桩抗拔承载力,可以按下列公式同时验算群桩基础及单桩竖向抗拔承载力

$$N_k \leqslant T_{gk}/2 + G_{gp} \tag{7.7}$$

$$N_k \leqslant T_{uk}/2 + G_p \tag{7.8}$$

式中　G_{gp}——群桩基础所包围体积的桩土总重除以总桩数(kN),地下水位以下取浮重度;

G_p——单桩自重(kN),地下水位以下取浮重度。

抗浮桩设计除满足抗拔承载力要求外,针对地下水及土层的腐蚀性,还应进行桩身抗

裂验算，一般控制裂缝宽度不大于 0.25mm，以满足耐久性要求。

对于上部荷载差异较大的带裙房或纯地下室的高层建筑，应考虑变形协调。对上浮水压力较大的情况，应考虑低水位工况。当主楼采用天然地基或复合地基时，裙房和纯地下室不宜采用抗拔桩。

抗浮桩能够承受较大的上浮荷载，在基础埋置较深，抗浮水位较高的情况下普遍应用（图 7.4）。同时，由于抗浮桩主要是通过侧摩阻和自身重力来提供承载力，因此对桩长、桩径要求较高，成本较大。

图 7.4 北京某工程抗浮桩施工场景

3. 抗浮锚杆

锚杆是一种埋入岩土体深处的受拉杆件，承受由土压力、水压力或其他荷载所产生的拉力。锚杆用于抵抗地下水浮力时，通常称之为抗浮锚杆，其锚固机理与抗浮桩相似，也是通过与锚侧岩土层的摩阻力来提供抗拔力（图 7.5）。抗浮锚杆适应性较好，单向受力，布置灵活（图 7.6）。按锚杆锚固段受力方式来看，可以分为拉力型预应力锚杆和压力型预应力锚杆两类。

目前行业中有关锚杆的规范较多，而在抗浮锚杆设计中采用较多的是《岩土锚杆（索）技术规程》（CEC S22：2005）中的相关规定，根据该规范，抗浮锚杆的主要设计参数分析如下。

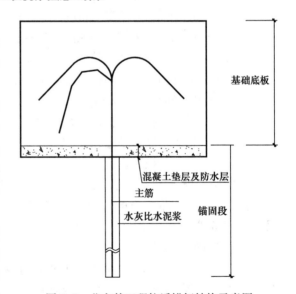

图 7.5 北京某工程抗浮锚杆结构示意图

钢锚主筋的截面面积用下式计算

$$A_s \geqslant \frac{K_t N_t}{f_{yk}} \tag{7.9}$$

式中 A_s——锚杆主筋的横截面积（mm²）；

147

K_t——锚杆杆体的抗拉安全系数；

N_t——锚杆的轴向拉力设计值（kPa）；

f_{yk}——钢筋的抗压强度标准值（kPa）。

图 7.6　某工地抗浮锚杆外景照片[177]

锚杆或单元锚杆的锚固段长度可用下式计算，并取二者的最大值

$$L_a > \frac{KN_t}{\pi D f_{mg} \psi} \tag{7.10}$$

$$L_a > \frac{KN_t}{n\pi d\xi f_{ms} \psi} \tag{7.11}$$

式中　K——锚杆锚固体的抗拔安全系数；

L_a——锚杆锚固段长度（m）；

f_{mg}——锚固段注浆体与地层间的粘结强度标准值（kPa）；

f_{ms}——锚固段注浆体与筋体间的粘结强度标准值（kPa）；

D——锚杆锚固段的钻孔直径（mm）；

d——钢筋的直径（mm）；

ξ——采用 2 根或 2 根以上钢筋时，界面的粘结强度降低系数，一般取 0.6～0.85；

ψ——锚固长度对粘结强度的影响系数；

n——钢筋的根数。

采用锚杆进行抗浮，其方法较简单，经济性较高，但拉力型锚杆受力后浆体普遍易开裂，需要对杆体采取可靠的防护措施和防腐处理，对于荷载较大的情况下，宜采用压力式及压力分散式锚杆。

7.2.2　主动抗浮措施

主动抗浮措施在思路上借鉴施工期间的地下水控制理念，即通过排水减压或截流来实现水压力的有效控制，保证结构抗浮稳定性。

1. 含水层中的排水减压

（1）在建工程抗浮

当在建工程基底位于含水层中时，一般通过在基础底板下安装排水系统和减压系统来实现排水减压。排水系统主要是通过集水井或滤水层，及时抽降地下水，控制水位变化，满足抗浮稳定性要求。当地下水补给量较大，水位上升较快时，一般利用减压系统中的减压阀来进行应急（图 7.7）。含水层中的排水减压法在新加坡环球影视城应用较为成功[179]。

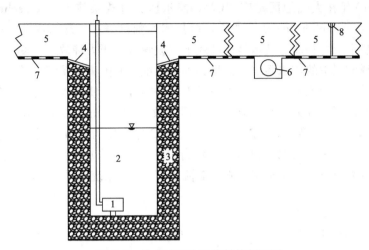

图 7.7 排水减压法系统结构剖面图

1—潜水泵；2—集水井；3—滤水层；4—单向阀；5—基础底板；6—有孔重型 PVC 管；7—压力传感器；8—减压阀

（2）既有工程抗浮

降水井方案：对于类似于本书第 1 章的英国伦敦案例中既有地铁站的抗浮，显然采用类似于图 7.7 所示的排水建压系统进行抗浮是很困难的。这个时候，可以在一定区域水文地质条件分析和计算基础上，同时考虑到建成环境条件，进行既有工程附近的优化布井和抽水，以实现对既有工程直接有影响的地下水有效控制，从而达到抗浮的目的（详见本书第 1 章）。

泄水孔方案：对于不方便布置降压井、地下水补给量不大和地下结构允许的条件下，可以在结构底板或外墙布置一定的泄水孔，使地下水通过泄水孔汇集到排水沟，然后统一排出，从而是含水层中的地下水位控制在一定高度，达到结构抗浮的稳定性的目的（参见图 7.8）。泄水孔方案设计中应注意如下几点：

① 为防止泄水孔堵塞，一般需要在泄水孔中安装不锈钢桶和滤料组成的泄水装置，保证泄水的畅通，必要时需要设定封堵设备。

② 外墙泄水孔高度一般离室内底板面

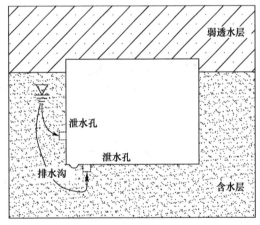

图 7.8 泄水孔抗浮措施剖面示意图

200mm 左右，底板泄水孔的位置一般离外墙内侧 150mm 左右。泄水孔的大小和间距应根据入渗量来确定，间距一般在 6～10m。

③ 在有泄水孔的部位砌筑排水沟，排水沟的宽度和高度根据最大泄水量或墙上泄水孔的高度确定，宽度一般为 300mm 左右，高度一般为 300～500mm。

2. 弱透水层中的排水减压

当在建工程基础位于孔隙水压力很高，但流量很小相对弱透水层（参见图 7.1 中的 c、

d、f 和 h）时，采用前述的集水井和减压阀很难有效控制。台湾的中联工程技术顾问股份有限公司于 2010 年在大陆地区推广"CMC 静水压力释放层技术"（Technical for CMC hydrostatic pressure relief layer）[180][182]，该技术目前已经在上海形成地方推荐性技术规程[183]。CMC 静水压力释放层技术是在基底下方设置静水压力释放层，使基底下的孔隙水通过静水压力释放层中的透水系统，汇集到集水系统，经由集水系统自然溢流进入出水系统，通过出水系统将渗流水导致专用水箱或集水井中排出，使静水压力及时得到控制的工艺方法。该技术适用条件为基底下方存在渗透系数在 10^{-5} cm/s 以下、每天每平方米的渗流水量不超过 $0.03m^3$ 的黏性土或粉性土层。CMC 静水压力释放层适用于箱形基础（图 7.9）、筏基（图 7.10）或箱形基础及筏基混合设计的建（构）筑物，主要由透水系统、出水系统、静水压力释放层专用水箱和固定渗流压 P_w 监测系统等部件组成。

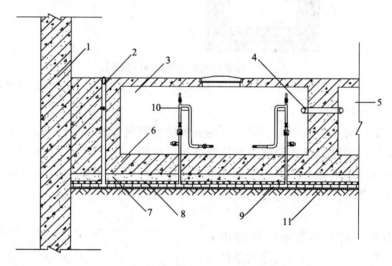

图 7.9　箱形基础静水压力释放层图[183]

1—围护结构；2—固定渗流压 P_w 监测系统；3—静水压力释放层专用水箱；4—水箱溢流管；5—水池；
6—基础底板；7—素混凝土垫层；8—透水系统；9—集水系统；10—出水系统；11—开挖面

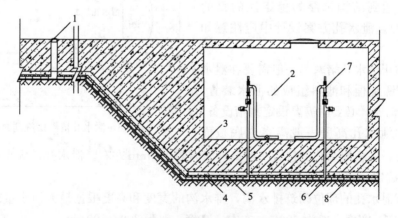

图 7.10　板式基础静水压力释放层图[183]

1—固定渗流压 P_w 监测系统；2—静水压力释放层专用水箱；3—基础底板；4—素混凝土垫层；
5—透水系统；6—集水系统；7—出水系统；8—开挖面

排水减压法抗浮措施设计时除了需要知道抗浮水位外，还需要进行最大出水量验算。同时，需要加强地下工程使用期间的设备维护和检修。

3. 截水帷幕

当基础以下存在可靠的隔水层时，可以采用截水帷幕切断基础附近的地下水与区域地下水之间的水力联系，从而避免基底水压力随着区域地下水位而大幅度回升，达到有效抗浮的目的（图7.11）。该方法适用条件是基底附近有较厚的相对隔水层，其优点是后期维护较为简单，对环境影响较小。从施工条件来看，截水帷幕法一般适用于新建工程，在建成环境允许条件下，也可以用于既有工程。

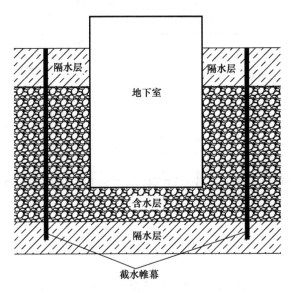

图 7.11　截水帷幕抗浮措施剖面示意图

截水帷幕的渗透性、强度、厚度以及嵌固深度应根据抗浮水位、含水层渗透系数综合确定。同时选择材料时需要保证其耐久性。

7.2.3　两类抗浮措施特点对比分析

1. 对技术工作的要求

和被动抗浮措施相比，主动抗浮设计方案合理性很大程度上取决于基础附近的地质及水文地质条件，因此进行主动抗浮设计时，除了需要合理确定抗浮水位这个技术参数外，还需要对基础及其附近的地质及水文地质条件（包括地下水分布和补径排规律、水文地质参数等）有较深入的了解。

2. 方法的工程效果

由于被动措施使用过程中主要采用以力抗力的方法，而并没有减小浮力 N_w 或压力 P_w，因此其主要效果体现在抗浮稳定性上，而很难减小地下结构所承受的高水头荷载，因此在预防侧壁挡墙稳定性和底板开裂等问题方面相对较弱。而主动抗浮措施由于对渗流场进行了有效控制，因此其不仅能够提高结构的抗浮稳定性，而且有效降低了作用在地下结构上的地下水压力，能够很好地预防结构底板变形、开裂和渗水问题。

3. 方法的灵活性

被动抗浮措施无论是安全性还是经济性上，很大程度上取决于"抗浮水位"取值高低，而正如本书的第 2～4 章中详细讨论那样，北京市地下水环境及其变化趋势是十分复杂的，客观上也决定了抗浮水位分析的难度，这也在很大程度上影响被动抗浮措施的技术经济性，尤其在抗浮问题十分突出的情况下。而主动抗浮措施受"抗浮水位"影响相对要小得多，因此具有很大的灵活性，在工程使用期间可以随着地下水环境的变化而及时的修正和补救。

当然，综合施工的难易程度、成本、技术成熟程度等特点来看，二者均有各自的优点和局限性，详见表 7.1。

两类抗浮措施特点对比一览表 表 7.1

	具体措施	优　点	弱　点
被动抗浮措施	配重	施工容易	成本较高，在既有工程上使用受限
	抗浮锚杆	施工较容易，且成本较低	锚杆容易腐蚀，需要占用一定量的地下空间资源，在既有工程上适用性较差
	抗浮桩	施工容易	成本较高，需要占用一定量的地下空间资源，且不适用于在既有工程上采用
主动抗浮措施	排水减压	施工较容易，对地下空间占用少，条件允许下可在既有工程上采用	后续维护较为复杂，且降水容易对周边环境造成不良影响和水资源消耗
	截水帷幕	后续维护较容易，且对环境干扰较小，环境条件允许下可在既有工程上采用。	施工难度较大，对水文地质条件的适用性要求高

7.3　本章小结

抗浮设计技术是保证结构抗浮稳定性的重要工程手段，根据思路的不同，总体上可分为主动抗浮和被动抗浮两类措施。这两类措施各有自身的优点和不足，需要根据具体的结构设计条件、水文地质条件、建成环境条件以及技术经济条件进行综合确定。当然，从未来技术经济发展趋势来看，主动抗浮优点较多，具有较好的应用前景。

第8章 国内外城市地下水位回升典型案例

随着北京城市建设的迅猛发展，城市地面空间日趋局促，对地下空间的开发力度也越来越大。许多广场式建筑（Plaza）和纯地下建（构）筑物不断增多。粗略统计，北京市基础埋深超过20m的建筑至少已经有数百栋，且在不断增加，其结构抗浮问题十分突出。同时，近年来，北京开展了世界上空前的大规模地铁建设，根据北京市区轨道交通远期规划路网，规划线路达到22条，总长度为701.4km，其中在四环路之内规划线路长度为338.6km，二环路之内规划线路长度为101.5km。市郊铁路干线网络由5条市郊铁路干线和1条市郊铁路主支线组成，总长度400km。至2015年轨道交通线路总长度将达到561.5km。显然这些地铁的抗浮稳定性以及水压力作用程度在设计与施工过程中需要重点考虑。此外，市政工程中的地下管线和下穿式路堑同样会遇到上述问题，其中，下穿式路堑的例子有：四环路中关村路堑、莲花东路、宛平城等数十处。

从北京市地下水环境来看，受地下水超采以及连续8年降水量偏低的影响，当前的水位普遍较低。但随着南水北调、中水利用和节水等一系列开源节流政策的实施，地下水开采量将大幅度减小。而关于地下水开采量减小引起地下水位上升的现象国内外都有典型案例，例如北京市，20世纪80年代中后期的地下水开采量较20世纪80年代初期减少了3亿～4亿m³/a，根据相关观测数据，1992年的水位普遍较1988年高。显然，在未来开源节流的水资源政策的实施后，区域性地下水位上升的可能性很大，这无疑给北京的建筑与市政设施结构的抗浮稳定性带来了新的挑战，需要提供科学的抗浮水位，以便在设计和施工阶段事先采取合理的抗浮措施。

结构抗浮水位的确定对工程安全性有显著的影响。抗浮设计考虑不足会直接引起结构的渗水、开裂、损坏等等。另外，抗浮水位的确定也和建设投资有直接关系，仅以单体建筑工程来说，抗浮水位相差1m，涉及的投资就可能达到数十万至上百万元，因此结构抗浮设防水位的确定具有重要的工程意义。

本书是根据工程地质、水文地质条件，在充分分析国家对水资源的各项政策、规定以及社会发展规划的基础上，研究地下水位回升的趋势。在第4章中，主要采用水文地质学的方法对北京市未来地下水位回升的幅度做了详细的分析，并得出了相关结论。但是，由于本书讨论的内容和一般单纯的工程技术问题的研究不同，不仅涉及工程学、地质学，还涉及社会学、经济学、管理学等很多其他领域，特别是未来对地下水的需求及政府的相关管理措施对地下水水位有直接影响。因此，需要通过搜集整理国内外其他城市的相关案例并加以分析，从宏观层次上说明人类活动影响下，城市区域性地下水发生变化的可能性及其变化的幅度，辅助说明北京地区未来地下水位可能产生的变化及其对工程的不利影响。因此本章做了以下资料的搜集与分析工作：

（1）国外地下水位回升及其工程影响的案例；

（2）国内地下水位回升及其工程影响的案例；

（3）工程结构在地下水作用下的上浮损坏案例。

8.1　国外地下水回升案例

地下水上升的情况在世界各地，如欧洲、美洲、亚洲、非洲等均有发生。一些地区地下水位上升的情况很显著，如伦敦中心区地下水位以 1m/a 的速度上升，伯明翰的地下室和利物浦的铁路隧道发生上浮。城市地下水水位上升的问题已经引起全世界的关注，许多国家都对此进行了专门的研究。

从全球的角度来说，近年来由于大气温室效应，气候变暖已是趋势。联合国环境总署于 1990 年就曾指出，前 50 年全球气温升高了 2℃，在 21 世纪内，每 10 年气温上升变化的平均幅度为 0.35℃，则到 21 世纪末大气气温累计将升高 6℃ 左右。这一方面会加长降雨历时、增大降雨强度，同时也加速了海洋中冰雪的消融，促使海平面上升。据联合国预测，到 2030 年，海平面将上升 20cm，到 2100 年则会上升 65cm。上述因素将直接导致地下水位的上升。

从城市发展的角度，很多城市在早期的工业化进程中（19 世纪、20 世纪的中叶以前），往往需要大量抽取地下水，但随着环境保护意识的增强和城市转型的客观影响，对地下水位的开采在 20 世纪中叶以后得到了控制，由此造成了地下水位的上升。这几乎已经成为一个城市发展过程中存在的普遍规律。而我国作为一个发展中国家，城市的产业结构正在不断优化调整，正在经历一个转型的阶段，由此看来，我国很多城市发展中地下水的动态规律也很可能在未来的发展中重复上述发达国家城市已经走过的历程。

本章主要搜集整理、分析世界各国主要城市地下水回升的案例，并分析其影响因素，作为基础资料性依据。

8.1.1　欧洲地区

1. 英国

（1）英国部分城市的地下水上升情况

在英国的许多城市都发生地下水位上升的情况[1,2]，位置分布见图 8.1，地下水的变化情况和产生的问题见表 8.1。

图 8.1　英国地下水水位上升城市的位置

英国地下水水位上升的案例　　　　　　　　　　　　　表 8.1

城市与含水层	水位上升的情况	开采量减少的情况	水位上升产生的影响
1. 伦敦：白垩系和伦敦第三系地层	特拉法加广场的观测孔水位从 1965 年的 −85m 上升到 1986 年的 −65m	从 1940 年 230ML/d 的峰值降到 1982 年的 118ML/d	水位上升引起黏土的回弹和膨胀；地下轨道交通网和许多建筑的地下室可能浸水；建筑地基的稳定性存在危险
2. 蒂尔伯里：白垩系地层	由于采石场抽水降水持续不断，地下水位的变化较小	过去抽干地下水，为水泥工业提供丰富的采石场；采石场废弃后导致水位上升，又重新开始抽水	工业发展所需的采石场废弃，需要不断地抽水防止建筑物的上浮

续表

城市与含水层	水位上升的情况	开采量减少的情况	水位上升产生的影响
3. North Fleet：白垩系地层	1970～1986 年间水位上升约 1.5m，在 1986 年由于盐水入浸问题，开采量减小为 8.7ML/d	1960 年工业开采量 60ML/d（减小水位的升幅）	为了抽干采石场，增加抽水量
4. Fawley Hants：Bagshot 砂层	1950～1985 年水位上升 15～45m	1950 年 4.5ML/d；1981 年没有开采	报导不详
5. 伯明翰：二叠系～三叠系砂岩层	1971～1987 年间水位上升 5～10m	1967 年 45.2ML/d；1986 年 14.1ML/d	抽水量减少引起厂房基础的上浮；隧道和地下室受到影响
6. 伍尔弗汉普顿：二叠系～三叠系砂岩层	1973～1987 年间水位上升 18m	一个工厂关闭后，超过 20ML/d 的工业用水的停止开采	报导不详
7. 考文垂：煤层	虽没有监测但产生的影响已见	一个开采井关闭	一个住宅区发生轻微浸水
8. 诺丁汉：二叠系～三叠系砂岩层	1965～1987 年间水位上升 3m，见图 8.2、图 8.3	1965 年 26.7ML/d；1986 年 14.5ML/d	部分城市中心商店的地下室和一个旅游景点的洞室浸水
9. 曼彻斯特拉福德公园：二叠～三叠系砂岩层	1970～1986 年间水位上升约 5m	1960 年 29ML/d；1986 年 8ML/d	报导不详
10. 利物浦：二叠～三叠系砂岩层	1975～1985 年间水位上升 2.5m，见图 8.4	1963 年 45ML/d；1984 年 10ML/d	铁路隧道和建筑物的地下室浸水
11. 爱丁堡：泥盆系/下石炭系地层	数据不详	地下水被污染，开采停止	下水道流量增加，一些地下室浸水
12. 马瑟尔堡：煤层	数据不详	最大抽取量为 6ML/d 的工厂关闭	住宅有轻微浸水
13. Rusheyford：镁质灰岩层	1978～1988 年间水位上升 10m	煤矿开采工业萎缩后，煤矿的抽水停止	报导不详
14. 贝弗利：白垩系岩层	数据不详	工业开采量降低 50%	农业用地有轻微浸水
15. 唐卡斯特：三叠系砂岩	数据不详	20 世纪 70 年代后期，地下水开采量明显降低	地下水被阻断时，下水道流量有所增加
16. 伊普斯维奇：白垩系地层	数据不详	因为盐水浸入，工业用水的抽取量在 1967～1987 间降低到 3ML/d	在地下水附近的地下室浸水
17. 布伦特里：白垩系地层	1978～1988 年间水位上升 15～20m	1978 年 7ML/d；1985 年 1.6ML/d	报导不详
18. 南埃塞克斯：白垩系地层	1975～1988 年间水位上升 13.5m	因为盐水入浸问题，公共供水量减小了 14ML/d	报导不详

图 8.2　诺丁汉 Shipstones Brewery 观测井的水位记录

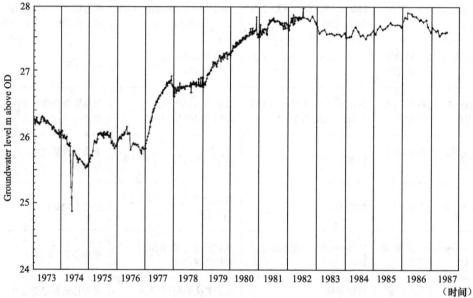

图 8.3　诺丁汉约克大厦观测井的水位记录

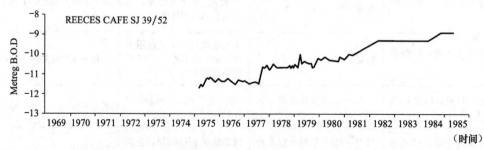

图 8.4　利物浦—伯肯黑德地区观测井的记录

可见，地下水上升的情况在英国普遍存在，而且早已受到重视，相应开展了大量的研究工作。下面以伦敦为例进行详细的说明。

（2）伦敦地下水上升情况

在19世纪和20世纪的早期，英国为了抽取高质量的地下水，对白垩系、二叠系及三叠系砂岩含水层进行了大量开采。当开采的需求量超过自然补给量时，就抽取含水层中的储存水，导致地下水水位开始下降。到1940年，英国几个工业城市的地下水位下降了几十米。

在地下水位下降期间，一些带有深基础、地下室的高层建筑和轨道交通设施在城市的中心地区建设起来。这些地下室、基础和隧道是根据现场勘察情况进行设计和建设的，现场勘察和监测记录都表明，地下水位处于较低的水平，而且这个水位已经保持了几十年，因此，在做结构的岩土设计时，没有考虑地下水因素的影响。但是，通过对地下水位的监测，水位在几个主要城市均有升高，从1968年到1983年，在伦敦的某些地区出现高达20m的水位上升，已经发生了一些对工程的不良作用。

1）工程地质水文地质概况

图8.5所示为伦敦盆地的地质概况，伦敦坐落于一个盘状盆地。白垩岩为主要含水层，其上覆盖砂土，再向上为不透水的伦敦黏土（参见图8.5）。白垩岩层组以及Thanet砂、Lambeth组、Harwich组，形成了伦敦盆地的主要含水层。白垩系地层最大厚度约240m，它是一种细密的白色石灰岩，地下水主要在其裂隙和节理中流动。

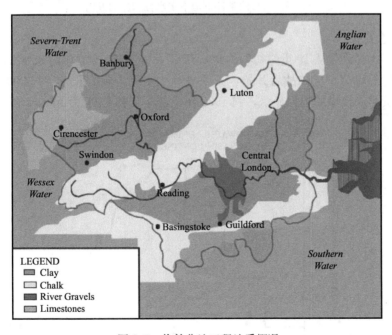

图8.5 伦敦盆地工程地质概况

2）地下水位的历史和现状[3~6]

在1965年，伦敦的地下水位下降到最低点，位于地面以下98.6m。1965年以后，由于一些深井停止抽取地下水，地下水抽取量显著降低，水位稳步上升。伦敦市中心的地下水位在20年内上升了20.0m，在东北部上升的更多。

① 初始水位

根据伦敦盆地监测井水位和水力边界的早期记录，水资源局（1972）提供的开采前的原始水位如图 8.6 所示。

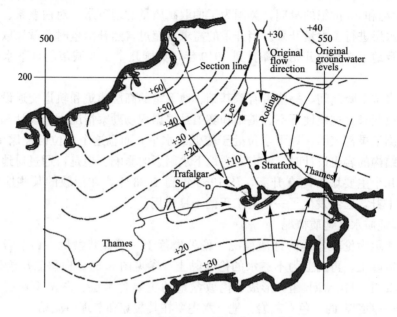

图 8.6　自然条件下地下水水位和流动方向

② 地下水开采

伦敦地下水开采量从 19 世纪初期的 900 万 m³/a 上升到 1940 年的 8300 万 m³/a，达到地下水开采量的峰值。从二战后开始，开采量稳步下降，到 1965 年约 6200 万 m³/a。根据泰晤士水资源局提供的数据显示，到 1982 年已经下降到 4300 万 m³/a，见图 8.7。

图 8.7　1850~1982 年间伦敦盆地承压水层的地下水开采量

③ 水位上升

由于伦敦市区的工厂，例如酿酒厂、造纸厂都纷纷关闭或迁离，伦敦从一个重工业城市逐渐向贸易型城市转化，因此对地下水的抽取减少，从而引起地下水位的回升。地下水位自 1965 年开始稳步回升，图 8.8 和图 8.9 分别为 1965 年和 1983 年的地下水位的分布图。可见，在 15 年间，伦敦中心区的水位上升了 15～20m。

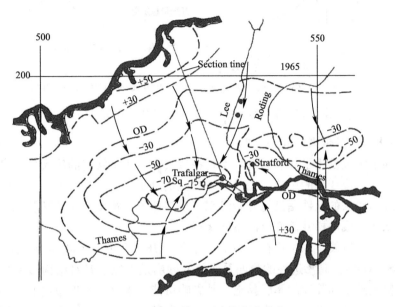

图 8.8　1965 年地下水水位和流向

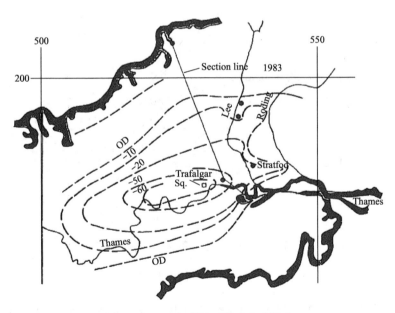

图 8.9　1983 年的地下水水位和流向

另外，从伦敦地下水位在近 100 年内变化的总体趋势（图 8.10）也可看出，在 1970 年以后，地下水位呈现逐年上升的趋势，而且其上升以后的水位已经超过历史最高地下水位。

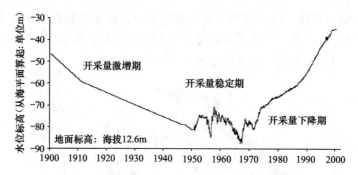

图 8.10 伦敦地下水位在近 100 年内变化的总体趋势

3）地下水位回升带来的问题

伦敦的地下水位发生了显著回升，但是在过去 100 年中修建的绝大多数高层建筑物和隧道都没有考虑水位变化的影响。伦敦某些地段的地下水位，以每年高达 3m 多的幅度上升，一些距地面较深的地铁站已经开始渗水。众多地下建筑及那些地基较深的高层建筑也面临险情，水压造成电梯井筒变位而不能运行。

如果情况继续发展，水位将在今后的几十年内升高到第四系底部的砂层（图 8.11 中的 BASAL SANDS）。高渗透性的第四系底部的砂层是水位上升对结构影响最显著和最快的地层，而伦敦黏土和其他的厚层黏土，其影响可能是次要和发展缓慢的。但伦敦的一些大型建（构）筑物是建于第四系底部的砂层，其深基础、大型桩基和隧道的埋深很大（图8.11），因此我们必须考虑地下水位回升带来的影响。

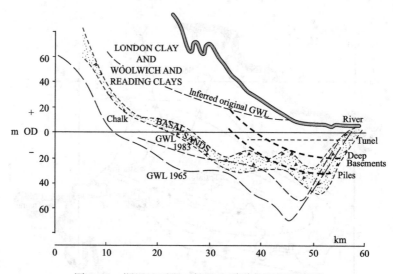

图 8.11 深埋地下室、桩基和隧道的埋深示意图

以下将从建筑物的地下室浸水、上浮、黏土层回弹、承载力降低、静水扬压力和化学腐蚀等几个方面说明地下水上升对工程的主要影响：

① 地下水向隧道和深埋的地下室中的入渗。位于 Woolwich 和 Reading 层或 Thanet砂层的伦敦隧道修建时地下水位低，是干燥的。但当水位升高时，某些存在缝隙的隧道可能会发生严重的渗漏。

② 黏土的饱和。在伦敦大部分地区均分布有伦敦黏土，在很多地方达到 80m 厚度，覆盖于白垩岩层之上。由于伦敦黏土不透水，使地下水位不能完全到达地表，因而形成高水头的承压水，随着地下水的不断上升，造成其不断饱和。

③ 承载力的变化。水位上升可能导致桩基承载力的下降。如果在 Basal 层的水位升高到地表，那么通过简单的计算可知，伦敦中心区的深基础和桩基的承载力将下降 25％。

④ 水压力的变化。对于一些带有深埋地下室的建筑物的设计应考虑水位升高的问题。考虑地下水位的上升以后，拟建在伦敦的国家图书馆已经重新设计，提高了地下室以下桩的承载力和地下室外墙的强度，另外，在地下室下面配套有抽水系统，防止地下室底板上水压力的增加。

⑤ 黏性土地基膨胀和隆起引起建筑物的位移。伦敦黏土、Woolwich 和 Reading 黏土中的孔隙水被抽出后，地下水位降低，有效应力增加，导致黏土发生固结，地表沉降超过180mm。随着地下水上升，上述过程是相反的，黏土将发生膨胀。但这个膨胀量比固结的要小，基本不会产生严重的工程问题。

⑥ 若地下水质较差，则会引起污染或侵蚀地下结构。在伦敦盆地 Lea Valley 的回灌试验测到 2000ppm 的高浓度硫酸盐，这么高浓度的酸性地下水与混凝土接触便能引起腐蚀。

⑦ 为了防止水位上升，不得不采取降低地下水位的相关措施，但降低水位的措施同时影响到钻孔灌注桩的承载力。通过模拟试验可以发现，当有效应力降低到一定值时，桩的承载力突然下降，这在现场也是可能发生的。

4）防治措施

① 主要工作

前述地下水回升导致的问题引起了广泛的关注。英国为此专门成立了一个"含水层研究、发展与调查综合小组"（GARDIT，General Aquifer Research, Development and Investigation Team），该组织最开始由英国环境保护协会（Environment Agency）、伦敦地铁公司（LUL, London Underground Limited）和泰晤士自来水公司（Thames Water）于1992 年联合牵头成立，专门解决对地下水上升的控制问题[8]，后来又有其他单位加入，一些典型的工作包括：

- 1989 年，CIRIA（英国建设工业研究与信息协会）的研究（报告编号 SP No 69）；
- 1993 年 GARDIT 成立；
- 1995 伦敦地铁公司的多项研究（由泰晤士自来水公司承担）；
- 1996 年 GARDIT 组织更新；
- 1997 年和副首相（兼任环境、运输及区域部大臣）John Prescott 就此事的会晤；
- 拟定 GARDIT 战略措施；
- 1999 年 3 月 GARDIT 战略措施的发布（英国地区事务大臣 Nick Raynsford 签发）；
- 2000 年 7 月第一次委员会议召开；
- 2001 年 10 月第二次委员会议召开。

其中，所成立的 GARDIT 组织在这一问题的研究方面起到了明显的作用，有力地控制了地下水位的回升问题。一方面 GARDIT 组织了多项专题研究，获得了相关的成果以支持决策或指导相关风险的评估。例如在伦敦地铁公司（LU, London Underground）提供的一份 2005 年度环境报告（Environment Report）中指出，他们已经充分利用 GARDIT 的成果，研究了地下水上升对地铁线网的可能影响。另外一方面，根据他们的研究结果，制定并发布了一个"五阶段战略措施"。

② 五阶段战略措施

主要目标是，从伦敦中心区每天抽取 7000 万升水，由此来控制地下水的继续上升。

主要工作计划是一个五阶段的战略措施。在实施该战略措施前，首先建立地下水的计算机模拟模型：由泰晤士自来水公司和环保协会委托 Mott MacDonald 公司建立，该模型是一个采用 Modflow 进行数值计算的模型，经过校准（验证）后，作为后续地下水预测工具。2004 年在伦敦开始修建 Crosslink 工程时，也作为一个分析对地下水影响的工具。

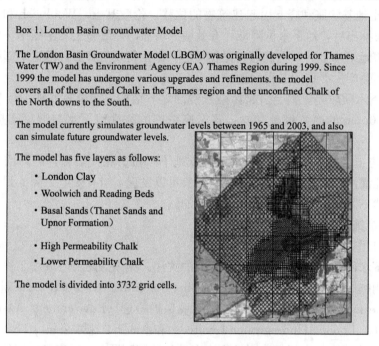

Box 1. London Basin G roundwater Model

The London Basin Groundwater Model (LBGM) was originally developed for Thames Water (TW) and the Environment Agency (EA) Thames Region during 1999. Since 1999 the model has undergone various upgrades and refinements. the model covers all of the confined Chalk in the Thames region and the unconfined Chalk of the North downs to the South.

The model currently simulates groundwater levels between 1965 and 2003, and also can simulate future groundwater levels.

The model has five layers as follows:

- London Clay
- Woolwich and Reading Beds
- Basal Sands (Thanet Sands and Upnor Formation)
- High Permeability Chalk
- Lower Permeability Chalk

The model is divided into 3732 grid cells.

图 8.12　伦敦盆地地下水分析模型

随后的 5 个阶段的战略措施如表 8.2 所示，其中 1、2、4、5 阶段的工作主要由泰晤士自来水水务公司负责，这些工作大约于 2005 年 4 月结束。

5 个阶段的战略措施表　　　　　　　　　　　　　　　　　　　　　表 8.2

阶　段	开采井	开采量（ML/d）	备　注
1	已有许可开采井	20	
2	获准但尚未颁发许可证的开采井	12	
3	私有开采井	20	如白金汉宫
4	新中心地区开采井	15	
5	新边缘地区开采井	3	
合计		70	

具体实施方法包括三个步骤[7,9,10]，首先确定开采井的场地位置，主要是在伦敦中心

区确定约 50 个开采井的位置，某些是对已有废弃井的改造，而其他部分为需要新建的开采井；其次是开采井的施工和测试（钻孔施工大约需要 8 周时间，测试需要 4 周时间），并通过试验确定水质和水量；最后是处理厂和传输管道的施工，若水质和水量符合要求，则安设开采井以降低伦敦地下水位。

同时，对受保护的建、构筑物方面也提出一些要求[12]，对于有地下室的建筑物应当定期进行潮湿或地下水入渗检查；新建筑物应在设计中考虑其使用寿命期间地下水上升影响，并采取相关设计措施，结构工程师应提出有关的建议。

5）治理的效果

以位于伦敦 Trafalgar 广场的地下水监测孔的资料来看，近几年地下水位的持续上升势头有所控制，如图 8.13 所示，从 2002 年开始，地下水水位呈现下降的趋势。

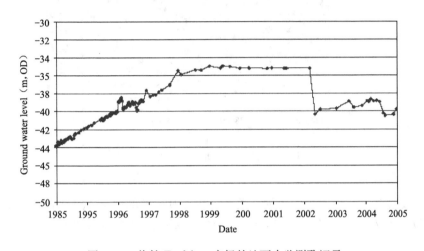

图 8.13　伦敦 Trafalgar 广场的地下水监测孔记录

2. 德国

从 1994 年开始，德国莱茵河流域西北部和埃姆歇的采矿厂有部分被关停，地下水水位出现上升，对当地的结构和建筑物的地下室产生影响。为了解决这个问题，采用包括 1 个水平井和 12 个竖井的抽水系统，以 500m³/h 的速度抽取地下水。在杜伊斯堡每年有 445 万 m³ 的地下水被抽取出来[14]。

3. 法国

巴黎从 1970 年开始，地下水开采量减少，建于 20 世纪 60 年代的无水地层中的地下停车场、储藏设施及地铁沿线等地下结构发生浸水情况。

4. 西班牙

20 世纪早期，巴塞罗那开始工业用水的开采，到 20 世纪 70 年代，用水量最高可达每年 6000～7000 万 m³，几年间一些地区地下水位下降了 15m。但从 20 世纪 70 年代到 20 世纪 90 年代中期，随着工业搬离城区，工业用水量大幅下降，地下水位明显恢复，大多数地区的地下水位恢复到一个世纪前的水平。

在 1950～1975 年间修建的地铁和许多建筑并没有考虑到地下水会发生回升，因此地下水上升已经给这些建筑结构（地铁、地下停车场等）带来很严重的危害。为了保证地铁系统的运营，每年要抽取 1000～1500 万 m³ 的地下水，还要从铁路隧道中抽取 500 万 m³ 的地下水。每年需要将 4000 万 m³ 的地下水抽出，来保证目前的地下水位[15]。

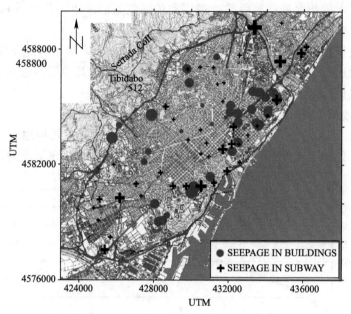

图 8.14　巴塞罗那地下水抽取位置图

5. 丹麦

位于丹麦北部北日德兰市的水泥厂关闭，供应其生产的地下水开采停止，导致砂层中的地下水位在 1974～1987 年上升 10m。当地的房屋一般都有较深的地下室，因此有许多房屋已经浸水[1]。

6. 意大利

1952～2003 年间意大利米兰的地下水水位动态情况，见图 8.15，在地下水集中开采期间，产生了地面沉降和水质被污染的现象，而随着地下水开采量的减小，地下水位也逐渐回升。

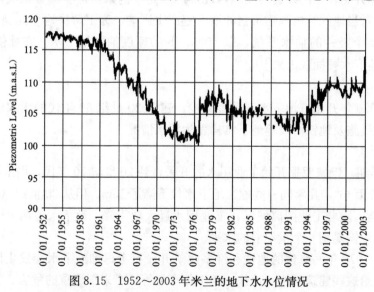

图 8.15　1952～2003 年米兰的地下水水位情况

水位上升引发了严重的环境问题，如隧道和地下室浸水等。为了解决水位上升的问题，2001年在米兰南部的一个湖进行抽水试验，将抽取的水通过人造沟渠来灌溉农田。在一年内以1000L/s的速度不断进行抽水，共计2900万m³。根据监测数据可知，水位最大下降量超过5m。取得的最明显的效果是在距离湖1.5km的重要历史遗址基亚拉瓦莱修道院，避免了地下水上升带来的危害[16]。

8.1.2 美洲地区

1. 美国

（1）加州的圣华金河谷区

随着农业的发展，到20世纪50年代早期，加州的圣华金河谷区已有12亿m³的地下水被抽出用于灌溉，其灌溉用水的回渗已成为地下水的主要补给来源，超过了天然补给量的40倍，承压含水层30～60m的降深使其地下水的流向发生改变，许多地区的抽水扬程增加到了250m，地面沉降已广泛分布。1967年以后，政府用税收的方式来管理地下水灌溉，这些税收可用来从外地调水，地表水灌溉显著增加。由于地表水灌溉增加了对地下水的补给，同时地下水开采量减少，使地下水水位抬升，埋深已小于1.5m，部分地区甚至出现了排水问题[17]。

（2）肯塔基州的路易斯维尔

在20世纪60年代后期，肯塔基州的路易斯维尔地下水位快速上升，已达到距平均地面高程6m内，引起政府官员和中心城区业主的广泛关注。从1969～1980年，由于空调系统和工业供应的地下水开采量减小，含水层的地下水水位上升了11m，对建筑基础和地下管道设施产生一定的影响，见图8.16[18]。

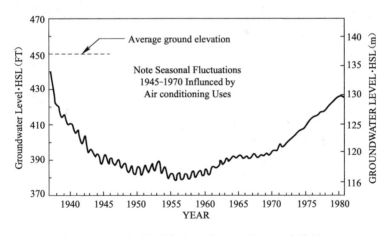

图8.16 在路易斯维尔中心城区观测的地下水位情况

地下水水位的上升与地下水的水位、地下水的开采量和降水量存在密切的历史渊源。根据历史资料的研究表明，地下水位的变化与抽水率和降水量的变化有很大的关系，1966～1980年的地下水位与1950～1965年的平均降水和抽水率具有非常高的相关性（$R=0.995$）。

（3）纽约

在19世纪后期，纽约的地下水位升高，导致地下室浸水，纽约交通管理局的地铁网线运营困难。

（4）佛罗里达

在 1975 年，佛罗里达含水层地下水被大量开采用于灌溉、磷酸盐矿、其他工业和城市供水，抽取速度平均约为 2.85 万 L/s。随着磷酸盐矿的开采地点从波尔克县转移到附近县的南部和西部，地下水的开采速度也相应降低，从 1975 年的 7620L/s 下降到 2000 年的 7060L/s。

根据对 1976 年 11 月至 2000 年 10 月的现存和拟建磷酸盐矿总开采率的模拟，表明波尔克县地下水位可能会有约 6m 的上升[19]。

2. 阿根廷

在布宜诺斯艾利斯的洛马斯德萨莫拉城（Lomas de Zamora），从 1920 年开始，对 Puelche 含水层的开采呈逐渐上升的趋势，地下水的开采量超出自然的补给量，因此形成了一个明显的沉降漏斗区，漏斗顶点的埋深最大达到 -35～-40m（起始位置在 0～10m）。

但由于硝酸盐浓度不断升高，于是地下水的开采被迫停止。大部分开采井停止使用，从 1990 年的 114 口井减少到 2001 年的 13 口井，水位也逐渐恢复。另外，拉普拉塔河（Rio de La Plata）的一部分水也进入当地的水力循环[20]。

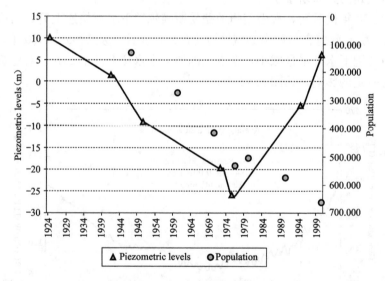

图 8.17　Lavallol 工业区的 Puelche 含水层的水位和人口增长（人口普查所）

3. 墨西哥

墨西哥的克雷塔罗州人口约 70 万，需要从 55 个开采井，以 175ML/d 的速率来抽取地下水。由于城市用水和农业灌溉用水的过度开采，在 20 世纪 60 年代到 90 年代中期间，地下水位已经下降了 100 多米。

水位的持续下降（3.5m/a），增加地下水开采的成本。于是，在 90 年代中期实施了 10 年的含水层稳定计划，采取了全面措施，包括减少水管渗漏、提高运作效率、需求管理、改进灌溉技术、提高水资源的利用效率、提供废水的二次处理和限制对水量较少的含水层的开采。这些措施的实施将使地下水位得到大幅的回升[21]。

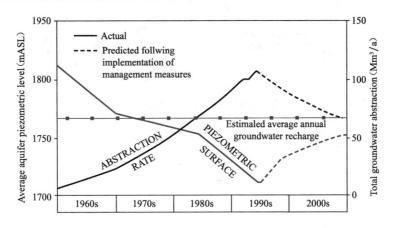

图 8.18 墨西哥克雷塔罗州山谷地下水开采量的变化和含水层水位

8.1.3 亚洲地区

1. 科威特

从 20 世纪 80 年代开始，由于城市化快速发展，管线渗漏以及过度灌溉等原因，科威特城区及郊区的地下水水位明显上升，地下水已经渗入一些房屋的地下室，引起结构、岩土和环境问题[22,23]。在 1985 年，水电部耗资 350 万美元指定科威特科学研究所（MEW）进行地下水上升问题的研究。在 1989 年，水电部要求研究所设计并管理地下水抽取系统。通过地下水位上升对岩土的影响研究，在 1990 年，科威特政府开始编写结构基础和防水的规范和规定。

（1）工程地质水文地质概况

科威特地层岩性主要是分布不连续的中密-密实的粉砂。砂和粉砂的胶合区包括碳酸盐、硫酸盐和氯化物。这些土层在当地被称为油层沉积，其渗透性低。

科威特地下水位较浅，水位埋深从海岸线附近的 1.0m 到内陆的 30.0m。地下水位一般与地表的地形平行，从内陆向沿海倾斜。城区的地下水状况较复杂，主要是因为供应水及污水管的渗漏和过度灌溉的问题。

（2）地下水水位升高

对于地下水水位上升的情况，可通过以下两个方面看到：

① 观测井的水位监测记录（1987 年，MEW），如图 8.19、图 8.20 所示。

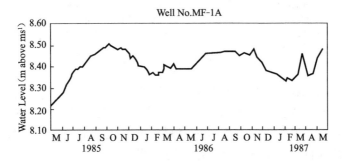

图 8.19 郊区地下水水位观测井记录（1987，科威特科学研究所）

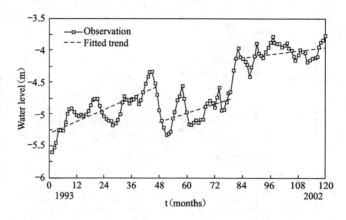

图 8.20　1993～2002 年 HL-1A 观测井的地下水位

② 一直干燥的地下室进水的事件增多。这些地下室最初是建在干燥的土层中，没有做防水，但一直是干燥的。

科威特处于半干旱地带，蒸发量超过入渗量，每年至少 200mm 的入渗量。地下水的正常补给是从东北流向西南，但这种自然的平衡被城市化破坏。一般说，城市化发展快的地区由于结构和街道的覆盖，蒸发量大大降低。同时城市化也增加了水分的渗入，如灌溉、污水管、水管和化粪池的渗漏等，如图 8.21 所示。

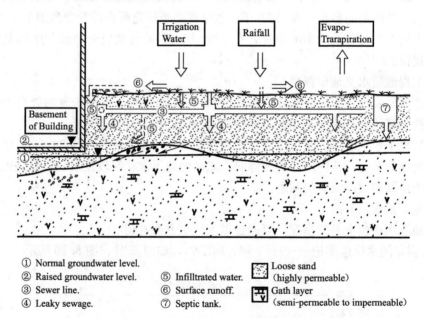

① Normal groundwater level.

② Raised groundwater level.

③ Sewer line.

④ Leaky sewage.

⑤ Infilltrated water.

⑥ Surface runoff.

⑦ Septic tank.

Loose sand (highly permeable)

Gath layer (semi-permeable to impermeable)

图 8.21　科威特水位上升的概念模型

在地表和近地表沉积的油层的不透水性导致地下水的局部上升。这部分水在坡度允许的情况下，侧向流动，直接渗入防水不好的地下室。当地下室出现渗水的情况，就表明附近有灌溉或管线破裂。其他的水蒸发掉或者慢慢地渗透到地下水系。地下水的持续补给，预计将造成地下水位的普遍提高，导致地下室长期浸水。

另外，在建造位于沉积层中的地下室时，回填材料通常是具有较大渗透性的颗粒材料，由于密实性不好，渗透性很大，这将导致地下水最终进入防水措施不当的地下室。

从浸水地下室取得的水样的化学分析显示，地下水有明显的稀释（低盐度），表明其包含渗漏或灌溉水。

（3）水位升高对岩土设计的影响

科威特地下水位上升对岩土设计的重要影响主要有以下几个方面：

① 防水效果不好的地下室发生渗水；

② 扬压力增加，将抵消建筑物、排水沟或者其他设施的重量的作用；

③ 地下水中含量较高的硫酸盐和氯化物，可能腐蚀基础和地下室的外墙；

④ 基础和地下室施工时，需要采取降水措施，将提高工程造价和增加施工的难度，而且还需要做好防水；

⑤ 随着孔隙水压力的增加，有效应力减小，土的剪切强度降低。当土体浸水时，土的剪切强度指标降低，如图 8.22、图 8.23 所示（Al-Sanad et al.，1989，Al-Sanad and Shaquour，1987）。

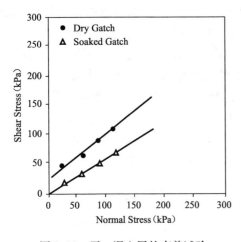

图 8.22 干、湿土层的直剪试验

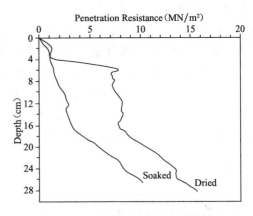

图 8.23 干、湿土层的贯入阻力试验

⑥ 土的承载力降低 $\left(q_{ult} = \bar{c} N_c + \bar{\gamma} D N_q + \dfrac{\overline{\gamma B}}{2} N_\gamma \right)$，$c$，$\varphi$，$\gamma$ 等指标的降低，承载力 q_{ult} 也降低。承载力降低的程度取决于基础宽度、基础埋深与水位的相对位置等；

⑦ 由于水压力的增加，地下室外墙的侧压力增加；

⑧ 当基础处于湿陷性土层或建筑回填土层时，如果上述土层浸水，荷载作用下的松散土层失去强度和抗压性，建筑物将产生沉降；

⑨ 由于施工降水或者抽取地下室集水井中的水，而引起地下水的流动，则可能带走土体中的细颗粒或盐分，这将导致土体强度降低、变形增加甚至坍塌。

2. 沙特阿拉伯

20 世纪 80 年代初，沙特阿拉伯的首都利雅得[24,25]的用水政策发生改变，使用从外地引进的淡化水来满足当地的用水需求，相应地减小了对深层水的开采。另外，一些新的补给源，如水力供应系统、卫生系统的渗漏（主管的渗漏约占水力供应流失的 17%，个人用水的流失占 8%）和过度灌溉等也增加了地下水的储量。

从 1980～1990 年的研究表明，在城市的许多地区水位以约 1m/a 的速度上升。水位上升产生许多破坏性的影响，不仅是深基础，浅基础和结构受到影响，而且还导致外墙压力过大和地下室的渗水，污水则可能会对钢管和钢筋混凝土产生腐蚀。许多对水位变化敏感的土层、住宅楼的基础也会由于水位升降的变化而产生显著的破坏。

因此，利雅得制定了一系列浅层水平抽水和深层竖向抽水的控制方案。许多方案已经开始实施，并在许多深埋结构的应用上取得成效。估计目前有 250000m³/d 的抽水量，耗资超过 1 亿美元。

水位上升的问题在沙特阿拉伯的吉达和达曼也比较显著，主要的研究工作已经开展，一些控制地下水上升的方案正在执行。

3. 日本

（1）东京

在 20 世纪 50～70 年代，日本的特大城市，如东京、大阪、名古屋市等进行了大量的地下水开采，由此引发了相应的地质与环境问题。随着地下水抽取规定的实施，这些地区的水位迅速恢复，又出现其他的相关问题。

根据东京平原区分布的地下水观测井的观测数据（第二含水层观测点的分布和地下水位的长期变化情况分别如图 8.24 和图 8.25）[26,27]，在东京湾地区的 A 点，地下水位的变化经历了三个阶段，第一阶段是在 1964 年前，随着地下水的开采，水位不断下降；第二阶段是1965～1983 年，由于抽水规定的实施，地下水位出现了快速的回升；第三阶段是 1985 年后，地下水的持续上升阶段。B 点的地下水趋势与 A 点类似，但第二阶段的水位上升比 A 点要晚，是因为抽水规定的实施略晚。中心地区的 C、D 两点，在 20 世纪 80 年代以后，地下水也是逐渐上升的。相反，在内陆地区的 E、I 两点，从 20 世纪 80 年代至今，地下水位仍然是持续下降的，估计是因为抽水规定实施较晚，仍存在过量开采地下水的情况。

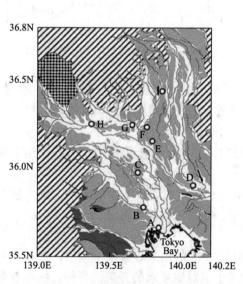

图 8.24　东京平原区第二含水层
观测井的分布图

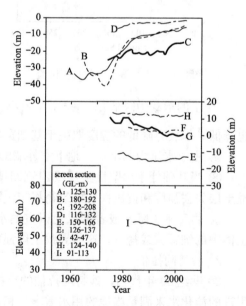

图 8.25　东京平原区第二含水层
地下水位长期变化的情况

东京湾地区地下水的回升带来一些新的问题，如浮力增加、地铁站和隧道等地下结构的渗水等。

（2）千叶

日本关东平原称为关东地下水盆地，盆地的最大深度在地下 2500～3000m。盆地的下部沉积物由上新世海相沉积物组成，其中富含含盐量很大的地下水（古海水），地下水中含有天然气和碘。在盆地的上部，大多数含水层由淡水组成，这一含水层是关东地下水盆地出水量最大的含水层。千叶地区位于关东地下水盆地的东南部。

在 20 世纪 70 年代早期，千叶地区地下水位降到历史最低水平。当地政府规范了地下水的开采过程，在工业区充分利用地表水。因此，在关东地下水盆地，地下水位恢复了 30～40m。最近，地下水位稳定在一定水平[28]。

4. 卡塔尔

在哈尔，过度灌溉、水管和污水渠的漏水，导致地下水对管网产生腐蚀，同时地下水位上升引起低洼土地浸水。

5. 印度

统计数据显示，通过充分收集及利用雨水，印度一些城市的地下水位稳定上升。新德里 11 个雨水收集项目资料显示，两年中该市地下水位上升了 5～10m。

6. 韩国

在首尔，地铁线路渗水现象较为显著，为了保持地下水位在地铁系统之下，需要不断地进行抽水。渗入到地铁中的地下水从 1997 年的 4700 万 m³ 上升到 2001 年的 6300 万 m³，超过 2001 年开采井的总用水量（大约 4100 万 m³），如图 8.26 所示。因此，城区附近的地下水位从 1996 年的埋深 16.85m 下降到 2003 年的 20.40m[29]。

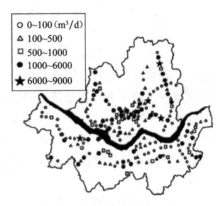

图 8.26 首尔地铁车站的地下水日渗入量

8.1.4 非洲地区

1. 尼日尔

在尼日尔的西南部，整个地区的地下水水位出现持续上升。在 1960～2000 年间，由于土地平整化，加速地表水的径流，增加了地下水的补给，使地下水水位平均回升了 3m，水位长期的上升对已下降的地下水位有所缓解[30]。

2. 埃及

据 2007 年 10 月的报道称[31]，近年来，许多专家发现上升的地下水正在侵蚀和削弱狮身人面像的基座和主体。此外，包括埃及南部的卡纳克神庙和卢克索神庙在内的其他文物古迹也受到地下水位上升的威胁。

根据开罗美国大学考古学教授丽莎·萨巴希的分析，地下水位上升最初是由于修建埃及南方阿斯旺大坝造成的。在修建阿斯旺大坝前，埃及境内的尼罗河每年都会泛滥，但在枯水季节水位显著下降，有些河段甚至干涸。在大坝建成后，尼罗河总能保持一定的水位，这样两岸的岩层和附近的土地可以常年保持潮湿，但对尼罗河谷的所有文物古迹却产生了威胁。

埃及索哈杰大学教授艾伊曼·艾哈迈德与美国加利福尼亚大学的水文地理学教授则认

为，除了阿斯旺大坝，农业耕作、城市化以及神庙附近的民宅区也是造成地下水位上升的原因。

8.2　国内地下水回升案例

8.2.1　甘肃

1. 张掖

甘肃张掖地下水自 2003 年开始出现上升趋势，且每年都是在秋季、冬季和次年春季上升明显，这期间正是北方寒冷季节，地下水上升不但给市民出行带来极大不便，而且导致一些居民生活出现"水深火热"的局面。

（1）地下水位的历史和现状

张掖的地下水原本很丰富。历史上，甘州城区曾经是"半城芦苇"，大面积的芦苇池、湿地和天然泉水，就是张掖盆地中部地下水转化为地表水的主要通道。这些天然的排水通道，与城区原有的"七纵八横"的排水沟道，共同维持着张掖城区地下水的补给排泄平衡。地下水高水位的现象一直持续到 20 世纪 70 年代末。从 80 年代中期以来，随着水利化程度和水资源开发利用率的不断提高，水资源利用和分布格局发生了变化，地下水总补给量减少，地下水开采量持续增加，张掖盆地地下水位开始下降，其中，城区一带地下水位年平均下降 0.2～0.3m，到 2002 年底，已经累计下降 4～6m，著名的"甘泉"和南大池、北大池都相继干涸，城区原有的"七纵八横"的排水沟道被建筑物堵塞或覆盖。后来，张掖市开始严格控制地下水开采量，重新上升的地下水排泄不出去，就导致地下水向外渗漏。

张掖市水务局调查，自 2003 年冬季以来，张掖城区及外围地下水位开始出现上升趋势，尤其 2005、2006、2007 年地下水溢出较为严重。据调查，张掖城区地下水位上升较为明显的区域主要是城区及四周较小范围（南起城南盈科干渠，西至黑河主河道，东北至山丹河），地下水位上升区面积约 900km²。地下水位已接近 20 世纪 80 年代水平，上升幅度最大的区域为城区一带，上升最大幅度达 8m，尤其以青西街、北环路、流泉一带最为明显，部分地段楼房地下室渗水、积水，严重影响城镇居民正常生活。

（2）地下水位上升的原因

甘肃省地矿局水勘院曾于 2006 年对张掖地下水位上升情况进行了调查，城市建设堵塞地下水径流途径，致使地下水循环系统紊乱，而近几年降雨量和河道天然径流量偏多致使地下水补给量有所增加、黑河调水导致入渗量增多、2003 年地震造成祁连山前及盆地内基底断裂等都是造成张掖地下水位上升的原因。

2000 年以前，由于黑河沿岸渠系灌溉引水，河床过水时间较短，自从黑河向下游调水以来，黑河草滩庄枢纽以下过水时间逐年增加，黑河径流向甘州城区一带的侧向入渗量增多。黑河上游来水量正常年份为 15.8 亿 m³，而最近几年来水量都高于正常来水量，2009 年到 10 月底为止来水量达到 20.3 亿 m³。加之张掖城区位于张掖盆地中部、山前洪积扇砾石平原和细土平原的交界处，张掖盆地地下水大的走向是从南向北流动，在流动过程中，由于含水层颗粒逐渐变细、导水性减弱，在砾石平原和细土平原交界的张掖城区和乌江一带，大量地下水以泉的形式溢出地表，转化为河水，最终排泄于山丹河、黑河。

　　张掖地下水每年季节性上升的原因是由于季节性取水所致。每年春夏季节是农民用水高峰期，大量机井抽取地下水用于灌溉，因此城区地下水位就会随之下降，而到了秋冬季节，灌溉全部结束，地下水位就会明显上升。

　　冯嘉兴研究认为，2000 年以来，频繁的地震活动特别是自 2003 年 10 月山丹、民乐发生大地震以后，引起了祁连山前及盆地内基底断裂活动加剧，同时断裂活动也错断了上部第四系松散层内的隔水层，基底断裂带变为通道，加快了祁连山区基岩裂隙水沿着这个通道向上越流补给盆地第四系孔隙水的速度，增大了越流补给量，使盆地地下水补给量大于排泄量，造成地下水位大面积上升。

　　(3) 地下水位上升带来的灾害

　　地下水上升诱发的地质灾害主要表现为：甘州城区建筑物因地基基础变差而遭受破坏和倒塌；地下建筑物进水导致输暖管道在供暖期间长期浸泡在水中，降低了供暖效果，严重地影响了居民生活的质量；城区北部地带的农田、道路、村庄受水浸泡，形成重大损失[32]。

　　2. 兰州

　　2008 年，滨临黄河的甘肃省省会兰州出现的地下水位上升已构成严重的环境地质问题。甘肃省地质环境监测院的地质工作者在调查中发现：由于地下水位上升，兰州地区40% 以上的人防工程充水，部分建筑物损坏，城郊土地沼泽化，给人民生命财产带来安全隐患。

　　(1) 地下水上升带来的地质灾害

　　2008 年甘肃省地质环境监测院在调查中发现：兰州市西固地区地下水上升十分剧烈，已经形成以福利路——西固城一带为中心的地下水高水位区，最大上升幅度达 6～10m，面积将近 30km²。据近年来监测资料显示，地下水位强烈上升区之一的西固体育场附近，年平均上升幅度为 0.195m。地下水位上升主要造成人防工程充水。西固铅丝厂地道充水深度达 1.1m，粮食局地道全部被水淹没，清洁公司地道充水，混凝土侧壁遭地下水严重侵蚀。造成直接经济损失 350 万元。另外，由于地下水的长期作用，土体发生潜蚀溶蚀形成的地下空洞，引起地面塌陷，造成建筑物的毁坏。仅在西固地区，因为地下水位上升而造成更大范围的经济损失评估为 12.24 亿元。在兰州市另外一些地区，地下水位上升造成建筑物损坏，失去利用价值；造成土地沼泽化，失去耕种价值；甚至造成岩土结构变化或基坑施工降水从而增加施工成本。

　　(2) 地下水上升的原因

　　地质工作者在调查后认为，兰州市地下水上升是水文地质条件和外部环境多因素综合作用的结果。兰州部分地区地下含水层结构和岩性特征均有利于地下水的聚存，而不利于地下水的排泄，是引起地下水位水上升的原因之一。兰州地下水位上升区都分布在工业和人口高度集中区，人类的生产活动强烈地影响着水文地质条件，由于人为的原因导致地下水补、排关系的失调是地下水位上升的根本原因。另外，黄河水含砂量较大，对地下水的排泄极为不利，沿黄河河岸倾倒垃圾也影响或滞缓了地下水的排泄。

　　(3) 采取的应对措施

　　针对兰州地下水位上升的现状，专家们在调查的基础上提出了防治对策。一是非工程措施，内容包括严格实施建设部的有关规定，新建、改扩建项目必须实施工程勘察制度和地质灾害评估制度；加强区内的用水管理，农田灌溉以及绿化用水应采取节水措施，减少地下水的补给来源。二是工程措施，对急需解决的城区地下室进水之建筑物，采用人工降水井工程排水。并对原有的陈旧管网进行改造，对输水明渠实施严格的防渗措施，减少地下水的补给来源[33]。

3. 酒泉

（1）地下水上升的现象

在西汉酒泉胜迹可以看到，西汉大型雕塑景观区浸泡在水中，公园中的一座小岛淹没在水中，通往九曲桥的必经小桥也被水淹没了。据了解，古泉是按照历史记载的最高水位建造的，如今也被水淹没了。2008 年的水位上升得最快，水量也多，水位上涨影响游人观看古泉，游客只能站在高处观望。此外，长时间被水淹没，对公园的基础设施和建筑影响也很大。据酒泉市地震局调查人员实地测量，2008 年西汉酒泉胜迹的湖面水位和"酒泉"水位都有较大幅度地上升。湖面水位与往年相比上升了 0.6～0.7m；"酒泉"水位与往年相比上升了约 1m。

（2）地下水上升的原因

酒泉市地震局与肃州区地震局的调查结果显示，酒泉城区地下水位升高，是由以下几方面因素引起的：

一是严禁开荒移民并关闭小水井，生态环境得到改善。近年来，市政府为了保护生态环境，出台了一系列地方法规政策，采取有力措施禁止各县市无序移民、开荒和打井。此外，自 2007 年开始，将酒泉城内各单位所有的计划外自用水井全部关闭，酒泉城区地下水的过度开采问题得到了抑制。

二是黑河流域补给。国家实施的黑河调水工程对酒泉市的气候和地下水产生了积极的影响。自从 2002 年定期向额济纳旗居延海分水后，干枯多年的河床有了水的滋润，对流经区域内的地下水给予了很好的补充。

三是水环境变好了。2007 年酒泉市主要河流来水总量明显增加，11 个主要河流来水量除党河略有减少外，其余 10 个来水量都比 2006 年多 10%～40%，使酒泉的可用之水更多，地下水的补给有了充足的水源。

四是农业灌溉的影响。第四地质勘察院水文监测点资料显示：从肃州区 34 号井（水磨沟村 1 组）和酒北 4 号井（泉湖村 9 组）的资料可以看出，这两年酒泉城区水位略有上升，2006 年比 2005 年上升 0.07m，2007 年比 2006 年上升 0.11～0.15m；从各井的年变规律上可以看出，每年夏季抽水灌溉高峰期，水位处于低值，而冬、春季节则出现水位回升。

五是近年来，肃州区推广退耕还林和节水灌溉，而从 9 月以后，夏秋作物进入收获期，地下取水减少、河水用量减少。同时，农业灌溉面积减少，用水量下降，地下水补给得到恢复。

六是酒泉城区地势为西南高，东北低，地下水也是自西南向东北方向流动，酒泉市第二人民医院、西汉酒泉胜迹等正处于地下水位较浅的区域，由于地下水的充足补给而引起这些区域水位上升。

（3）地下水上升带来的启示

有关专家认为，酒泉地下水上升给城市建设敲响了警钟。今后要把楼体防渗水列入设计规范，确保楼房质量安全。对地下室、建筑物基础没有做防水设计或防水设计不合格的工程，建设部门要禁止其开工建设[34][35]。

8.2.2 苏南地区

从长江流域取水许可经验交流会上获悉，江苏省在苏南地区实行的地下水禁采工作已初见成效，2002年地下水水位开始上升，地面也不再沉降。

通过实施地下水禁采，苏锡常地区地下水位下降的势头得到遏制，地下水漏斗面积已得到有效控制。根据2002年的地下水监测数据显示，禁采区内40％的地下水监测井水位回升，25％地下水监测井水位趋于稳定，常熟、昆山等地全面回升。通过禁采，江阴市部分地区地面沉降的势头基本被遏制，地下水位回升最高值达20m。

自20世纪80年代以来，由于苏南地区乡镇企业的快速发展，地下水开采量逐年增加，地下水大量开采导致地下水水位急剧下降，地面沉降等严重地质灾害出现。为此，江苏省人大常委会特地制定了《关于在苏锡常地区限期禁止开采地下水的决定》（2000年8月），江苏省政府下发了《关于加强进一步加强地下水资源管理工作的通知》（1999年），决定全面加大地下水的管理力度。

2002年江苏省水利部门以取水许可管理为主要手段，已全面完成苏锡常地区1395眼封井计地下水开采量压缩计划。与此同时，江苏省还严格增打新井的审批和管理，加大了对擅自凿井的打击力度，使全省超采地下水的水井数逐步减少[36]。

8.2.3 河南郑州

据郑州市节水办对郑州地下水位的初步监测结果，郑州市市区浅层地下水水位大幅回升，从2003年起，平均每年回升2.3m，部分地区已经回升了近20m。中深层地下水也在逐步回升，5年来平均回升了1m左右。

从1977年开始，由于大量开采，郑州地下水位开始下降，平均每年2.2m，至2002年，郑州市区地下已经形成了182.8 km² 的地下水漏斗。

近年来，郑州市加强了对地下水的保护，取缔回购了大批自备井，地下水开采量不断下降，地下水位有了明显上升。

据郑州市水利部门有关负责人称，近年来大量引用黄河水，也相对减少了对郑州市地下水的开采[37]。

8.2.4 陕西宝鸡

从宝鸡市地下水管理监测处了解到，宝鸡市的地下水位5年来平均上升了27m。5年前打一口井最少要掘100m才能见水，而现在（2008年）一些水位最浅的地方仅需掘13m深就能见水。

渭河从宝鸡市区穿境而过，清姜河、千河、金陵河等十多条河流汇集入渭，人们曾给予宝鸡"关中水龙头"的美誉。但随着城市化、工业化进程的不断加快，近年来水资源消耗量日益增加。2000年以前，宝鸡市区有自备井300多眼，井群密度平均每平方公里6.56眼，年开采地下水5400多万 m³。过量开采地下水，造成市区地下水位以平均2~5m的年降幅下降，最大年降幅达8.05m。市区姜谭、十里铺、石坝河等地区，超量开采尤为严重，与20世纪70年代末相比，最大下降水位达到90多米。地下水资源的过度透支，使水资源持续性遭到很大破坏，影响和制约了城市社会和经济的可持续发展。

2000年，宝鸡市政府从涵养水源、实现水资源可持续发展战略高度出发，编制了《宝鸡市城市节约用水规划》，建立了节水统计报表制度，制定了《宝鸡市水平衡测试管理办法》，下发了《关于逐步封闭市区自备水源井》的文件。从 2002 年至 2007 年底，宝鸡累计关闭自备井达到 240 眼，与 2002 年关井前相比较，地下水位平均上升了 27m，水位埋藏最浅处距地面仅 13m，地下水位的最大上升幅度达到了 67m。

2008 年年初，宝鸡市区剩余自备井 99 眼，2008 年内，还将关闭部分自备井，并对保留的自备井加强监督管理，对超计划用水单位执行累进加价征收水资源费，严控地下水开采[38]。

8.2.5　青海柴达木盆地

据青海省格尔木市水文分局监测数据资料显示，由于受上游天然河流来水量增加的影响，从 2009 年 9 月初到 10 月中旬，柴达木盆地南缘地下水水位上升了 1.8m。从元月到 10 月，柴达木盆地南缘地下水水位已经上升了 3.07m，据初步测算，2009 年这一带地下水多了 2 亿多方。

从 20 世纪 90 年代初以来，随着人口增加和工农业生产快速发展，柴达木地区地下水抽取量大幅增加，致使盆地地下水位呈逐年下降的趋势。据悉，2009 年柴达木盆地地下水位是近 20 年来的首次的上升[39]。

8.2.6　山东

2003 年山东全省降雨充沛，加之多年来修建了大量的蓄水、拦水工程和水土保持工程，地下水回灌补源效果显著。2004 年全省平原区地下水位平均埋深为 5.59m，较 2003年同期上升了 1.83m。

据省水利厅有关人士介绍，2003 年全省各地通过工程层层拦蓄，河流、湖泊、水库、沟渠等蓄存了大量地表水。全省 32 座大型水库较 2003 年初增加蓄水 21.77 亿 m³，南四湖增加蓄水 19.99 亿 m³。全省平原区地下水蓄水量较 2003 年同期增加了 72.59 亿 m³，其中济宁、菏泽、德州增加幅度较大，分别增加了 16.59 亿 m³、14.28 亿 m³、7.92 亿 m³。

2004 年全省地下水位都有不同程度的上升，平原区地下水位平均埋深为 5.59m，较2003 年同期上升了 1.83m。其中枣庄、济宁、泰安升幅最大，分别上升了 5.30m、4.74m和 3.88m[40]。

8.2.7　河北

1. 邯郸

2009 年 6 月，邯郸县水利局组织水资源管理人员，对 13 个井点的地下水位进行观测，此次测得地下水水位较 2008 年同期相比平均上升 1.08m。其中，东部平原的 7 个井点水位平均上升了 1.06m，西部山区 6 个井点水位平均上升了 1.11m。在去冬今春该县降雨量仅占 2008 年的 25%的情况下，地下水位仍上升，表明生态水网对地下水位的补充作用显著[41]。

2. 保定

河北省保定市通过关停自备井、兴建废水回用项目等节水措施，使地下水位下降得到有效控制并有所回升。2003 年 8 月，据测量，保定地下水漏斗中心水位已上升了 11.91m。

保定地下水多年平均补给量为 8240 万 m³，而实际年平均开采量高达 1.57 亿 m³，超采 7400 万 m³，处于严重的采补失调状态，致使地下水位从 1991 年至 2000 年下降了 20m，形成面积为 410 km² 的漏斗区。

2000 年 6 月，保定西大洋水库引水入市工程竣工，提供了 60%的城市用水。地表水的补给虽然使地下水得到一定涵养，但是由于近年干旱少雨，地下水自然补给量减少。针对这种情况，保定市强化了两项节水措施：一是关停自备井，加大地下水节水力度。截至2003年8月，已关停246眼自备井，每年减少地下水开采量1800多万 m³。二是积极帮助和支持工业企业建设污水、废水处理和回收利用项目，加大工业节水力度。目前全市工业万元产值取水量由1982年的871 m³ 降到2003年的42.25 m³，工业用水重复率由1982年的11%提高到2003年的77%[42]。

3. 沧州

曾是地下水降落严重"漏斗区"的河北省沧州市，三年来通过关闭自备井、推广节水、引水等科学用水措施，减少对地下水的开采，2009年，使深层地下水位平均上升了8m，最高升幅达20m，有效涵养了地下水资源。

沧州市是河北省确定的深层地下水超采区，多年来，由于工业用水和城市生活用水不断增加，大量超采地下水，形成华北平原最大的地下水降落漏斗，引起地面沉降，造成大量深井报废和市区排水不畅等一系列生态环境与地质问题。

为减少对地下水的过度开采，多年前沧州市就在东南部建成了库容上亿立方米的大浪淀水库，作为沧州城市用水的水源地。每年还从山东引黄河水或从王快水库引蓄近5000万 m³ 的水，以供城市生产、生活之需。2009年，水库每年向市区供水的能力达到3000万 m³，水库水资源效能得到有效发挥。2009年，沧州市又进一步加强城市水源地建设，开工建设了杨埕水库等水源地，以进一步提高水资源保障系数，使经济社会发展有充足的水资源作保证。

针对严重超采深层地下水引起地下水位持续下降的状况，沧州市从2005年开始，分3年时间全部关停市区单位自备井，并开展了关停市区单位自备井的专项行动，一些用水大户开始用地表水替代地下水，从而结束了企业长期采用地下水的历史[43]。

8.2.8　山西太原

2009年7月15日，山西省太原市水务局水资源办公室负责人介绍，太原市地下水水位近年来连续上升，其中西张地区近5年累积上升了35.04m。

数据显示，太原市地下水水位控制平均值2005年为39.08m，2007年为38.93m，到2008年上升到37.96m，全市46个监测点平均上升了1.12m，出现地下水停降转升的局面。

太原市水务局的专家分析原因说，一方面引黄河水入太原增加了新的供水水源，促进了地下水采补平衡；同时，通过近几年实施的"关井压采"，目前全市已累计关闭了214个单位的375眼自备井，压缩地下水开采量每日达34.5万吨。另一方面，2006年太原市列入全国节水型社会建设试点城市后，在农业节水灌溉、工业节水技术改造、推广节水器具使用等方面取得了很大成果。目前太原市万元地区生产总值耗水量由2006年的57.3吨/万元下降到2008年的38.97吨/万元[44]。

8.2.9　天津

2004年，中国地质科学院水文地质环境地质研究所研究员张兆吉指出，南水北调工程实施后，我们应合理调配外调水与本地水的利用，在地下水严重超采区设立地下水开采保护区。浅层地下水保护区主要设定在太行山前平原浅层地下水位大幅度下降区，深层地下水保护区设在以德州、沧州、衡水、天津为中心的深层地下水区域降落漏斗区。保护区内要以利用外调水为主，在用水高峰季节才允许适当开采地下水，这样有利于涵养与恢复地下水。据测算，引滦入津工程通水后，缓解了天津市区和塘沽城区的工业和生活用水。为了控制地面沉降，天津市区和塘沽城区停封机井 700 余眼，地下水位逐渐回升。近几年，市中心区水位埋深已上升到 10m 左右。

根据数学模拟结果，停止地下水开采后，经过 10～20 年浅层地下水位即可恢复到自然动态平衡状态，而深层地下水头恢复则需要上百年时间[45]。

8.2.10　内蒙古扎兰屯

在全球地下水资源日趋匮乏的严峻形势下，扎兰屯市的地下水水位却呈上升趋势。2009 年 1 月 4 日，从扎兰屯市水务局获悉，该市市区 2008 年地下水水位上升 0.18m。

根据扎兰屯市市区 6 处地下水自动监测站实际监测资料，2008 年 12 月 26 日市区地下水埋深在 2.88～6.03m，平均地下水埋深 4.36m，与 2007 年同期平均地下水埋深 4.54m 相比，平均上升 0.18m。市区地下水水温在 10.41～12.71℃，平均地下水水温 11.9℃。

扎兰屯市非常重视环境保护，对地下水的保护更是重中之重。2008 年投资 1158 万元对水源地进行保护；投资 8947.37 万元建设日回用水 2 万 m^3 再生回用水处理厂、日处理污水 4 万 m^3 的前段处理设施及管网等附属工程，对城市污水进行处理。

据专业人士分析，人为的保护和科学合理的采用，是导致地下水位上升的一个重要因素；由于扎兰屯市区潜水含水层为透水性能较强的砂砾卵石层，导致水位变化受降雨影响比较大，2008 年该市降水量 504.4mm，比 2007 年降水量 328.3mm 多 176.1mm，地下水补给量增加，也是地下水位上升的另一个重要因素[46]。

8.2.11　辽宁沈阳

2002 年辽宁沈阳市发布的首份水资源报告指出，在 2001 年，沈阳地下水资源可开采量为 13.48 亿 m^3，与多年平均值相比少 30%。当时，沈阳市地下水水位呈下降趋势，枯水期城区地下水位平均下降 0.62m，其中北部地区平均下降达 1.5m，中心城区形成了 288 km^2 地下水超采漏斗。

为了保护沈阳的生命水，逐步化解水危机，为沈阳的经济社会可持续发展提供动力，市政府加强了水资源的统一管理和合理开发利用工作。在加大取水许可证审批管理和查处无证取水、违章取水、超计划取水等违法行为的同时，启动了工业、生活和农业节水项目。其中，农业利用世界银行贷款新上节水灌溉 180 万亩，使沈阳 25% 的耕地走上了节水道路。使农田灌溉用水由 2001 年占全市总用水量 67% 下降到 2006 年的 56.3%。

2003 年，沈阳地下水资源量为 19.95 亿 m^3，可开采量 16.29 亿 m^3。2004 年，两个数字分别变为 20.68 亿 m^3、16.96 亿 m^3。到了 2005 年，又分别增长为 22.86 亿 m^3、19.43 亿 m^3。仅仅四年的光景，就接近或超过了沈阳市多年的平均值——地下水资源量 23.68 亿 m^3，可开采量 19.34 亿 m^3。

与此同时，沈阳地下水位在不断上升。最能反映这一变化的，是沈阳的"地下水漏斗"面积在迅速缩小。至 2005 年，全市地下水漏斗区总面积缩至 78.8～147.62 km^2。地下水上升，还带来浑河、辽河、蒲河等中小河流地下水位上升，水质改善[47]。

8.2.12　黑龙江哈尔滨

从哈尔滨市水资源管理办公室了解到，虽然 2007 年夏秋到 2008 年春，哈市出现了比较严重的旱情，但城区内水资源环境却不断好转，半年时间地下水水位局部已上涨

0.7m。

　　经过多年治理，哈尔滨市地下水资源开采量已由 20 世纪 80 年代初的每天 33 万 m^3，减少到每天 12.1 万 m^3，基本实现了采补平衡，地下水漏斗区面积也由 380km^2 减少到 200 平 km^2。由于地下水水位上涨，一家饭店地下五层建筑物底板上层常年泡在 30cm 深的地下水中，一家银行的金库被迫从地下五层搬到了地下四层。

　　哈尔滨市城区地下水资源的恢复有赖于单位和个人用水数量的控制，更有赖于中水重复使用。数据表明，哈市工业用水重复使用率已经从 2007 年的 75.18％上升到了 75.2％，节约了数以百万吨用水[48]。

8.2.13　北京市历史上区域性水位上升情况

　　图 8.27 为潜水-承压水水位的多年动态曲线，从图中可以看出，虽然北京市地下水半个世纪以来总体上以下降趋势为主，但在 1988～1992 年和 1995～1997 年分别出现了两次明显上升情况。

　　分析主要原因为：从 1985 年起，北京市开展水资源管理及采取多种措施，如调用水源八厂、九厂等水源，实施《水资源管理条例》等政策法规等，地下水开采量逐年增加得到控制（图 8.28），地下水位下降趋势减缓，造成 1988～1992 年区域地下水位有所回升（图 8.27 和图 8.29）。1995 年 10 月 17 日至 1997 年 11 月 16 日，官厅水库放水造成京西地区地下水位普遍大幅抬升（图 8.27 和图 8.30）。

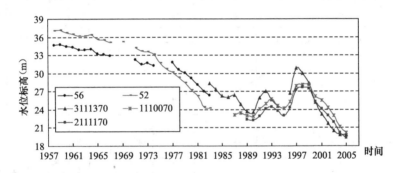

图 8.27　潜水-承压水水位多年动态曲线（图中数字为地下水位长期观测孔编号）

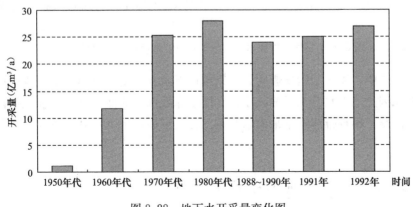

图 8.28　地下水开采量变化图

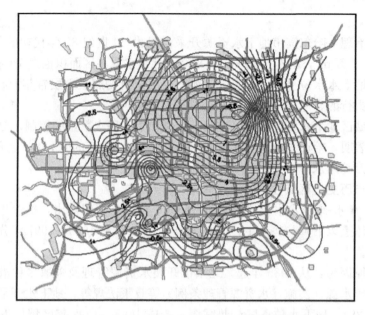

图 8.29　1988～1992 年年平均水位升幅等值线图

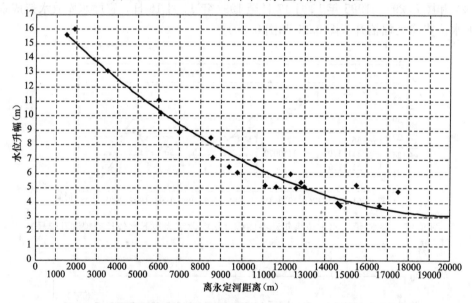

图 8.30　官厅水库放水引起地下水位升幅与永定河距离关系图

　　上述分析表明，受人为因素影响，北京市地下水在历史上也出现不同程度的水位回升现象，主要原因是地下水开采量的减小，官厅水库放水等偶然事件也会在短期内引起区域性地下水位回升。不难推测，未来南水北调工程进京后，地下水开采量大幅下降也会引起区域性地下水位回升。

8.3　水位回升引起结构上浮典型案例

　　在本章的 8.1 和 8.2 节中搜集整理了国内外由于人工影响造成的地下水位回升，其中报道了很多由于水位上升造成的已有结构的损坏案例，常见的有地下室渗水、结构变形、地基或基础的承载力下降等。事实上，除了已有结构外，对于新建建筑物，在设计或施工中，一旦对地下水的影响考虑不足，往往会引起更加严重的损坏。本节介绍了国内的 19 个案例以说明上述问题。

8.3.1　安徽合肥某地下车库

（1）工程概况

合肥某地下车库[54]位于两排小高层之间，其长度近 100m，宽度约 30m，基坑开挖深度约 5.5m，中间部位在顶板和侧墙处设有伸缩缝（底板未设缝），在地下车库上需覆土约 90cm。

（2）场地岩土工程条件

该车库工程位于南淝河二级阶地岗地上，上部地层由填土和黏土组成，填土厚度小于 2.0m，勘察报告判定在填土层中埋藏有少量上层滞水，但在勘察期间未发现地下水，填土层下的黏土层为不透水层。地下车库开挖时，基坑中也基本上是干的。

（3）上浮情况

在地下室封顶后基坑四周回填时（顶部未覆土），施工单位未按要求对回填土进行分层夯实。在这之后一段时间便在地下室中部伸缩缝处发生上浮现象（两端未动），上浮最高达 40cm 之多，该处底板多处开裂、柱子也发生明显倾斜。

（4）事故原因分析

该地下室上浮主要是由于施工单位在基坑回填时没有按要求对回填土进行分层夯实处理，使得基坑四周地表水、地下水以及施工用水汇入坑内，并渗入到地下室底板下，由于基坑四周的老土层均为不透水层，形成了水盆效应，进入基坑中的水就很难排出，这样日积月累当地下水浮力超过了地下室抗浮力时造成地下室上浮。

（5）上浮事故处理

① 将基坑周围已回填的土挖除 2.0m 左右，然后重新分层夯实；

② 将地下室底板下和其四周的地下水排出，同时严密观察地下室回落情况；

③ 因排水后发现地下室并没有完全复位，于是又通过在底板上打洞进行压密注浆，将底板下悬空部分填实；

④ 在地下室底板处预留临时性排水孔，当底板下有水时可及时排出；

⑤ 对已开裂的底板采用特殊材料进行修补。

虽然采取了上述的处理措施，但后期仍有少量的水从预留的孔中淌出，这也说明对于已进水的地下室要通过处理完全堵住水是比较困难的。

8.3.2　安徽合肥盛世名城住宅小区单层地下车库

（1）工程概况

安徽合肥盛世名城住宅小区[58]位于蜀山区黄山路与潜山路的交叉路口，其住宅楼小区基础形式：外墙采用 1.2m 宽条基，中柱采用独立基础。地下室底板为构造防水板，板底下虚铺 200mm 厚松土。地梁底落在老土内，两侧采用砖胎膜。

工程场地土层自上而下为①层杂填土、②层黏土、③层黏土，③层黏土作为车库基础持力层，其地基土的地基承载为特征值为 310kPa，压缩模量为 15.5kPa。基本柱网为 7.8m×7.0m，底板厚 250mm，200 厚素混凝土找平层，外墙、顶板厚为 300mm，顶板覆土 700mm 厚。

场地在①层杂填土中埋藏有水量较为丰富的上层滞水型地下水，水量主要受大气降水及地表水渗入补给，地质报告提供地下室外抗浮水位取室外地坪下 0.5m。

（2）上浮情况

本工程所在地地势低洼，由于 6 月份下暴雨，造成场地大面积积水。柱子顶底水平反对称裂缝是由于各柱子不均匀隆起和下沉引起偏心受拉裂缝。外墙顶部水平裂缝是由隆起或下沉引起拉应力裂缝，车库顶板面出现裂缝是由柱子上顶引起的拉应力裂缝。

（3）事故原因分析

① 车库入口处，回填土质量控制不好，造成地下水渗入，会引起坡道板上浮。

② 连接通道处，板边应设置封口梁，形成一个闭合体。板底若采用虚土，容易引起地下水和地表水渗入车库底板下。

③ 伸缩缝处至今尚未回填土封闭，易造成地表水渗入地下室底板垫层。

④ 地下室外墙回填土回填不到位，回填方法措施不合理，施工期间场地内又无组织排水措施，顶板 700mm 厚的覆土尚未进行。致使暴雨期间大量的地表水通过回填土的不密实处，大量涌入地下室底板底。形成地下水浮力，导致车库上浮。

（4）上浮事故处理

① 降水复位

首先在车库周围布置降水井，降水井深 3.8m 左右，水位控制－3.3m 左右。为了有效地使隆起的结构尽快复位，可对底板适宜部位开孔放水，间距不大于 25m 梅花形布置，直径 75mm；泄水后柱顶标高回落较大，回落过程中，要求施工单位加强对梁、板、柱缝变化情况的观测记录。

② 加载复位

设计时原考虑 700mm 厚的覆土，因此为了尽快让柱顶标高回落复位，对板面裂缝进行封闭和加固后，在顶板上进行覆土，覆土时从隆起较多部位，逐渐向两侧进行覆土。柱头部位，柱脚处可适当增加堆载。覆土时，加强观测结构构件变形，尽量避免加载后产生新的变形。加强周围降水，适当位置增加泄水孔，减少地下室底板下水的残余浮力。最后根据柱顶标高回落情况，确定是否对基础进行注浆。

③ 检测加固

在加载复位后对外墙、柱、梁板裂缝进行检测，对于缝宽 0.3mm 以下梁、板、柱子裂缝，为保证结构构件的耐久性，采用压力灌入环氧树脂进行封闭。对缝宽 0.3mm 以上裂缝，除采用压力灌入环氧树脂外，还须粘贴碳纤维加固。对于柱子竖向裂缝，针对裂缝开展情况采取相应的加固措施。

8.3.3　安徽合肥某小区地下车库

（1）工程概况

某小区单层地下车库[62] 建筑面积约 6000m²，建筑轮廓（50～73）m×99m，层高 3.5m，地下室顶板设计覆土 1m。该小区单层地下车库结构平面图见图 8.31。该工程抗震设防烈度为 7 度第一组，场地类别Ⅱ类。由于该工程所处土层均为老黏土（仅地表 0.5～1.0m 为杂填土），该土层基本为不透水层；在杂填土中埋藏有上层滞水型地下水，其水量补给来源于大气降水及地表径流入渗；地质报告未提及抗浮水位。

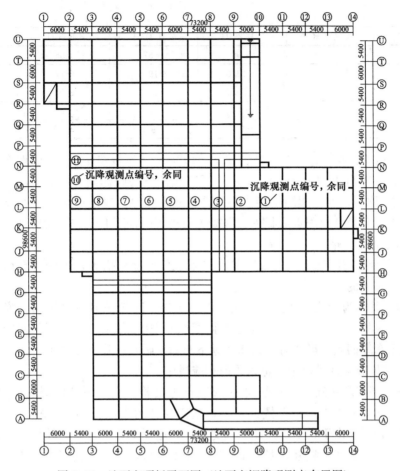

图 8.31 地下室顶板平面图（地下室沉降观测点布置图）

（2）上浮情况

2005 年 2 月，该工程主体结构完工，仍处于施工阶段。2005 年 6 月，由于该时期合肥连降暴雨，车库内隔墙近柱处首先斜向开裂，7 天后车库中心附近部分柱顶出现横向细裂缝，个别柱有贯通裂缝。经仔细检查，地下室混凝土墙、地下室顶板、底板均未发现裂缝，基本排除温度或混凝土收缩产生裂缝的可能。而根据对柱前后一个月观测的结果（观测点平面详见图 8.31），发现开裂明显的框架柱均为有较大上浮量的框架柱；框架柱最大上浮量 75mm，具体上浮量观测值见表 8.3。

框架柱上浮量观测数值（正值为上浮） 表 8.3

观测点	6 月 7 日	7 月 29 日	7 月 31 日	8 月 3 日	8 月 7 日
1	0（mm）	+6.5（mm）	+6.5（mm）	+6（mm）	+6（mm）
2	0	+5	+5	+5	+5
3	0	+22	+20	+20	+20
4	0	+70.7	+67.7	+64.5	+64
5	0	+75	+73	+70	+69
6	0	+78.2	+77	+75	+75

观测点	6月7日	7月29日	7月31日	8月3日	8月7日
7	0	+58	+57	+55	+54
8	0	+19.5	+19.5	+17	+16
9	0	−10.2	−10.2	−10	−10
10	0	−8.8	−8.8	−8.8	−8.7
11	0	−9.7	−9.7	−9.7	−9.6

考虑1m覆土、底板、顶板、柱、独基、100mm厚底板垫层、40mm厚车库地面找平层等,本工程结构自重约为39kN/m²;地下室底板垫层底标高−4.85m;按室外地坪下1.0m计算抗浮水位,本工程结构能满足抗浮要求。钻穿混凝土底板后,有较大压力水冲出,除四周地下室外墙及附近底板外,混凝土底板不同程度上浮,最大超过75mm。

(3)事故原因分析

① 该时期合肥连降暴雨,但施工单位未采取任何保护措施,现场甚至在紧挨地下室外墙处出现一个大的水塘。

② 回填土基本为杂填土甚至垃圾土,极为疏松,已无任何阻水作用。该工程为地下车库,周边建筑均尚未完工,地表也无排水系统。周边建筑施工废水、雨水顺回填土缝隙而汇集在地下车库四周,形成有压力水。地下车库实际在一片水洼之中。

③ 地下室顶板未及时覆土,也未采取相应措施。

④ 地下室基础及基础拉梁侧壁均为120mm厚砖模,在地下室四周有压水的作用下,水顺砖土之间的缝隙渗入,长期侵蚀之下,基础与持力土层分离。遇暴雨,顶板又未覆土,地下室遂飘浮。由于本工程按超长超宽设计,地下室顶板、底板较强,于是在相对较弱的框架柱顶、柱底产生裂缝。混凝土外墙由于本身自重较大,且存在外侧填土的摩擦作用,故该处未产生上浮现象。

8.3.4 福建厦门某广场地下室

(1)工程概况

厦门某工程[60]为一"回"字形的建筑群,"回"字形四周分布7幢12~16层不等的框架结构的住宅,中央为一框架结构下沉式广场,总建筑面积41659m²。

该建筑中塔楼的地下室为二层,广场的地下室为一层,局部二层。前者的基础为桩基,后者的基础为天然地基上的钢筋混凝土片筏基础。两者的地下室底板用后浇带连成一片,面积为9877m²,其中广场部分的底板面积为5192m²。

(2)上浮情况

该工程地下室于2000年4月上旬施工完成,接着进行上部塔楼主体结构的施工。地下室底板和外墙后浇带于2000年7月上旬开始施工,至7月中旬完成,此时由于要进行地下室外墙防水的施工,故未进行基坑回填土。在2000年8月23~28日,厦门受10号台风影响,连降大到暴雨,6天内累计降水199.7mm,基坑四周水位涨至−2.25m左右,离地下室底板底标高约为6m,台风过后,开始发现广场地下室顶板中部有明显的凸起现象,并发现顶板的梁板有轻微的裂缝,过了一周左右,梁板裂缝增加并渗水,此时对顶板12个特征点(柱网交叉点)进行测量,中央最大上浮量已达217mm,并呈现中间大周边小的分布(由于周边受到塔楼的约束)。

（3）上浮事故处理

地下室上浮的处理方案包括：第一步先在地下室底板钻孔消除水浮力（即"消压"）；第二步计算水对地下室的浮力，提出平衡水浮力的方案并实施；第三步是对上浮所造成的结构裂缝进行修补补强。

8.3.5　福建厦门世贸中心一期工程

（1）工程概况

厦门世贸中心一期工程[65]设计为人工挖孔桩和箱形地下室基础，地下室三层平面如图 8.32 所示。地下室埋深 14.00m，长 150.00m，宽 71.50m（局部 99.85m）；上部建筑为框剪结构，在轴线①～⑧/C～Q、⑧～(16)/H～Q、(16)～(20)/K～Q 为五层裙楼和双塔楼（A 区主塔楼 39 层，D 区塔楼 24 层）；E 区部位只有地下室，没有裙楼。

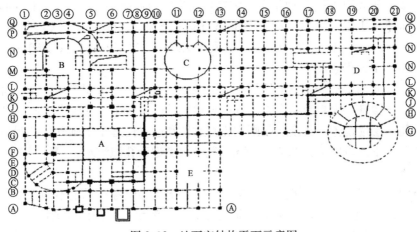

图 8.32　地下室结构平面示意图

（2）上浮情况

工程于 2000 年 8 月底完成裙楼主体结构施工，10 月底完成地下室基坑回填土，并四周停止井点降水；至 11 月 14 日曾作沉降观测，未发现异常情况。11 月底发现在无裙楼的⑨～(12)/A～H、①～⑨/A～C 及⑨～(16)/H～N 区段地下室楼板有裂纹出现，至 2001 年 1 月经检查陆续发现在－9.10m 板、－5.15m 板、＋9.45m 板，出现不同程度的裂缝（此时仍未意识到系地下室上浮所致）。同年 2 月 14 日进行系统沉降观测时，发现－0.05m 板上浮，最大点达 149mm，位于 E 区；此时在 E、C 区段一些近柱边的框架梁端出现上宽下窄的贯穿性结构裂缝。

（3）事故原因分析

① 设计抗浮力取值小于工程场地实际

本工程设计对地下水位高度估计不足，对基础局部抗浮未考虑及未提出施工控制要求，是本工程地下室在施工阶段上浮的主要原因。事后经实测地下水最大水头大于 12.00m，并经复核地下室底板水压达 138.5kN/m²；而上浮波及的 E 区和 C 区段地下室单桩基础直径为 1000～1200mm，长度为 12～20m，布桩间距为 9000mm×9000mm 的人工挖孔钢筋混凝土桩基，不可能承受差距极大的抗拔力（原设计为承受建筑物上部竖向下传荷载）。

② 设计未考虑基础地下室结构局部抗浮受力差异

上部建筑高低悬殊，甚至同体地下室局部区段无上部建筑，造成上部建筑结构竖向荷载重心与地下室底板平面形心不重合，基底作用力（地基反力，包括浮力）对地下室底板的荷载分布不均。地下室上浮差值最大达 138mm，地下室局部结构强度不足以抗拒，导致混凝土梁板开裂；在上浮最大区段正是位于无裙楼部位，裂缝情况也最严重。

③ 施工组织抗浮防范意识不强

工程施工在地下室回填后即停止了降水，地下水位恢复，又因其他原因暂时停止施工，并未作沉降观测，以致发现混凝土结构出现裂缝，仍未觉察是地下室上浮所致。滞后近 2 个月才认识到事故原因，未能在第一时间内采取有效措施，加剧了本工程地下室和裙楼数层混凝土结构构件裂缝发展程度，增加了结构裂缝补强的工程量。

8.3.6　广东深圳宝安中旅大酒店地下室

（1）工程概况

深圳宝安中旅大酒店[66]场地位于深圳宝城前进路与创业路交汇处，设计主楼高 20 层，裙楼 3 层，地下室 1 层，深为 −5.6m。上部为框架结构，基础为柱下大口径钻孔灌注桩，地下室底板厚 500mm，桩端持力层为中-微风化花岗岩。建筑占地面积为 60m×38.5m。

（2）场地岩土工程条件

根据工程地质勘察报告，场地地层有人工填土、表土、冲洪积粉质黏土、砾砂、残积砾质黏性土，下覆基岩为粗粒花岗岩。其中场地 A～C 轴与①～⑨轴分布有渗透性好、水量较丰富的砾砂层透镜体，其余地段则均为富水性和透水性远小于砾砂层的粉质黏土。勘察报告提供的地下水位埋深为 3.7～4.8m，地下水类型为孔隙潜水。

（3）上浮情况

当地下室完成闭坑准备施工上部结构时，发现裙楼部位各柱出现不同程度上浮，上浮最大量达 160mm，地下室顶、底板也不同程度开裂、渗水，主楼部位则稳定。

（4）事故原因分析

勘察时未发现有膨胀岩土，因此判断上浮与地下水有密切关系。一是桩基施工速度快，形成超静水压力，桩基上浮而带动地下室上浮；二是地下室施工时为冬季，隆起段（A～C 轴）的砾砂层水位埋藏较深，第二年春季到来时，由于雨量大，水位变浅，地下水对地下室的浮托力增大；三是设计错误，据查，设计时取勘察时最浅水位（埋深 3.7m）作为计算依据，而地下室完成后第二年夏天曾发生水浸路面深达 800mm，场地地下水类型又是孔隙潜水。按地下水埋深为 0m 考虑，必须把裙楼上部 2 层荷载全部加上才能满足抗浮要求，且裙楼部位桩基配筋偏少。

8.3.7　广东深圳市阳光花园地下室

（1）工程概况

阳光花园[50]位于深圳市南山区后海湾半岛。该地区原为填海造地滩涂，常年地下水位较高，最高时可达黄标 2.6m（该地块平均标高约 4m）。该花园地下室是小区配套的全埋式人防地下室，长 48.9m，宽 21.5m，仅地下一层，顶板覆土 95cm，地面以上是小区绿化场地。地下室采用天然地基，双向肋形筏板基础，人防抗力等级五级，人防掩蔽布防化等级为丙级。

（2）上浮情况

该地下室于 1999 年 4 月 18 日开始开挖基坑，同时进行井点降水，同年 8 月 13 日地下室主体结构施工完毕，8 月 21 日开始基坑土方回填，23 日结束现场降水。根据沉降观测数据，8 月 27 日地下室南侧上浮了 6cm，29 日回落到 3.5cm；9 月 1 日深圳地区普降大雨，9 月 3 日发现地下室南侧出现明显上浮和整体倾斜现象，地下室南侧的上浮量达 68cm，北侧上浮量为 13cm，整个地下室呈由南向北倾侧状；同时其南侧、东西两侧的回填土已出现多处塌陷，部分地下室外墙的柔性防水涂膜、砖砌体保护层与建筑物主体脱离剥落，露出外墙混凝土基层。此时地下室的上浮已危及整体结构的稳定和安全，急需进行纠偏和加固处理。

（3）事故原因分析

本工程由于基础底板施工时正值雨季，降雨量较大，而基坑内的排水系统不顺畅，加上施工单位的疏忽，过早停止降水，又未及时回填，且未采取其他适当的抗浮技术措施，在地下室自重未达设计预期值，而地下水位已升至最高值的情况下，造成总抗浮力不足而上浮。

（4）上浮事故处理

由于堆积在地下室四周的回填土只能进入地下室基底四周一定范围以内（最大深度约 7m），因此可以采用压力水清淤、机械及人工方式掏土，清除基底结合面处淤积的泥沙，使地下室复位，最后倾斜率控制在小于 2‰。为使纠偏过程成为可控，且不破坏结构安全，在掏土的同时，需沿地下室周边不断用砂袋进行置换，最终使地下室支撑在砂袋上，从而变掏土纠偏为掏砂纠偏，使地下室纠偏工作变得更为稳妥、可靠（施工作业顺序如图 8.33）。掏土全过程需进行沉降观测，并反馈到纠偏施工中去，以使地下室按整体位移方式复位，避免结构出现新的裂缝和已有裂缝继续发展。

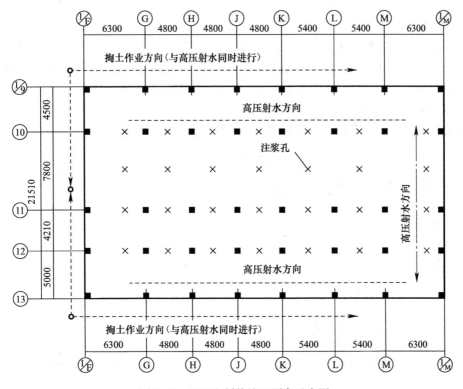

图 8.33 地下室纠偏施工顺序示意图

纠偏矫正工作使地下室倾斜率满足要求后，设置抗拔锚杆抵抗施工期间地下室所受的上浮力；再用水泥浆对基底与垫层间或垫层与地基间的空隙进行压密注浆，将空隙充填密实。注浆前需将基底四周进行密封处理，防止浆液渗漏，影响注浆质量。注浆时从注浆孔注入浆体，当从邻近冒浆孔冒出的浆液浓度达原有浆液浓度时，可将冒浆孔堵死，该区域的注浆即告完毕。

8.3.8　湖北武昌某花园小区

（1）工程概况

武昌某花园小区[52]，共建有 18 栋住宅，总建筑面积 8.6 万 m^2，其中央花园建有一单层地下人防工程，平时作为小区地下车库，建筑面积 4800m^2。人防工程采用天然地基，筏板基础，现浇钢筋混凝土结构。筏板基础板底埋深 −5.100m，地下室顶板板面埋深 −0.900m。其平面形状及剖面见图 8.34、图 8.35。根据设计要求，地下室完工后须在顶板上覆以厚度不小于 500mm 重度为 16kN/m^3 的黏土。

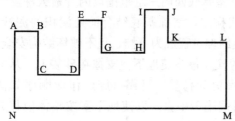

图 8.34　地下室平面示意图　　　　　　图 8.35　地下室剖面图

（2）场地岩土工程条件

场地地貌单元属长江 I 级阶地，场地地下水主要为：赋存于①层填土中的上层滞水，受大气降水和地表排水的补给，水量有限；赋存于下部砂土层中的孔隙承压水，距离地下室底板达 10m 以上，且中间均为隔水地层。勘察期间场地混合静止水位埋深为 0.5～1.8m。对本地下室抗浮产生影响的为上层滞水。

根据岩土工程勘察报告，该场地岩土层结构及主要特征见表 8.4。

表 8.4

场地土层结构及特征表

地层编号及岩土名称	层顶埋深（m）	层厚（m）	状　态	湿　度	压缩性	f_k（kPa）
①耕填土	自然地面	0.2～1.7	松散	稍湿-湿	高	
②₁粉质黏土	0.2～1.7	0.8～4.1	可塑	饱和	中	125
②₂粉质黏土	2.4～3.6	0.4～1.5	可-软塑	饱和	高～中	100
②₃黏土	2.4～4.2	2.4～5.3	可塑	饱和	中	140
②₄黏土	6.0～8.3	1.5～4.6	可-硬塑	饱和	中	190
②₅粉质黏土	7.6～11.2	4.7～9.0	可-软塑	饱和	中	130
③₁粉土、粉砂、粉质黏土互层	15.0～19.2	0.6～5.1	软-流塑	饱和	中	115
③₂粉砂	16.0～22.1	6.0～11.6	中密	饱和	低	200

（3）上浮情况

测量结果表明，上浮最大为地下室东南角（图 8.34 中 M 点），达 300mm；最小为西北角（图 8.34 中 A 点），为 0。

（4）事故原因分析

该工程于 2003 年 5 月开工，同年 9 月完工，完工后因利用地下室顶板作为施工硬化场地而未及时覆土，2004 年 6 月连降暴雨，积水淹没地下室顶板，以至发生地下室不均匀上浮事故。

（5）上浮事故处理

① 抢险处理

为减小地下室倾斜，使其回落至地基土上，防止因长期处于较大的倾斜状态而导致局部结构的损伤，首先采取了降水减浮的抢险措施，即通过降水井将基坑回填土中的积水排出场地外，降低地下水位，从而减小地下水对地下室的浮力。

在地下室北边中间、南边中间、东北角、东南角的基坑回填土中共布置四口降水井降水，井径 400mm，井深 3.5m。该措施效果十分明显，随着降水的进行，地下室缓慢回落，上浮大的区域回落也相应较大。

但当地下室将要回落至原始标高时，继续降水，沉降几乎停止，最终东南角（图 8.34 中 M 点）在回落 240mm 后不再回落。分析其原因可能是在地下室上浮期间，基坑回填的杂填土有少量随着水流进入地下室底板与原地基土之间的空隙中，从而导致地下室无法完全复位。

② 永久性处理

针对本工程的具体情况，采用了以下几条处理措施：

第一，完成地下室顶覆土，覆土厚度与其上水池景观的折算覆土厚度之和达到 800mm，覆土采用黏土，并分层夯实。

第二，注浆加固基坑回填土，基坑与地下室之间的回填杂填土的不密实导致易积水饱和，使地下室处于高水位的地下水中而可能发生上浮，因而加固该部分土体十分必要。本工程采用注浆方法加固，沿基坑周边布置一排注浆孔，西北部孔间距 3.0m，东南部孔间距 2.0m，注浆孔深 5.2m，浆液为水泥浆，注浆压力控制在 0.3~0.5MPa。

第三，注浆加固地下室底板下填土，针对底板下在地下室上浮期间进入的少量填土及可能存在的底板与垫层间的脱空情况，采用注浆进行加固和充填。为尽量少破坏底板，仅在柱子部位及外墙边布置注浆孔，注浆孔深 1.0m，浆液为水泥浆，注浆压力控制在 0.5~1.0MPa。

按上述措施处理后，经过近十个月尤其是经过 2005 年初强降水的检验，地下室没有再次发生上浮，证明采取的处理措施是有效的。

8.3.9 山东巨野县清源污水处理工程综合生物处理池

（1）工程概况

山东省巨野县清源污水处理工程综合生物处理池[63]（沉淀池、曝气池、厌氧池）总长 100.35m，总宽 81.35m，池最深 5.5m。采用悬挂链曝气处理工艺（百乐卡工艺），曝气池、厌氧池底板采用 HDPE 高强度土工膜，膜上下各衬 $\geq 400g/m^2$ 的土工布。沉淀池为全现浇钢筋混凝土水池结构，曝气池、厌氧池采用防渗膜衬砌池底及护坡、现浇钢筋混凝土池壁结构。

（2）上浮情况

在施工过程中，发现沉淀池与曝气池相邻处的池壁伸缩缝上端，西侧向曝气池侧错位

37mm；1 号沉淀池底板中间部分高出四周 360mm，2 号沉淀池底板中间部分高出四周 330mm，并有东西方向的裂缝。

（3）事故原因分析

由于工艺要求，结构设计采用非抗浮设计，沉淀池池底结构设计为构造底板。根据几方提供的材料，2006 年 7 月 2 日晚至 7 月 3 日傍晚，巨野地区连降暴雨；7 月 5 日早上发现事故时地下水位距地面仅 1.5m，高于设计图纸要求的在施工过程中应控制的最高地下水位高度，且水池为空池。雨水渗入地下，同时使地下水位升高，此时地下水产生的浮力大于混凝土底板自重，使混凝土底板受到向上的浮力；当底板与基底粘着力被破坏时，底板上浮。

（4）上浮事故处理

① 在施工过程中，应严格监测地下水位的变化情况，并采取可靠的降水措施；

② 应根据地下水位的变化情况，严格控制综合生物处理池的整体放空检修，即在施工及运行过程中，应控制空池时地下水位不超过基底以上 350mm，以保证结构的安全性。

8.3.10　山东青岛某地下车库

（1）工程概况

青岛某地下车库[57]位于青岛市一住宅小区的建筑群中，其东侧地势较高，西侧地势较低，如图 8.36 和图 8.37 所示，南北两侧及中部分别与三幢高层建筑相连，地下车库建筑面积约 9613m²。地下车库及三幢高层的平面位置关系见图 8.38。

图 8.36　地下车库东侧地势

图 8.37　地下车库西侧地势

图 8.38　地下车库局部外景

该地下车库为钢筋混凝土框架剪力墙结构，基础形式为桩筏基础，基础及主体结构均采用 C35 防水混凝土。施工图中地下车库抗浮设防水位绝对标高为 39.0m。

（2）上浮情况

车库于 2007 午 12 月完成主体结构施工。2008 午 7 月 23 日前后青岛连续下了几天暴雨，7 月 25 日发现地下车库有不同程度的隆起，最大隆起最达到 526mm，同时发现梁、板、柱等结构构件有不同程度的开裂损坏。

（3）事故原因分析

① 设计方面

本地下车库抗浮设计时抗浮设防水位取《岩土工程勘察报告》中提供的水位：39.0m，但根据气象资料，2008年7月23日前后青岛遭遇连续几天的暴雨（7月23日一天的雨量达90mm）。发生地下车库上浮时地下瞬时水位达到40.0m。

对地下室和地下结构抗浮水头的确定，应取建筑物设计使用年限内（包括施工期）可能产生的最高水位。本地下车库抗浮设防水位偏于安全考虑应取与顶板面等高的标高：41.7m。

② 施工方面

按原设计顶板上有1.8m厚的覆土，底板为倒梁板式结构，发生上浮事故时顶板上与底板井格区间内覆土均未施工，地下车库底板120mm厚的混凝土面层也未浇筑。所以地下车库的抗浮力还未达到设计抗浮力。

后浇带（按设计施工图要求）已浇筑，如果后浇带未浇筑，该处是暴雨时泄洪到地下车库内的"通道"，客观上对地下车库抗浮是有利的。

地下车库周边设有集水井、水泵抽水。但现有的集水井降水措施仅按枯水期设计，无法有效排除本次连续暴雨进入基坑的雨水。

（4）上浮事故处理

应急控制措施的目的是尽快抑制地下车库继续上浮并使其能够安全回落到原位。根据以往的经验采取以下五种措施：

① 立即采用大功率的水泵从集水井向外抽水；

② 在东侧外墙打孔以降低水，同时往车库内充水；

③ 在车库底板上打洞，释放地下水；

④ 对开裂严重的柱设置了临时支撑；

⑤ 车库顶板上覆土。

8.3.11 天津市某工程地下室

（1）工程概况

天津市某工程[67]，地下一层，地上西侧为2～3层中、小型商业建筑，东侧为6～9层退台酒店组成的群体性建筑，总建筑面积4.5万m²，地下室建筑面积1.3万m²。该工程结构为框架结构，室内外高差1.2m。多层部分桩基为直径400mm预应力混凝土管桩，单桩竖向极限承载力标准值1200kN，独立承台。基础底板厚500mm，柱网8100mm×8100mm，柱截面500mm×500mm，为井字梁结构，主梁截面350mm×700mm，次梁截面250mm×500mm。

（2）上浮情况

该工程在部分主体结构施工完毕后一个月，于2005年12月底发现有局部上浮现象，并在短短两、三天内上浮最大点达到250mm左右。另外有部分构件出现裂缝。

（3）事故原因分析

经对原设计进行设计复核，该工程结构在抗拔桩失效的前提下，结构自重无法大于地下水对结构物所产生的浮力。经分析可能在较大上浮位移下的承台桩已失去抗拔承载力。

（4）上浮事故处理

首先，尽快恢复地下室底板变形，减小地下水压力，将可能引起的破坏减小到最低；

其次，在建筑物上浮变形基本恢复后，通过采用有效的处理方案，保证本建筑物在长期地下水作用下，能够保持抗浮能力；最后，在建筑物通过以上两步施工后，对受损的结构构件进行修复。

8.3.12　海南海口市某小区商场地下室

（1）工程概况

建于海口市某小区的某商场为地上四层，地下两层的框架结构，平面呈 61.8m×48.6m 的缺角矩形，商场四周有四幢高层建筑，地上 21 层，地下 1 层，剪力墙结构，桩筏基础，已竣工 2 幢。商场则采用天然地基，筏板基础，地基为硬黏土，标准承载力为 200kPa，基础底面标高−11.2m，地下室顶板面−0.5m，地下室全高 10.7m。于 1994 年春完成了地下室主体结构，因故延至 1996 年夏才做完外防水并进行回填。

（2）上浮情况

1996 年 9 月 20 日，适逢当年第 18 号强热带风暴侵袭海口，潮位上涨，但地下室顶板浸水深度也仅 500mm 左右。据附近居民反映，21 日凌晨，在巨声呼啸之后，感觉到地动楼摇，之后看到深埋在地下、体积达 3 万 m³ 以上的巨型地下室，猝然窜出地面 5～6m。

以下几方面的情况，表明该次事故性质的严重性，增加了事故处理的难度。

① 最高洪水位（约相当于±0.00 标高）时，箱底曾经漂离持力层平均高达 5.8m，在稳定水位状态下仍保持 4.3m，当时已历时一月有余。基坑周边堆存的零星材料和建筑垃圾，已被洪水冲进坑内。尤其是西北角局部护坡桩失稳，边坡坍塌，及大部分砖护墙剥离掉入基坑的堆积物，是箱体归位的最大障碍，必须予以清除，难度极大；

② 由于箱体在上浮过程中受到东端独立梁、柱体系牵制导致的整体倾斜，并受东、北两侧护坡桩挤压，使护坡桩及其后的止水排桩遭到破坏，止水功能丧失，在事故处理过程中持续降水，将对东、北两幢已建高层的桩基水平稳定构成威胁；

③ 持力层受到扰动；

④ 归位加固后的建筑物抗浮问题仍需解决；

⑤ 根据设计、地上结构只是局部四层，体积小、荷载轻，因而箱体构件单薄，整体刚度差，抗变形能力低，在归位过程中容易受损伤并失去归位加固的意义。

（3）事故原因分析

由于地下室尚未完成回填，为了防止地下室进水，将地下室所有进出口和预留孔进行了严密封堵，使地下室在处于警戒水位时的紧急情况下，只能完全依靠地下室自重和地下室底板与黏土地基之间有限的一点粘着力来抗浮，失去了自动注水压重抗浮的功能，致使出现前述事故。

（4）上浮事故处理

① 封闭止浮

根据工程地质情况，两个主要的含水层分布在−4.0～−6.0m 间及−20.0m 以下，中间是深厚的黏土止水层。但由于高层桩基和护坡桩的施工，已将黏土止水层穿透，使两个含水层的水通过桩土界面的渗水通道互相沟通，并将地下水引至基底界面，是引起箱体上浮的主要水源。要消除浮力威胁，除了要及时和仔细做好基坑回填，杜绝地表水下渗之外，还应切实恢复基坑周围止水帷幕的止水功能，使之成为不透水的封闭圈，使基底不承受水压。这也是保证在箱体归位加固处理过程中进行持续降水时，不至于危害高层桩基安全的必要措施。

②　抓斗打捞

由于箱体底板沿周边有 750mm 宽的伸出，掉入基坑内的渣料分两部分，大部分当搁置在伸出带上，清除难度不大。妨碍箱体下落归位的是堆积在坑底的渣料。靠基坑东、北两侧由于底板伸出带已紧贴基坑，使坑底打捞清渣工作无处下手，必须首先将钢筋混凝土伸出带局部凿除，开出清渣窗口，由潜水员从窗口下达坑底，经过仔细勘察以后，再用小型抓斗将坑底存渣进行清除。沿西、南两侧的箱底伸出带与坑壁之间还有一定的间隙，可容潜水员下到坑底打捞清渣。最困难的可能是底板下粘附块体和短桩的清除，只能用高压水枪将堆积的块体和障碍吹散，基本恢复两个面（持力层表面和箱体底面）的平整度。

③　牵引归位

由于箱体在上浮过程中受风向和洪流的影响，并受东端独立梁柱体系的牵制，上浮后形成向东倾斜，并向北和东位移，使箱底伸出带抵住坑壁护坡桩，产生咬合力，将箱身卡住。因此归位之前，首先必须将牵制解除，然后才可进行多点牵引拨正。

考虑箱体粘附物为均匀分布时，根据图解法求得箱体的重心偏离形心约 3000mm，可以用箱内局部注水压重试行调整重心，以达到平衡和拨正的目的。

因为箱身的整体刚度小，所以进行牵引拨正时必须多点着力，使力量分散，着力点宜选择在西、南两侧，一0.50 与一4.50 板面梁柱节点处的墙面上，牵引动力可用慢速绞车或人工倒链。

④　软着陆

由于持力层和基础底面很难保持理想的平整度，箱体下落时必然由于接触面不吻合而产生不均匀的内力与变形，导致裂缝与破坏。因此，只能采用软着陆方式将箱体逐步沉落下去。首先对箱底清渣情况进行检查验收。然后开始坑内降水，使坑内水位保持在抗浮警戒水位以上 1000mm 左右，并开始向坑内投注适量（约相当于固结厚度 500mm 左右的浆液）的粉煤灰浆液。待浆液均匀扩散并开始沉淀时，继续从特设的过滤井内进行坑内降水，直至浆液固结，箱体随之平稳下落为止。

⑤　注浆固底

箱体平稳着陆以后，可对底板进行一次敲击检验，在空虚部位的底板上钻孔进行初次重点灌浆，浆液仍用粉煤灰调制。初灌完毕，再在底板上均匀布孔，并敷设高压灌浆管网系统，灌注水泥浆，随着灌浆压力的升高，应在箱内进行相应的注水压重平衡，以免底板被顶升、破坏。注浆压力应控制在 300kPa 以内，以便对持力层进行适度加固。

进行底板灌浆时，尤应重点进行底板周边与护坡桩接触带的灌浆，使之与外围止水墙密接，形成密封圈，使地表水和地下水均无法渗入基底面。

⑥　结构补强

结构补强工作应在仔细对箱体结构的裂缝情况进行全面检查分析后进行。

（5）上浮事故损失

自 1996 年 11 月着手进行坑底障碍物清除，采用的是人工潜水徒手搬移，然后辅以沙泵抽水排泥沙，进展缓慢。由于清除不彻底，致使降水归位遇到了困难，箱体保持倾斜状态，东端冒出地面 600mm，西端冒出地面约 1500mm。

虽然进行了基坑回填，并在箱内注水压重抗浮，但从整体变形及顶板和外墙裂缝情况判断，结构损伤极严重，认为进行二次归位，并对结构进行加固利用的可能性已不大，随即对结构进行报废处理。此外，结构报废后还须恢复环境和土地的使用功能，支出拆运费近 100 万元。

8.3.13　浙江湖州市某住宅小区

（1）工程概况

浙江省湖州市某住宅小区[55]中有 9 幢高层建筑，均为 15～18 层剪力墙住宅楼，沿小区周边建造。住宅楼下的地下室均为自行车停车库，其下采用桩基础，桩型选用钻孔灌注桩，桩径 800mm，桩长为 58.4～68.8m；中央是绿化休闲区，休闲区下是一座全埋式地下停车库（以下称地下车库），采用框架结构，其下采用 PHC 预应力管桩，桩径大多数为 600mm，其余为 500mm，桩长均为 43m，分成 14m、14m、15m 三节。除此之外，按设计要求，要在地下车库的顶板上增添 1.0m 厚的覆土，底板上还应浇筑 150mm 厚的素混凝土。中央地下车库与周边地下自行车库间有钢筋混凝土剪力墙分隔。

（2）场地岩土工程条件

该工程场地位于杭嘉湖地区，西侧为龙溪港，植被较发育，场地地势凹凸不平，并伴有零星水坑，地面黄海高程为 2.79～5.17m；其下地下水主要为孔隙潜水和孔隙承压水，前者主要赋存于①层填土孔隙内，富水性弱，受地表水和大气降水补给，年变幅较大；后者主要赋存于④层粉土、⑦层细砂、⑨层粉砂、⑪层粉砂孔隙内，富水性较弱，渗透性较差，以侧向补给、侧向径流为主；野外施工全部结束后统一测得混合地下水位埋深 0～1.25m，每年 5～10 月雨量充沛，场区内易积涝。

（3）上浮情况

2007 年 4 月，该工程在施工过程中，发现地下车库底板有隆起迹象；5 月 8 日地下车库局部最大上浮量 180mm，其上浮位置周边大部分柱子的顶部及根部出现裂缝，此时地下水位距顶板 0.3～0.4m，地下室顶板覆土约 0.2m（原设计计划覆土 1.0m）；至 5 月 10 日时，情况发展更为严重：

① 测量发现地下车库底板已有较大面积隆起，最大处的隆起量达到 393mm；

② 柱顶与柱根的裂缝有新的发展（见图 8.39 和图 8.40）；

图 8.39　柱顶水平裂缝　　　　　　　　　　图 8.40　柱脚水平裂缝

③ 在 A7 轴附近以及 13 轴梁的两边位于 A8～A10 轴之间的地下车库局部顶板开裂渗水（图 8.41）；

④ 部分底板出现裂缝（图 8.42）；

图 8.41 顶板开裂渗水

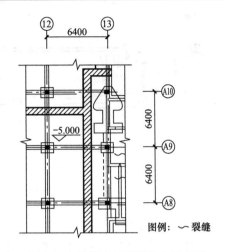

图 8.42 局部底板裂缝渗水示意图

⑤ 地下车库的部分墙上有不同程度的开裂。

（4）事故原因分析

在事发当时，地下车库顶板上的覆土厚度尚未达到设计值，底板按设计要求所要浇筑的 150mm 厚的素混凝土也未浇捣，这时施工方未经许可，早已擅自停止了排水工作。在湖州连日阴雨后，使得工程场地的地下水位逐渐上升，最终造成地下车库底板在短时间内出现了大面积上浮的情况，且上浮位移量较大。后虽经紧急排水，使得车库底板逐渐回落，但地下车库已不可避免地出现结构损坏的情况。

（5）上浮事故处理

立即按施工图要求进行抽水，量化降水效果，来降低地下水位，以减小水浮力，尽快进行地下车库顶板的覆土，并按施工图位置补设沉降观测点，加强沉降观测。经上述处理后，5 月 12 日起，地下车库底板的隆起逐步得到恢复，局部最大下沉量达 57mm，以后随地下水位的下降，原上浮部分底板继续回落，到 6 月上旬为止，基本趋于稳定，局部最大下沉量约 340mm，最大残余上浮量约 50mm。

8.3.14 某污水处理厂二沉池

（1）工程概况

某污水处理厂[61]位于某县城东，地处沙河边缘。一期 5a 二沉池直径 34m，池高 4m，埋深 4～7m。主要作为污水经氧化处理后再次沉淀、除渣、出清之用，二沉池池底为锅底状的现浇钢筋混凝土结构，池壁为筒状装配式钢筋混凝土池壁板和缠绕预应力钢丝喷浆复合结构，池底和池壁柔性铰接。水池受四周回填土和进出水管约束。水池中央浮浆筒上安装括浆机。如图 8.43 所示。

（2）上浮情况

2003 年 6 月 30 日下午 4 时，因暴雨回灌，地下水位急剧上升，致使已竣工待验收的 5a 二沉池东部偏北侧池体上浮，池体最高处比设计标高高出 80cm 左右，池底板和垫层一起上翘（抽水后发现），经与设计院沟通、磋商，立即采用池外抽水向池内注水达池身的 1/3～1/2 高度，以保持重力与浮力基本平衡等措施。截止 7 月 1 日 8：00 左右，池内水深达 $H/3$，池顶上浮最高处回落 20cm，池壁及其他主要构件无明显异常现象。

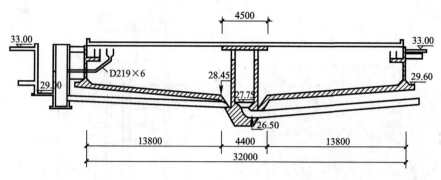

图 8.43　二沉池示意

（3）事故原因分析

原 5a 二沉池主体结构和满水试验经验收均达到合格标准，在按要求进行施工清池并准备设备安装前，突遇淮河地区特大暴雨，该项目地处沙河边缘，河水暴涨，工地雨水内滞，地下水位猛涨。沿 5a 二沉池东侧原为方便铺设进水管道而局部没有回填的部位，因池壁约束相对较小，受外水回灌，水池浮力大于自重和摩擦力导致水池出现倾斜。因池体结构施工质量较好，均未发现其他异常现象。经过分析，二沉池漂浮的主要原因是受不可预见的自然灾害影响产生的工程损坏。

8.3.15　某沿海城市地下商场

（1）工程概况

某沿海城市地下商场[53]地下水位较高，抗浮设计水头 3.5～5.0m，实际按 4.5m 考虑。场区内无不良地质现象，Ⅱ类建筑场地，基础落在花岗岩或闪长岩上．地基承载力较高。

（2）上浮情况

2005 年 4 月 25 日工程施工单位和监理单位在现场巡视时，发现东北面和西南面有异常，其中有的柱子倾斜度达 2‰，偏 4cm，柱子上部下部出现多道水平裂纹，局部柱子底出现上、下裂纹；有的楼梯柱子成酥裂状。有的梁与柱接头有水平裂纹；梁中部有多道垂直裂纹；多块板出现不规则裂纹。为此该地下工程被迫停工。

（3）事故原因分析

① 地面广场与地下商场为两个施工单位，且设计单位也不同。广场部分回填土厚度局部达 1300mm，已大大超出地下结构设计要求的回填厚度 700mm。对此地下部分施工单位已多次向有关单位提出书面报告，要求广场施工单位停止超出设计要求的施工，但没有引起有关人员的重视。

② 室外回填完成后即停止地下降水，但降雨较多，地下水位接近历史最高。

③ 地下商场顶板回填时，是一部分回填完成后，再回填另一部分。中南部位回填和北部回填已远远超过设计要求的回填的厚度，而局部却未有回填土。造成结构上部荷载明显不均匀，并引起此部位局部上浮。

④ 在地下商场顶板回填时地下室内未回填完，造成结构重心明显上移．增加了不稳定性。

⑤ 在地下商场顶板回填时动用了振动压路机和运输机械，动荷载直接对主体结构造

成了破坏。

⑥ 设计变更：原来是 500mm 厚碎石滤水层→150mm 厚级配碎石（砂浆灌缝）→60mm 厚 C20 垫层→50mm 厚铺装大理石，变更为 500mm 厚素土回填→80mm 厚 C20 混凝土垫层→50mm 厚铺装大理石。

⑦ 底板厚 350mm，除外墙外底板上无梁或剪力墙，抗浮设计风险系数较大。

（4）上浮事故处理

① 室外设降水井点，不停降水。

② 在地下商场柱子开裂部位特别是在上部顶板无覆土的部位堆积 500mm 厚地瓜石，在回落趋于稳定后摊开。

③ 在顶板未回填土部位，由内向外分层回填，每日回填不超过 400mm 厚。后经计算，又增加 100mm 厚级配碎石。

④ 底板回落基本稳定之后，制定以下加固方案：对变形裂缝严重的柱子用包钢法加固；破坏严重和荷载较大的柱子采用加大断面法加固，浇筑混凝土强度等级比原来混凝土高一等级；破坏较轻的柱、梁、板用粘贴碳纤维法加固；荷载大、裂纹较重的梁采用加大截面法加固，浇筑混凝土强度等级比原来混凝土高一等级。

8.3.16 某地下二层停车场

（1）工程概况

某地下停车场[64]2 层，建筑面积 6400m²，每层 3200m²，长宽均为 60m，2 层均为无粘结预应力无梁楼盖，底板为 500mm 厚筏板基础，反梁高 1000mm。持力层为天然地基岩层。顶板顶标高 −0.80m，底板底标高 −8.70m，柱网尺寸 7m×7m。底板有 4 个 800mm 深的集水井，一个 1800mm 深电梯井坑。抗浮设计考虑由结构自重、四周基坑回填土、板顶绿化覆土、地下一层、二层地面炉渣混凝土找平层的自重来平衡。地下停车场三边邻近建筑物，一边邻近城市道路。

（2）上浮情况

西北角上浮约 1.40m，西南角上浮 0.80m，东南角上浮 0.60m，东北角上浮 0.50m。四周基坑回填砂石下陷，并进入四周底板下。

（3）事故原因分析

地下停车场建设场地地下水非常丰富，在结构施工过程中，基坑四角设有集水井抽排地下水至底板以下。水源主要是基坑壁的砂卵石层大量渗水，原有地下管道漏水。在基坑砂石回填过程中和回填完后没有再采取降水措施。

原设计基坑采用黏土回填，后来为了赶进度改为砂卵石回填。由于回填的砂卵石孔隙率大，透水性强，在不下雨时基坑水位可达 2m 左右，上浮前几天连降暴雨时，基坑水位在回填的砂卵石中迅速上升，经局部挖开基坑回填砂石查明，基坑水位达到 −3.30m，此时地下停车场自重为 120000kN，浮力约为 155000kN，浮力大于自重，致使其整体倾斜上浮。

（4）上浮事故处理

① 保持基坑水位 −3.30m 不变

如果水位继续上升，板底将进入更多砂石，增加复位难度。如果抽水使水位下降，地下停车场将落在四周进入底板下的砂石支座上，形成 60m 跨的大桁架，改变了结构原有受力状态，将使结构受到破坏，特别是无粘结预应力结构，一旦破坏后果不堪设想，最后保持水位不变。

② 观测

加强地下停车场基坑的裂纹观测、沉降观测、位移观测。同时加强地下停车场周边的基坑内水位观测、基坑护壁位移观测、紧邻的建筑物裂纹观测。每两小时报一次观测结果，随时进行分析。

③ 临时加固

对地下一、二层柱子之间的无粘结预应力板进行双排钢管顶撑加固，搭设钢管支撑架并与柱子可靠连接，增加结构整体刚度，加固时留出安全通道。

8.3.17　某地下一层车库 B

（1）工程概况

某地下一层车库 B[56]，结构形式为框架结构，柱下钢筋混凝土独立基础。地下车库底板厚度为 300mm，底板板面标高为 −5.120m，顶板板面标高为 −1.500m，地下车库混凝土墙板厚度为 250mm，顶板厚度为 130mm。顶板覆土 900mm，混凝土设计强度等级为C30。

地下车库 B 与在建的小高层下地下车库 A 和已建的小高层下地下车库 C 相连。各车库之间梁、柱、板分离。基础设双柱基础或相连，设变形缝、止水带。地下车库 B 施工时设南北向后浇带一条。结构平面布置图如图 8.44 所示。

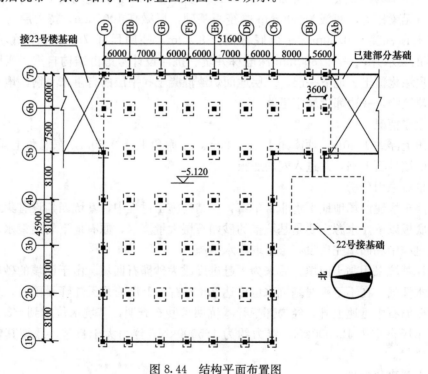

图 8.44　结构平面布置图

（2）场地岩土工程条件

上层 6 个土层的工程地质特征如下：

第①层杂色素填土：一般厚度 0.40～4.00m。平均层厚 1.43m，层底标高 2.0～

4.45m，平均为3.5m，主要成分为砖夹粉质黏土，属老填土，结构松散。

第②层灰色淤泥质黏土：一般厚度1.00～2.40m，平均层厚1.86m，层底标高1.20～2.26m，平均为1.56m。该层土呈流塑状态，局部分布于填平明河塘部分。

第③A层黄褐色黏土：一般厚度0.80～3.00m，平均层厚1.79m，层底标高1.07～2.62m，平均为1.72m。该层土呈硬塑状态，含少量铁、锰质结核，光泽反应光滑，无摇振反应，干强度高，局部分布。

第③B层黄褐色黏土：一般厚度1.00～5.10m，平均层厚3.04m。层底标高－1.65～1.05m，平均为－0.19m。该层土呈硬塑状态，含少量铁、锰质结核，光泽反应光滑，无摇振反应，干强度高，全场地分布。属中等偏低压缩性土。

第④层青灰色粉质黏土：一般厚度0.60～2.80m，平均层厚1.18m，层底标高－3.60～－0.34m，平均为－1.37m。该层土为可塑性土。光泽反应稍光滑，无摇振反应，干强度中等，全场地分布。

第⑤层灰色粉土：一般厚度0.70～4.00m，平均层厚2.24m，层底标高－5.15～－2.15m，平均为－3.60m。该层土湿。中密，含少量云母片有理层。全场地分布，无光泽反应，摇振反应中等，干强度低，韧性低，属中等偏低压缩性土。

第⑥层灰黄色粉砂：一般厚度0.60～4.00m，平均层厚2.10m，层底标高－8.35～－8.33m，平均为－5.58m。该层土为饱和土，中密，含云母片，全场地分布。属中等偏低压缩性土。

工程地质评价为：在地基受力层范围内。各土层土质良好，无软弱下卧层，地基承载力满足设计要求，且地基属均匀地基。根据勘察报告的建议，设计时需注意：①杂填土结构松散，易坍塌；②淤泥质黏土易流动、坍塌；③A及③B黏土考虑到施工时各种不利因素，特别是降雨影响，仍会出现不稳定情况。基坑在旱季不会产生突涌。但在雨季丰水期会产生突涌。

（3）上浮情况

2007年7月5日连续下大雨一天一夜，雨量超过100mm，地下车库B上浮。事故发生时，主体结构已完成，基坑回填土基本完成，顶板未覆土。水位距顶板板面300mm左右。在7月8日发现车库上浮，表现为中间高，四周低，设计院相关专家到现场进行了查看，后决定对上浮部位车库进行注水，施工单位随即对车库进行了注水，注水高度为1.35m，并在7月9日至8月10日间对车库顶板进行了标高检测。现场监理监督、复核。最高点从起拱约25cm直至恢复到约8cm，并趋于稳定。施工单位于8月15日开始地下车库排水，水全部排入附近排水管网，排水完毕后发现地下车库又出现上浮现象，平均上浮约10cm。

（4）事故原因分析

① 顶板上未及时覆土以及暴雨造成地面大面积积水、场地排水不畅、地下水位升高，达到或超过设计水位是导致地下车库上浮破坏的根本原因。施工阶段抗浮验算表明，内柱局部抗浮和整体抗浮稳定均不满足要求。

② 由于该车库基础与相邻车库基础相连，再加上室外回填土的摩阻力、地下室墙板的压重，周边上浮量大大小于中部上浮量，造成较大的不均匀上浮。浮力作用下在结构内部产生较大的内力。引起梁、板、柱开裂，部分柱混凝土压碎。根据检测结果，部分构件

的裂缝宽度和破坏现象已超过上述标准的破坏限值，已影响结构的安全，应进行加固。

③ 该工程采用放坡开挖，明沟集水井排水，即使按规范采取了上述排水措施，根据勘察报告的建议，设计时也应按最不利气候条件验算施工阶段抗浮稳定，并提出应对措施或建议。

④ 地下车库 B 基础位于第③B 层黄褐色黏土上，为弱透水层-不透水层。从 2007 年 7 月 5 日连续下大雨一天一夜，地下车库 B 上浮这个时间来看，基坑回填土的压实性存在一定的问题。

⑤ 该工程 2006 年 11 月 15 日就已基坑回填土，至 2007 年 7 月 5 日连续下大雨。时间间隔达 8 个月而顶板未及时覆土，也没有落实应急措施，应为施工组织管理不善。

（5）上浮事故处理

① 根据检测结果，部分构件的裂缝宽度和破坏现象已影响结构的安全，应进行加固。

② 由于地下车库上浮，地下室底板底面已与防水层脱离或连同垫层与地基土脱离，将影响结构的防水和耐久性，须查明破坏程度再行处理。另外由于注水地下室底板未能检测，应在抽水后检测并根据损坏程度根据上面一条的原则进行处理。

③ 由于地下车库上浮，外墙外侧回填土与外墙发生相对位移，将影响外墙的防水和地下室的抗浮，建议周边回填土重新进行夯填。

④ 由于地下车库上浮，地下车库 B 与在建的地下车库 A 和已建的地下车库 C 相连的变形缝止水带破坏，将影响正常使用，应进行修补。

⑤ 根据抗浮稳定验算结果，使用阶段抗浮稳定满足要求。因此只要保证加固过程中以及顶板覆土未施工到位前抗浮稳定满足要求即可。具体措施：在注水基础上底板在中部区域按棋盘式适量布置堆放建筑材料。保证加固处理和后序施工阶段的抗浮安全，并解决底板隆起基础持力层土体受扰动，注水及堆载量应保证局部抗浮安全系数大于 1.05，抗浮水位建议按地面标高取值。

⑥ 加固处理顺序：在注水基础上底板在中部区域按棋盘式布置堆放建筑材料进行地下室复位（应进行验算）→顶板加固、顶板防水、覆土（应验算受损梁、柱的承载力，不满足应进行事先加固）→放水并移去底板压重建筑材料（与顶板覆土同步，应进行验算）→周边回填土重新进行夯填→梁、柱加固、地下室底板底面处理→变形缝止水带修补。

⑦ 由于地下车库上浮后地基持力层可能在水中浸泡而影响承载力，在加固处理全过程及处理后，应对地下车库进行地基变形观测并根据观测采取措施。使用阶段的抗浮验算建议适当提高抗浮水位。

8.3.18 某地下车库

（1）工程概况

某车库[59]建于 1996 年 3 月，仅地下 1 层、上部无建筑物，竣工后车库顶面将作为小区花园使用。该车库占地面积 1488.0m²，采用钢筋混凝土框架结构，车库侧壁为 250mm 厚的钢筋混凝土墙，层高 3.3m。基础采用筏基，埋深 1.9m。车库顶板平面及剖面见图 8.45 和图 8.46。

（2）上浮情况

1996 年 3 月车库结构主体封顶后，车库周边施工单位未按施工图要求及时进行回填处理。1996 年 5 月 27 日傍晚突降暴雨，车库产生不均匀上浮，其中：A 轴处上浮约 100mm，G 轴处上浮约 300mm。因上浮不均，车库整体产生扭转和倾斜，框架梁端、柱顶、侧墙顶、

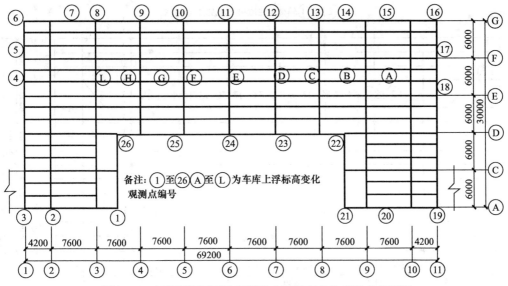

图 8.45　车库顶板平面示意图及上浮标高变化观测点布置图

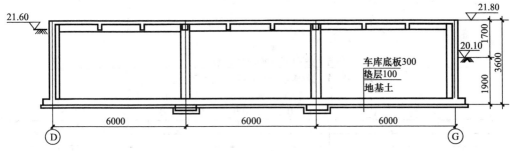

图 8.46　车库剖面图

侧墙根及顶板、底板部分边缘产生剪切或拉裂，结构受损，从而导致车库进水，严重影响车库的安全和今后的正常使用。有关车库梁板出现裂缝详见图 8.47～图 8.50。

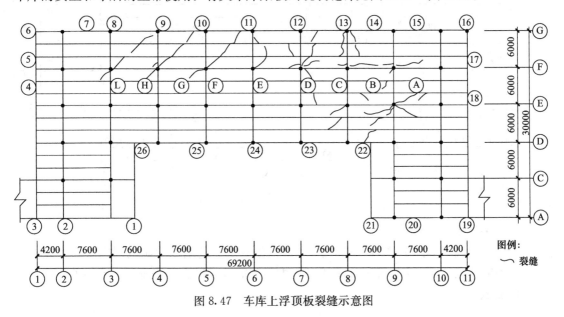

图 8.47　车库上浮顶板裂缝示意图

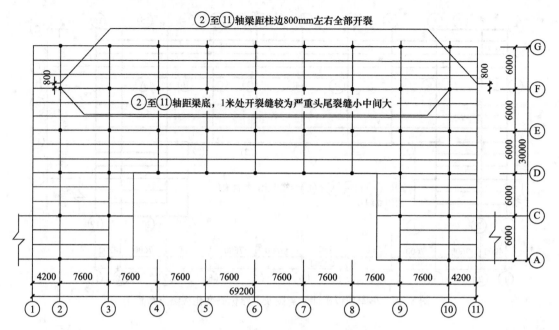

图 8.48 车库上浮梁柱开裂示意图

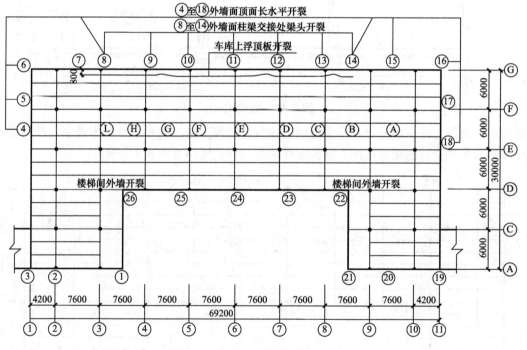

图 8.49 车库上浮外墙开裂示意图

（3）事故原因分析

① 车库地基土处于回弹状态，车库又处在住宅楼的基础的影响范围内，当大量的施工用水不断渗入地下，并汇集到车库地基土中而不能迅速渗走，使地基土始终处于饱和状态，形成池塘效应。

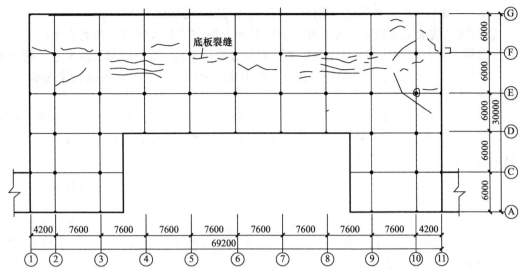

图 8.50 车库上浮底板开裂示意图

② 当天突降暴雨，约 7000m² 面积的雨水瞬间汇入小区内，由于车库地基已处于饱和状态，小区低势处仅一个出口，雨水不能及时排放，车库范围内水位不断升高，浮力加大，很快超过了车库自身的抗浮能力。

8.3.19 某公司地下 300t 消防水池

（1）工程概况

某公司地下 300t 消防水池[51]（长 12.4m，宽 8.4m）设计垫层为 100mm 厚 C10 混凝土，池体采用 C25 现浇混凝土结构，底板、壁厚均为 200mm，抗渗等级 P6。

（2）上浮情况

完成池顶板混凝土浇筑后即遇一夜暴雨，水池基坑内水位剧升，池体被托起上浮并发生偏移。

（3）事故原因分析

① 设计要求地下消防水池施工完成后须及时在池四周回填土，并在顶板覆盖 500mm 厚土，由于业主还需在池边安装管道，未能及时回土。

② 水池外设计允许最高地下水位在离水池底板以上 1400mm 处，突降暴雨后水池基坑内的水未能及时排出，水位上升距底板 2m 以上，池体自重难以抵抗水的浮力，造成池体上浮。

③ 由于池底一角设计有集水井，水池虽上浮，但由于该角荷重大，未造成水池整体上浮，水池基坑经浸水在另一角塌方严重，塌下的土挤压浮起的池体，造成池体向一侧偏移 350mm。

（4）上浮事故处理

① 先抽水至距水池底 500mm 处，使池底保持一定浮力，人工下基坑清理池底四周塌方土。要达到上述目的，须反复按基坑抽水—清土—灌水上浮—移位—清土作业的工序进行，直至将涌入池底四周的土清理完毕。

② 抽水回灌会使水池重新上浮，为此在水池偏移一侧挂倒链拉正，另一边槽钢入基坑底，搭钢管架、铺模板，以槽钢作后座，用 2 个 35t 千斤顶支在池体中间缓顶池体（拉

203

顶结合），使整个水池水平移动至复位后，在池身四周临时固定。

③ 抽取基坑水至池底板。由于池底垫层混凝土粘结了基底砂石，高低不平，使池体不能垂直回复原位，池底局部有空隙。处理的方法是从池底一边下填绿豆砂灌水，利用水压力和空气压力，向池底有空隙处灌砂，至灌密实，再用空气压缩机向池底注入水泥浆，使池底密实。

④ 在池底板边四周填入砂石，边填边用平板振动器振实，加浇 300mm 宽混凝土作为护脚。往池内注水，进行蓄水试验，观察整个池体，当所有数据达到设计要求后，进行池内壁粉刷，在池四周及池顶覆土回填。

8.4　本章小结

本章通过搜集大量国内外地下水位回升的案例，并整理报道了国内发生的 19 个建筑物上浮损坏事故。通过对案例的分析，可以得到以下启示：

（1）区域性地下水位的回升已经成为国际上的一个普遍问题，本章分析了包括欧洲、美洲、亚洲，甚至非洲的 17 个国家或地区。地下水位回升所造成的环境影响问题，正得到越来越广泛的关注。

（2）地下水位的回升有自然的原因（全球气候变暖），也有人类活动的原因。但主要是由于人类活动影响造成的区域性水位上升，具体包括限制或者停止开采地下水、兴修水利工程（修建大坝、外地引水等）、灌溉、管道水的渗漏等，其中对地下水开采的减小是水位上升最主要的原因。

（3）人类活动造成地下水位的回升会非常明显，例如本章给出的日本千叶地区、英国伦敦地区，由于限制开采，地下水位回升均在数十米，这样大的回升幅度无疑会对各类城市基础设施造成明显的不利影响。

（4）很多区域性地下水位回升对城市基础设施存在不利影响的案例，其中包括地下车库、地下室、电梯井及其他深埋工程结构（地铁、隧道）的渗水、结构基础承载力降低等等。为了避免上述问题，多数城市不得不采取人工抽取地下水的措施，使地下水位保持在一个比较稳定的水平。

（5）国内关于地下水位回升报导主要分布在包括华北（京、津、冀、晋、蒙）、西北（陕、甘、青）、东北（辽、黑）等北方地区。另外，华中局部（豫）、华东局部（鲁、苏）也有报导。这主要是由于北方地区大多属于缺水地区，历史上地下水位过量抽采的现象比较严重，因此随着城市地下水资源保护措施的实施，水位回升的现象更加明显，也更加令人关注。

（6）与国际上的情况类似，我国上述地区地下水位回升主要是人为干预的结果。具体包括限制或者停止开采地下水、兴修水利工程（修建大坝、外地引水等）、灌溉、管道水的渗漏、水库放水等，其中地下水开采量的减小是水位上升最主要的原因，由于我国上述地区总体上仍大量开采地下水，因此水位回升幅度尚不像国外如伦敦、日本那么大，由此造成的既有工程损坏的报道尚不多见。但随着国内对地下水资源保护措施的进一步加强和落实，水位回升趋势一定会更加明显，相应的工程影响也不可忽视。

（7）我国近年来建筑物上浮损坏的案例不胜枚举，而不是个案。因此，开展结构抗浮水位的分析具有非常重要的实际工程意义。

（8）结构产生上浮的重要原因之一是设计不当，例如厦门世贸中心一期工程（本章 8.3.5 节）和深圳宝安中旅大酒店地下室案例（本章 8.3.7 节），都是在设计阶段对地下水动态规律、结构抗浮能力考虑不足造成的；结构产生上浮的另一个重要原因是施工问题。本章所列举绝大多数案例都是由于施工期普降大雨或暴雨，再加上往往施工中对基槽回填质量控制不严，大量水涌入基槽，对结构形成上浮力，当结构自重较小（纯地下室、未加载的消防池、游泳池等）、上覆土重也比较小的情况下（上部结构尚未施工完毕，或纯地下结构埋深较小），就会出现上浮作用下的结构变形或损坏。

（9）综合上述研究成果可见，无论何种原因造成的水位上升，当上升到一定幅度后，结构破坏甚至上浮事故就可能发生，将严重影响建筑物的正常使用，甚至造成相当大的工程事故。因此，地下结构的抗浮问题目前已成为影响工程投资和工程设计的主要问题之一，应该引起设计施工人员的高度重视，这也是整个本书研究工作的意义所在。

附录 北京地区建筑结构抗浮技术导则

1 总 则

1.0.1 为规范北京地区建筑结构抗浮咨询工作流程，在现行《岩土工程勘察规范》GB 50021、《建筑地基基础设计规范》GB 50007 和《北京地区建筑地基基础勘察设计规范》DBJ 11-501 中相关规定以及系列研究成果的基础上，结合北京地区浅层地下水环境特点，编写本导则。

1.0.2 本导则规定了北京地区建筑结构抗浮咨询工作的一般性原则、方法、内容及要求。

1.0.3 结构抗浮咨询工作要求客观、科学、实用，并遵循以下原则：

    1 理论计算和现场及室内试验相结合。

    2 工程的安全性和经济性的相统一。

    3 区域地下水分布一般规律、变化趋势和建筑场地特定的地形、地层和地下水条件相结合。

1.0.4 在进行抗浮咨询工作中，除执行本导则外，还应符合相应的勘察、设计及施工规范的要求。

2 术语和符号

2.1 术 语

2.1.1 结构抗浮 anti-buoyancy of structure

    地下水会对结构产生一定浮力，为使浮力不至于对结构稳定产生不利影响而采取的一系列设计、施工措施。

2.1.2 抗浮水位 groundwater level for structural anti-buoyancy design

    考虑到地下水位动态规律，在一定现场监测和室内分析计算的基础上，提出一个用于结构抗浮设计参考的安全而经济的地下水水位。

2.1.3 水文地质勘察 hydrogeological investigation

    为查明区域性或建筑场地范围内地下水的分布、补给、径流和排泄规律，以及地下水动态及其主要影响因素而进行的资料搜集、现场勘察和监测、室内计算分析等一系列技术性工作。

2.2 符 号

    A——建筑基底面积；

    F_{sb}——抗浮稳定安全系数；

G_k——建筑物自重及压重之和；

h——建筑结构外轮廓高度；

H_w——抗浮水位标高；

N_w——建筑物所受浮力作用；

T_k——抗拔构件提供的抗拔承载力标准值；

γ_w——水的重度。

3　基　本　规　定

3.0.1　对于设计有地下室的建（构）筑物、纯地下车库和其他地下结构在勘察设计阶段，应进行结构抗浮咨询工作，提出抗浮水位，作为抗浮稳定性分析以及相关设计施工的依据。

3.0.2　结构抗浮咨询工作应充分考虑建筑场地地层及地下水分布条件、区域地下水分布、水位动态规律及未来（一般应为结构设计使用年限内）变化趋势等多种因素。

4　水文地质勘察

4.0.1　搜集建筑场地所在区域地层及地下水长期动态观测资料，进行区域性地质及水文地质条件分析、研究区域性地下水位动态及其主要影响因素和未来变化趋势。

4.0.2　搜集建筑场地附近地层及地下水资料，根据建筑基底的设计标高，当遇到下列条件之一时，需要进行针对建筑场地范围内地下水的现场勘察工作，并设置地下水位动态监测孔：

1　建筑场地范围内或其附近地形地貌条件复杂。

2　附近有较大范围地表水体。

3　建筑影响深度范围内涉及多层地下水，且建筑基底埋深在第 1 含水层底板以下。

4.0.3　勘探点布置数量应能够控制建筑场地地下水渗流规律，且数目不小于 3 组。

4.0.4　勘探点深度应根据建筑场地地层、地下水条件和建筑基底埋深来确定：

1　建筑基底完全位于建筑场地第 1 层含水层中时，勘探点深度需要揭露第 1 层地下水静止水位以下 3m 或穿透含水层底板。

2　在分布多层地下水的地区，且建筑基底深度在建筑场地第 1 含水层底板以下时，勘探点最大深度应能够控制到区域上该含水层的相应层位，并针对该深度范围内各层地下水赋存情况进行分层勘察。

4.0.5　地下水位动态观测频率不宜少于每周 1 次，遇到雨季应根据需要加密监测次数。监测总次数不应少于 3 次，观测精度至厘米。

4.0.6　对于设计等级为甲级的建筑物，应进行孔隙水压力的测定，且应符合下列规定：

1　每项工程测试孔的数量应不少于 3 个。

2　在平面上测试孔宜沿着地层变化最大方向并结合监测对象位置布设。

3　在垂直方向上测点应根据地层结构布设。一般每隔 2~5m 布设 1 个测点；当分层设置时，每个测试孔每层应不少于 1 个测点。

4 测试数据应及时分析整理，出现异常时应分析原因，并采取相应措施。

5 抗浮水位计算

5.1 一般规定

5.1.1 对于基底埋置于含水层中的建筑物，结构抗浮水位应按照该层地下水未来（一般应为结构设计使用年限内）可能最不利条件下的最高水位取值。

5.1.2 对于基底埋置于含水层之间相对弱透水层中的建筑物，应通过渗流分析、现场孔隙水压力测试等手段获取基底相应位置不利条件下的最大孔隙水压力，并根据最大孔隙水压力换算出抗浮水位。

5.2 远期最高水位和最大孔隙水压力

5.2.1 不利条件下地下水远期最高水位取值可按下述方法确定：

1 对于有成熟研究成果或经验的地区，可以根据相关成果或经验综合确定地下水远期最高水位。

2 对于无其他可借鉴经验和研究成果时，可参照下列方法确定：

（1）当建筑场地附近有与地下水存在水力联系的地表水体时，应专门建立渗流模型，考虑到地下水水位动态的主要影响因素的变化，进行渗流分析，获取相应层位地下水的远期最高水位。渗流模型应通过现场水位监测数据的验证；

（2）当建筑场地远离其水力边界时，可以根据多年地下水动态观测结果进行统计分析，并结合相关经验综合取值。

（3）有条件的情况下，可以在区域地质及水文地质分析的基础上，建立工程所在的水文地质单元的地下水渗流模型，并根据最新的预测条件进行远期水位预测，然后结合建筑物场地的具体地层及地下水条件进行综合取值。

5.2.2 弱含水层中不利条件下最大孔隙水压力可以通过以上、下相对稳定含水层中不利条件下最高水位作为边界，进行垂向一维渗流分析获得。

6 建筑结构抗浮稳定性评价

6.1 浮力计算

6.1.1 浮力设计值由抗浮水位（或不利条件下建筑场地垂向孔隙水压力分布）和结构外部尺寸等因素，可依据浮力产生的力学机理进行计算。

6.1.2 对于建筑结构外部轮廓几何形态简单的建（构）筑物，可按如下方法计算：

1 建筑物地下结构在同一含水层中情况，其浮力可以根据阿基米德定律进行计算，分以下两种情况：

（1）当建筑基底在含水层中

$$N_w = \gamma_w (H_w - Z_0) A \qquad (6.1.2\text{-}1)$$

式中　N_w——建筑物所受浮力作用（kN）；

　　　γ_w——水的重度（kN/m³）；

　　　H_w——抗浮水位标高（m）；

　　　Z_0——建筑基底标高（m）；

　　　A——建筑基底面积（m²）。

（2）当建筑结构完全在含水层中

$$N_w = \gamma_w hA \tag{6.1.2-2}$$

式中　h——地下建筑结构外轮廓高度（m）。

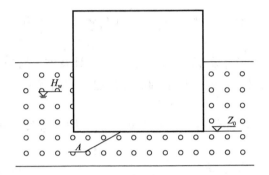
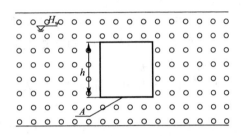

图 6.1.2-1　建筑基底在含水层中　　　　图 6.1.2-2　建筑结构完全在含水层中

2　建筑物基底位于相对弱透水层中，其浮力需要根据弱透水层中基底处的孔隙水压力或与之等效的水位进行计算，

$$N_w = P_w A = \gamma_w(H_w - Z_0)A \tag{6.1.2-3}$$

式中　P_w——建筑基底所受的相对弱透水层中孔隙水压力（kPa）。

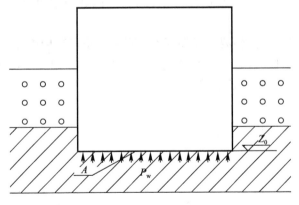

图 6.1.2-3　建筑基底在相对弱透水层中

6.1.3　对于建筑结构外部轮廓几何形态复杂的建（构）筑物或受力面不完全在同一含水层中等各种复杂情况下的结构所受浮力，应先根据各受力面上水压力分布特征，计算各个面上水压力，然后计算出各受力面上水压力的合力。

6.2　抗浮稳定性验算

6.2.1　对于简单的浮力作用情况，结构抗浮稳定性应符合下式要求：

$$\frac{G_k}{N_w} \geqslant F_{sb} \qquad\qquad (6.2.1)$$

式中 G_k——建筑物自重及压重之和（kN）；

F_{sb}——抗浮稳定安全系数。当满足本导则 7.0.1 条要求的地下结构外侧回填土质量时，可取 1.0～1.1。

6.2.2 当不能满足式（6.2.1）时，应采取必要的抗浮措施。

7 设计及施工措施

7.0.1 进行地下结构外侧肥槽回填时，回填土材料应采用低渗透性的黏性土，回填后的压实系数不应低于 0.94。

7.0.2 对于抗浮稳定性不满足本导则的 6.2.1 设计要求时，可采用以下设计及施工措施：

　　1 增加结构自重，在基础底板上加压重材料，或增加基础底板挑边，利用挑板上的土提供有效的压重。

　　2 采用抗拔构件（抗拔桩、抗拔锚杆等），提供有效的抗浮力，抗浮构件应按下式设计：

$$T_k = F_{sb} \cdot N_w - G_k \qquad\qquad (7.0.1)$$

式中 T_k——抗拔构件提供的抗拔承载力标准值（kN）。

　　3 采用有效、可靠的降低水位的措施。

7.0.3 抗拔桩设计施工要求应按现行国家行业标准《建筑桩基技术规范》JGJ 94 执行，同时应符合北京地方标准《北京地区建筑地基基础勘察设计规范》DBJ 11-501 相关规定。

7.0.4 抗拔设计施工要求应按现行工程建设标准化协会标准《岩土锚杆（索）技术规程》CECS 22 执行，同时应符合北京地方标准《北京地区建筑地基基础勘察设计规范》DBJ 11-501 相关规定。

7.0.5 在整体满足抗浮稳定性要求而局部不满足时，也可采用增加结构刚度的措施。

7.0.6 在水文地质条件允许、技术经济成熟条件下，可采用排水降压和截水帷幕等地下水控制方法，来进行结构的有效抗浮。

参 考 文 献

[1] F. C. Brassington. Rising groundwater levels in the United Kingdom [J]. Proc. Instn Cio. Engrs, Part 1, 1990, 88: 1037-1057.

[2] H. C. Lucas and V. K. Robinson. Modelling of rising groundwater levels in the Chalk aquifer of the London Basin [J]. Quarterly Journal of Engineering Geology and Hydrogeology 1995, 28: 51-62

[3] C. W. Hurst, W. B. Wilkinson. Rising groundwater levels in cities, Geological Society [J]. London, Engineering Geology Special Publications 1986, 3: 75-80.

[4] Brian Wilkinson. Rising groundwater levels in London and possible effects on engineering structures [J]. Hydrogeology in the Service of Man, Mémoires of the 18th Congress of the International Association of Hydrogeologists, Cambridge, 1985.

[5] 朱俊高, 陆晓平. 大面积地面沉降研究现状 [J]. 地质灾害与环境保护, 2001, 12 (4).

[6] . J. O. Drangert, A. A. Cronin. 保护城市地下水资源: 新的城市活动管理措施 [N].

[7] Thames Water, Central London Rising Groundwater [N].

[8] Environment Agency, UK, Groundwater Levels in the Chalk-Basal Sands Aquifer of the London Basin [R]., Annual report, 2006.

[9] Galloway, A. London's rising groundwater. Ppt formed Presentation, GARDIT.

[10] 张鸣. 伦敦地下水位升高危害严重 [N]. 光明日报, 1999 年 3 月 1 日.

[11] F. C. Brassington, K. R. Rushton. A rising water table in central Liverpool [J]. Quarterly Journal of Engineering Geology and Hydrogeology 1987, 20: 151-158.

[12] Norwich Union Risk Services, Rising Water Tables, Ref No 1016 (v2) March 2005.

[13] Mott MacDonald. Crossrail Line 1, Assessment of Water Impacts Technical Report, Mott MacDonald, Cross London Rail Links Limited, Feb, 2005.

[14] Peter Bayer, Emre Duran, Rainer Baumann. Optimized groundwater drawdown in a subsiding urban mining area [J]. Michael Finkel Journal of Hydrology 2009, 365: 95-104.

[15] Enric váquez-suñé. Urban groundwater [M]. Barcelona city case study, Barcelona, 2003.

[16] Giovanni Pietro Beretta, Monica Avanzini, Adelio Pagotto. Managing groundwater rise Experimental results and modelling of water pumping from a quarry lake in Milan urban area (Italy) [J]. Environmental Geology, 2004, 45: 600-608.

[17] 世界地下水资源利用与管理现状 [J]. 中国水利, 2005, (3).

[18] D. J. Hagerty, K. Lippert. Rising ground water-problem or resource? [J]. Ground Water, 1982, 20 (2).

[19] William E. Wilson, James M. Gerhart. Simulated changes in potentiometric levels resulting from groundwater development for Phosphate Mines [J]. West-Central Florida, Developments in Water Science, 1979, 12: 491-515.

[20] Ilana Arensburg. Rising groundwater levels in Lomas de Zamora: evolution and effects due to partial changing of water service [J]. Instituto Nacional del Agua.

[21] Groundwater and its susceptibility to degradation: A global assessment of the problem and options for management [R]. United Nations Environment Programme, Nairobi, Kenya. 2003.

[22] H. A. Al-Sanad, F. M. Shaqour. Geotechnical implications of subsurface water rise in Kuwait [J]. Engineering Geology 1991, 31: 59-69.

[23] Jaber Almedeij, Fawzia Al-Ruwaih. Periodic behavior of groundwater level fluctuations in residential areas [J]. Journal of Hydrology, 2006, 328: 677-684.

[24] L. H. Swann, Ahmed ElNimar. Manager-rising groundwater program, Arriyadh Development Authority, Saudi Arabia [J]. Proc. Instn Ciu. Engrs, Part I, 1991: 1089-1091.

[25] Groundwater and its susceptibility to degradation: A global assessment of the problem and options for management [R]. United Nations Environment Programme, Nairobi, Kenya. 2003.

[26] Effects of human activities and urbanization on groundwater environments: An example from the aquifer system of Tokyo and the surrounding area.

[27] Takeshi Hayashi, Tomochika Tokunaga, Masaatsu Aichi, Jun Shimada, Makoto Taniguchi. Science of the total environment [J]. 2009, 407: 3165-3172.

[28] http://www.cigem.gov.cn/ReadNews.asp?NewsID=1830, 2004 年 11 月 23 日.

[29] Gi-Tak Chae, Seong-Taek Yun, Byoung-Young Choi. Hydrochemistry of urban groundwater, Seoul, Korea: The impact of subway tunnels on groundwater quality [J]. Journal of Contaminant Hydrology, 2008, 101: 42-52.

[30] G. Favreau, C. Leduc, C. Marlin. Reliability of geochemical and hydrodynamic sample in a semiarid water table [J]. Journal of African Earth Sciences, 2000, 31: 669-678.

[31] 新华网, http://www.gog.com.cn, 2007-10-15.

[32] 甘肃张掖地下水上升致居民房内出现塌陷. http://news.sina.com.cn/c/2009-10-23/025118888185.shtml.

[33] 地下水上升威胁兰州城市建设安全. http://www.gsdkj.net/sghdz/1012.html.

[34] 酒泉城区地下水位"长高"了. http://www.yellowriver.gov.cn/zonglan/dongtai/200801/t20080124_36191.htm.

[35] 地下水涨, 酒泉公园成泽国. http://info.water.hc360.com/2008/03/190931102551.shtml.

[36] 苏南地下水水位开始上升. http://news.h2o-china.com/waterresource/untraditional/99261022833320_1.shtml.

[37] 郑州地下水位明显回升有的地区回升近 20 米. http://www.ha.xinhuanet.com/add/2007-03/22/content_9584652.htm.

[38] 宝鸡封井 240 眼, "拉升"地下水位 27 米. http://www.chinawater.com.cn/newscenter/df/shx/200801/t20080117_219170.htm.

[39] 柴达木盆地南缘地下水位明显上升. http://www.hwcc.com.cn/pub/hwcc/wwgj/gjpt/200910/t20091023_218046.html.

[40] 山东省地下水位大幅回升. http://www.dzwww.com/qiluwanbao/qilujingjixinwen/200402190169.htm.

[41] 邯郸县今年地下水水位比去年同期上升 1.08 米. http://water.hd.gov.cn/shuiliju/qt/zhuzhan/info2.jsp?lanmuid=1030&neirongid=1774.

[42] 保定节水措施使地下水位上升近 12 米. http://news.xinhuanet.com/st/2003-08/07/content_1014392.htm.

[43] 河北省沧州市科学用水, 深层地下水 3 年上升 8 米. http://www.xinhuanet.com/chinanews/2009-05/18/content_16549998.htm.

[44] 太原地下水水位连年上升. http://www.mlr.gov.cn/xwdt/dfdt/200907/t20090727_123224.htm.

[45] 华北平原如何防控地面沉降. http://www.gmw.cn/01gmrb/2004-04/22/content_16259.htm.

[46] 扎兰屯市地下水水位上升 0.18 米. http：// hlbe. nmgnews. com. cn/system/2009/01/05/010165821. shtml.

[47] 沈阳地下水漏斗面积正逐年缩小. http：// www. chinawater. com. cn/newscenter/cmss/200603/ t20060327_174087. htm.

[48] 城区水资源环境好转，地下水水位局部涨 0.7 米. http：// www. hljnews. cn/xw_scxw/system/ 2008/03/20/010136113. shtml.

[49] 我国北方平原浅层地下水呈上升态势. http：// news. xinhuanet. com/newscenter/2004-05/05/con- tent_1453638. htm.

[50] 方璇. 阳光花园地下室上浮事故处理 [J]. 工程质量，2003，(6)：43～45.

[51] 徐巨龙，陈永甘. 地下水池上浮纠偏技术处理 [J]. 建筑技术，2003，34 (6)：419.

[52] 张季平，周剑波. 单层地下室上浮事故分析及处理 [J]. 住宅科技，2005，(8)：40～42.

[53] 何庆旭，梁文东. 某地下工程上浮原因及处理方案 [J]. 科技信息，2008，(36)：123.

[54] 姚志钢. 关于地下水浮力问题的探讨 [J]. 工程与建设，2007，21 (3)：319～324.

[55] 邓昱. 地下结构抗浮设计中若干问题的研究 [D]. 同济大学，2009.

[56] 徐赞云，王洪云，陈荣芬. 某大型地下车库不均匀上浮事故分析与处理 [J]. 建筑安全，2008， (9)：23～26.

[57] 赵春艳. 地下车库施工过程上浮破坏分析与加固处理 [D]. 同济大学，2009.

[58] 李明翠. 盛世名城住宅小区单层地下车库上浮事故处理方案 [J]. 中国水运，2009，9 (8)：255～ 256.

[59] 王爱民. 某地下车库上浮事故的分析与处理 [J]. 中国建筑学会地基基础分会 2008 年学术年会论 文集，2008 年：239～246.

[60] 江林锋. 用土层锚杆对广场地下室上浮的处理 [J]. 土工基础，2003，17 (4)：13～15.

[61] 丁以喜，汪少锋. 某污水二沉池上浮后的纠偏和修复 [J]. 施工技术，2006，35 (3)：44～46.

[62] 柯春明. 浅析某超长超宽地下车库的设计得失及裂缝形成的原因 [J]. 安徽建筑，2006，(6)：83～ 84.

[63] 于立强，绳钦柱，孙会社. 巨野县清源污水处理工程综合生物处理池上浮原因分析 [J]. 工程质 量，2009，27 (7)：64～65.

[64] 郭秋菊，黄友汉. 某地下停车场整体上浮复位处理 [J]. 施工技术，2008，37 (10)：87～90.

[65] 滕永生. 地下室上浮处理措施初探 [J]. 中国高新技术企业，2009，(9)：183～184.

[66] 李运清. 某地下室上浮处理实例 [J]. 岩土工程界，2001，4 (9)：34～35.

[67] 鲁爱民. 某工程地下室局部上浮调查分析及处理 [J]. 铁道建筑，2006，(7)：47～48.

[68] 曹伯勋. 地貌学及第四纪地质学 [M]. 北京：中国地质大学出版社，1995.

[69] 刘连刚. 北京地质灾害 [M]. 北京：中国大地出版社，2008.

[70] 徐正，海河今昔纪要 [M]. 河北省水利志编辑办公室. 1985.

[71] 孙宏伟，沈小克. 新近沉积土及其基础工程条件的区域性研究 [R]. 北京市勘察设计研究院内部 资料. 2004.

[72] 张在明，沈小克，王军辉等. 北京市地下水环境变化对结构抗浮影响研究 [R]. 北京市勘察设计 研究院内部资料，2010.

[73] 北京市勘察设计研究院. 建筑场地孔隙水压力测试方法、分布规律及其对建筑场地影响的研究 [R]. 北京市科委重点课题研究报告，1999.

[74] 张在明，孙保卫，徐宏声. 北京市区浅层地下水位动态规律研究 [R]. 北京市勘察设计研究院 （内部资料. 北京市科委科研成果）. 1995.

[75] 张在明. 地下水环境的变化对规划建设的影响预测及对策研究 [R]. 北京市勘察设计研究院内部

资料. 2006.

[76] 林文祺. 北京及其周边区域水资源联合调控初探 [J]. 工程规划，2005 年第 6 期.

[77] 孙颖，叶超，韩爱果，何政伟. 北京地区水资源养蓄方案初探 [J]. 水土保持研究，第 13 卷，第 6 期.

[78] 北京市城市节约用水办公室. 北京实现水资源可持续利用的对策 [J]. 节能与环保，2002 年 3 月.

[79] 石维新. 南水北调中线京石段应急供水工程北京段永定河倒虹吸工程简介 [J]. 北京水利，2003 年第 6 期.

[80] 黄大英. 浅谈北京市水资源的合理配置 [J]. 水资源保护，第 21 卷第 4 期，2005 年 7 月. Vol. 21

[81] 曹型荣. 浅论北京市水资源问题和对策 [J]. 北京水利. 1999 年第 3 期.

[82] 中国水利科技信息网. http：//www. chinawater. net. cn/jiangwl/chapter10. html♯.

[83] 王金如. 北京水资源现状及展望 [J]. 第八届海峡两岸水利科技交流研讨会，2004. 12.

[84] 北京市发展和改革委员会网. http：// www. bjpc. gov. cn/zt/enviroment/zhuangkuang04. htm.

[85] 北京市水资源公报 [R]. 2001-2011 年.

[86] 海淀区水务局网站.

[87] 刘培斌. 北京市水资源保护利用与管理实践 [J]. 北京市水利规划设计研究院.

[88] 李五勤，冯绍元，刘培斌. 南水北调通水后北京水资源开发利用和管理面临的形势和任务 [J]. 北京水务 2007，(6).

[89] 北京市人民政府. 北京城市总体规划 (2004～2020 年) [R]. 2004.

[90] 九三学社北京市委员会. 高度重视水资源问题促进首都可持续发展 [J]. 北京观察. 2009，(8).

[91] 岳娜. 北京地区水资源特点及可持续利用对策 [J]. 首都师范大学学报（自然科学版）. 2007，28 (3).

[92] 张在明. 地下水与建筑基础工程 [M]. 北京：中国建筑工业出版社，2001.

[93] 宁满江，段红. 北京市水资源可持续利用法制建设规划研究 [J]. 北京水务 2007，(6).

[94] 陈林涛. 北京市南水北调工程的水资源保护对策 [J]. 北京水务. 2008，(3).

[95] 2008 年市水务局工作总结. 北京市水务局网站.

[96] 颜昌远. 北京水资源合理开发利用和保护问题调研报告 [J]. 中国水利学会第一届学术年会论文集.

[97] 段永侯，谢振华. 北京市地下水资源与可持续利用 [J]. 2005 年全国地下水资源与环境学术研讨会.

[98] 于秀治. 南水北调后地下水位数值模拟预测及其环境影响评价 [D]. 吉林大学.

[99] 孙颖，叶超，韩爱果，何政伟. 北京地区水资源养蓄方案初探 [J]. 水土保持研究，Vol. 13, No. 6. Dec.，2006，13 (6).

[100] 崔亚莉，谢振华，邵景力等. 北京市平原区地下水合理开发利用数值模型研究 [M]. 北京：中国地质大学，2003.

[101] 北京市城市节约用水办公室. 北京实现水资源可持续利用的对策 [J]. 节能与环保，2002，(3).

[102] 林文祺. 北京及其周边区域水资源联合调控初探 [J]. 工程规划. 2005，(6).

[103] 南水北调工程建设投资、在建项目进展情况 [J]. 南水北调与水利科技. 2004，(6).

[104] 北京计划建设 14 座水厂优先使用南水北调来水. 给水排水 [J]. 2004，30 (7).

[105] 谢振华，崔瑜，许苗娟. 北京平原区地表水库与地下水库联合调蓄 [J]. 2005 年全国地下水资源与环境学术研讨会. 2005.

[106] 王新娟，许苗娟，周训. 北京市西郊区地表水地下水联合调蓄模型研究 [J]. 勘察科学技术. 2005，(5).

[107] 刘予，孙颖，殷琨. 南水北调引水进京后北京市地下水环境预测 [J]. 水文地质工程地质，

2005，32 (5).

[108] 北京市南水北调工程建设委员会办公室. 北京市南水北调配套工程总体规划 [M]. 中国水利水电出版社，北京，2008.

[109] 北京市地质调查研究院，河北省地质调查院，中国地质大学（北京）. 首都地区地下水资源和环境调查评价报告 [R]（内部资料）. 2002.

[110] 北京市"十一五"时期水资源保护及利用规划. 北京市发展和改革委员会.

[111] http://www.bjpc.gov.cn/fzgh/guihua/11_5_zx/11_5_zd/200609/t129933.htm.

[112] 南水北调中线京石段应急供水工程成功通水. 北京市水务局.

[113] http://www.bjwater.gov.cn/tabid/134/InfoID/14462/frtid/40/Default.aspx.

[114] 李广诚，严福章. 南水北调工程概况及其主要工程地质问题 [J]. 工程地质学报，2004，(4).

[115] 倪新铮，陈景岳，黄欣. 南水北调—北京可持续发展的支撑工程 [J]. 北京水利，2001，(1).

[116] 南水北调中线北京段调蓄水库工程 [J]. 岩土工程界，2003，(6).

[117] 魏山忠. 首都的"生命工程"—南水北调中线工程概况 [J]. 北京规划建设，1994，(3).

[118] 南水北调工程建设投资、在建项目进展情况. 南水北调与水利科技 [J]，2004，(6).

[119] 林文祺. 北京及其周边区域水资源联合调控初探. 工程规划 [J]. 2005，(6).

[120] 张超，陆凤城，周伟. 南水北调中线对北京供水的模拟模型研究 [J]. 人民长江. 1994，(12).

[121] 孙颖，叶超，韩爱果，何政伟. 北京地区水资源养蓄方案初探 [J]. 水土保持研究 [J]，2006，13 (6).

[122] 北京市城市节约用水办公室. 北京实现水资源可持续利用的对策 [J]. 节能与环保，2002，(3).

[123] 北京计划建设 14 座水厂优先使用南水北调来水 [J]. 给水排水，2004，(7).

[124] 北京市南水北调工程建设委员会办公室. 北京市南水北调配套工程总体规划 [M]. 北京：中国水利水电出版社，2008.

[125] 刘予，孙颖，殷琨. 南水北调引水进京后北京市地下水环境预测 [J]. 水文地质工程地质，2005，(5).

[126] 石维新. 南水北调中线京石段应急供水工程北京段永定河倒虹吸工程简介 [J]. 北京水利，2003，(6).

[127] 黄大英. 浅谈北京市水资源的合理配置 [J]. 水资源保护，2005，21 (4).

[128] 赵蓉，李振海，祝秋梅，魏淑琴. 南水北调中线工程北京段施工对农业生态系统的影响及对策研究 [J]. 南水北调与水利科技. 2004，2 (3).

[129] 曹型荣. 浅论北京市水资源问题和对策 [J]. 北京水利. 1999，(3).

[130] 葛斐. 新疆奇台县平原区地下水模拟 [D]. 新疆农业大学. 2006.

[131] 郑佳. 白城市地下水数值模拟与评价 [D]. 吉林大学. 2006.

[132] 许向科. 北京平原区地下水流动数值模拟 [D]. 中国地质大学. 2006.

[133] 于峰. 区域地下水数值模拟 [D]. 山东大学. 2005.

[134] 于秀治. 南水北调后地下水位数值模拟预测及其环境影响评价 [D]. 吉林大学. 2004.

[135] 贺国平，邵景力，崔亚莉等. FEFLOW 在地下水流模拟方面的应用 [J]. 成都理工大学学报（自然科学版）. 2003，(3).

[136] 张在明，孙保卫，徐宏声. 北京市区浅层地下水位动态规律研究 [R]. 北京市勘察设计研究院（内部资料. 北京市科委科研成果）. 1995.

[137] 北京市地质矿产勘查开发局，北京市水文地质工程地质大队. 北京地下水 [M]. 中国大地出版社. 2008.

[138] 地质部水文地质工程地质大队. 北京市平原区供水水文地质勘察报告 [R]. （北勘公司已有搜集资料），1958.

［139］ 供水高峰将到 京水集团全力以赴确保今夏安全供水.

［140］ http://www.bjwatergroup.com.cn/264/2005_5_23/264_1008_1116829093828.html

［141］ 北京市水文总站. 水文简报［R］. 1995年10月30日.

［142］ 北京市地质调查研究院，河北省地质调查院，中国地质大学（北京）. 首都地区地下水资源和环境调查评价报告［R］（内部资料）. 2002.

［143］ 北京市“十一五”时期水资源保护及利用规划.

［144］ 张在明. 地下水与建筑基础工程［M］. 北京：中国建筑工业出版社，2001.

［145］ 张在明，孙保卫，徐宏声. 地下水赋存状态与渗流特征对基础抗浮的影响. 土木工程学报［J］. 2001，（1）.

［146］ 张在明，杜修力，罗富荣. 北京市地下水对地铁规划、建设的影响与工程对策研究［R］，北京市勘察设计研究院有限公司、北京工业大学和北京市轨道交通建设管理有限公司内部资料. 2009.

［147］ 张在明，孙保卫. 建筑场地孔隙水压力测试方法、分布规律及其对建筑场地影响的研究［R］. 北京市勘察设计研究院内部资料，1999.

［148］ 薛禹群，朱学愚. 地下水动力学原理［M］. 地质出版社. 1986.

［149］ 崔瑜，李宇，谢振华等. 北京市平原区地下水养畜控高水位及其约束下的地下水库调蓄空间计算［J］. 城市地质. 2009，（1）.

［150］ 张第轩，陈龙珠. 地下结构抗浮计算方法试验研究［J］. 四川建筑科学研究，2008，（6）：105~108.

［151］ 曹文炳，万力，龚斌. 水位变化条件下黏性土渗流特征试验研究［J］. 水文地质工程地质，2006，（2）.

［152］ 张同波，于德湖，王胜等，岩体基坑地下室抗浮问题的分析［J］. 施工技术，2008，（9）.

［153］ Ya. Flisovski and A. Vechista. Hydrogeologic investigations for protection of an urban center from rising ground water［J］. Power Technology and Engineering (formerly Hydrotechnical Construction)，1969，3（5）：482-484.

［154］ Amit Ray. Participatory Governance：Addressing the Problem of Rising Groundwater Level in Cities［J］. Hum. Ecol.，2005，18（2）：137-147.

［155］ G. M. Mudd，A. Deletic，T. D. Fletcher and A. Wendelborn. A Review of Urban Groundwater in Melbourne：Considerations for WSUD，WSUD 2004.

［156］ F. C. Brassington & K. R. Rushton. A rising water table in central Liverpool［J］. Quarterly Journal of Engineering Geology，London，1987，20：151-158.

［157］ V. E. Anpilov. Analysis of observations of the rise of groundwaters at the industrial site of a coal tar chemical plant composed of slump-prone soils［J］. Soil Mechanics and Foundation Engineering，1976，13（6）：405-408.

［158］ I. H. Mühlherr，K. M. Hiscock，P. F. Dennis and N. A. Feast. Changes in groundwater chemistry due to rising groundwater levels in the London Basin between 1963 and 1994［J］. Geological Society，London，Special Publications 1998，130：47-62.

［159］ T. Burke，L. H. Swann，F. C. Brassington. Discussion of the paper：Rising groundwater levels in the United Kingdom［J］. Proc. Instn Ciu. Engrs，Part I，1991.

［160］ V. P. Senokosov. Experience in predicting the rise of water table after construction［J］. Soil Mechanics and Foundation Engineering，1973，10（2）.

［161］ H. A. Al-Sanad a and F. M. Shaqour. Geotechnical implications of subsurface water rise in Kuwait［J］. Engineering Geology 1991，31：59-69.

[162] W. B. Wilkinson, R. J. Mair. Discussion of the paper: Rising ground-water levels and geotechnical consequences [J]. Proc. Instn Civ. Engrs, Part 1, 1984.

[163] H. C. Lucas and V. K. Robinson. Modelling of rising groundwater levels in the Chalk aquifer of the London Basin [J]. Quarterly Journal of Engineering Geology and Hydrogeology 1995, 28: 51-62.

[164] B. R. Thomas. Possible effects of rising groundwater levels on a gasworks site: a case study from Cardiff Bay [J]. Quarterly Journal of Engineering Geology, 30: 79-93.

[165] B. L. Gorlovskii and L. M. Shekhtman. Rises in the level of groundwater and changes in its chemical composition at industrial sites [J]. Soil Mechanics and Foundation Engineering, 1966, 3 (5): 355-356.

[166] C. W. Hurst and W. B. Wilkinson. Rising groundwater levels in cities [J]. Geological Society, London, Engineering Geology Special Publications 1986, 3: 75-80.

[167] BRASSINGTON, F. C. Rising groundwater levels in theUnited Kingdom [J]. Proceedings of the Institution of Civ. Engineers. Part 1, 1990, 88: 1037-1057.

[168] CIRIA, 1989. The Engineering Implications of Rising Groundwater Levels in the Deep Aquifer BeneathLondon. Special Publication 69.

[169] 冷利浩. 抗浮锚杆在结构设计中的计算方法合理的选择 [J]. 四川建筑, 2010, Vol30 (2): 74~76.

[170] 曾国机, 王贤能, 胡岱文. 抗浮技术措施应用现状分析 [J]. 地下空间, 2004, Vol24 (1): 105~109.

[171] 中华人民共和国住房和城乡建设部. 建筑桩基技术规范 (JGJ 94—2008) [S]. 北京: 中国建筑工业出版社, 2008.

[172] 中华人民共和国住房和城乡建设部. 建筑地基基础设计规范 (GB 50007—2011) [S]. 北京: 中国建筑工业出版社, 2012.

[173] 北京市规划委员会. 北京地区建筑地基基础勘察设计规范 (DBJ 11-501-2009) [S]. 北京: 中国计划出版社, 2009.

[174] 彭华 孙立军. 抗浮桩技术现状及应用研究 [J]. 上海公路, 2010, (1): 9~13.

[175] 工程地质手册编委会. 工程地质手册 (第四版) [M]. 北京: 中国建筑工业出版社, 2007.

[176] 中冶集团建筑研究院. 岩土锚杆 (索) 技术规程 (CECS 22:2005) [S]. 北京: 中国计划出版社, 2005.

[177] 青建集团股份公司. 岩体抗浮锚杆施工工法 (CNQC-GF110010) [S]. 青建集团股份公司企业工法.

[178] 刘波, 刘钟, 张慧东等. 建筑排水减压抗浮新技术在新加坡环球影视城中的设计应用 [J]. 工业建筑, 2011, 41 (8): 138~141, 133.

[179] 静水压力释放层技术~在上海市地下空间结构抗浮工程中的应用价值分析.

[180] http://www.arch.net.tw/modern/month/369/369-1.htm.

[181] 刘茂才. CMC 工法在某项目的应用案例 [J]. 中国工程咨询, 2011, (7): 36-38.

[182] 台湾中联工程顾问股份有限公司 CMC 静水压力释放层技术规程 (DBJ/CT077-2010) [S]. (预安企业管理咨询有限公司内部资料).

[183] 孙梅英. 既有地下结构物抗浮加固措施 [D]. 华中科技大学硕士论文, 2007.